Das verborgene Kapital

Ana-Cristina Grohnert ist als ehemalige Personalvorständin der Allianz Deutschland eine der wenigen deutschen Top-Managerinnen. Als Vorstandsvorsitzende der »Charta der Vielfalt« engagiert sie sich für Gleichberechtigung und ein neues Verständnis von wertschöpfendem und wertschätzendem Wirtschaften.

ANA-CRISTINA GROHNERT

Das verborgene Kapital

Wie wir Wertschöpfung
neu erfinden müssen

Campus Verlag
Frankfurt/New York

Ein großes Dankeschön meinen Eltern,
meinem Mann und meinen Kindern.

ISBN 978-3-593-51409-3 Print
ISBN 978-3-593-44760-5 E-Book (PDF)
ISBN 978-3-593-44759-9 E-Book (EPUB)

Umschlaggestaltung: Guido Klütsch, Köln
Umschlagmotiv: © Dominik Butzmann, Berlin
Satz: inpunkt[w]o, Haiger (www.inpunktwo.de)
Gesetzt aus: Sabon, Univers
Druck und Bindung: Beltz Grafische Betriebe GmbH, Bad Langensalza
Printed in Germany
www.campus.de

Inhalt

Intro   7

Kapitel 1
Die globalen Herausforderungen.   14

Vernetzung – die Abhängigkeit, von der wir profitieren   14
Digitalisierung – die Technologie, der wir nicht entkommen . .   19
Demografie – wie sich die Welt um uns herum verändert   32
Nachhaltigkeit – mit der Natur kann man nicht verhandeln . .   41
Die nächste unbekannte Krise.   48
Haben wir den Anschluss verpasst?   57

Kapitel 2
Unternehmen in Veränderung   62

Warum sich Unternehmen verändern   62
Strukturwandel.   71
Widerstände und Kritik   76
Vom Shareholder zum Stakeholder   84
Zahlen und Werte   91
Das verborgene Kapital   97

Kapitel 3
Die falschen Muster   102

Führung und Entscheidung   102
Boni – die falschen Anreize für das Management   108
Kosten, Kosten, Kosten.   117

Wissen entwertet 124
Der Faktor Mensch als Belastung 132
Restrukturierung als Patentrezept 142
Komplexität sehen 151
Verkannte Vielfalt 157

Kapitel 4
Ein neues Denken 168

Was uns an der Veränderung hindert 168
Neues Vertrauen 175
Lernendes System 181
Der Sinn des Unternehmens 187
Was wäre, wenn? 194

Kapitel 5
So könnte es gehen 196

Europas Chance – der Green New Deal 196
Innovation, Forschung und Bildung 202
Soziale Verantwortung 212
Der Blick der Investoren 220
Verborgenes Kapital heben 227

Kapitel 6
Die neue Welt 232

Die neuen Ziele 232
Leistung und Erfolg 237
Humanisierung 241
Inclusive Leadership 245
Wir wachsen über uns hinaus 250

Im Nachgang: Wie weiter? 253
Anmerkungen 255
Über die Autorin 264

Intro

Es gibt einen Satz, der einen sprachlos macht, ja vielleicht sprachlos machen soll: »Ich verstehe Sie einfach nicht.« Wie geht es Ihnen, wenn Sie diesen Satz von Menschen im Management eines Unternehmens hören? Was soll man darauf sagen? Das Gleiche nochmal erzählen, in anderen Worten? Pause machen und das Gespräch vertagen? Reden wir morgen weiter? Woran knüpfen wir dann an? Worüber reden wir dann? Wie stellen wir auf dieser Basis denn überhaupt ein gemeinsames Verständnis her?

Es gibt noch mehr Sätze dieser Art im Managementumfeld. »Was heißt das denn jetzt konkret?« ist so ein Satz. Er kam oft, wenn ich versucht habe, Komplexität zu erklären. Eine direkte Antwort meinerseits hätte lauten müssen: »Konkret heißt das, dass es nicht so funktionieren wird, wie wir es uns gerade ausdenken, weil wir ein paar Dinge nicht mit einberechnet haben.« Doch das wollten die Fragenden meist gar nicht hören, denn der Alltag im Management läuft anders. Er ist geprägt von Wachstums- und Ergebnisdruck, von Meeting-Marathons und Kennzahlen-Orgien. Er lässt kaum Raum für tiefer gehendes Denken. Es muss einfach immer irgendwie schnell weitergehen. Beliebt ist deshalb auch alles, was schnellen Erfolg und große Aufmerksamkeit nach außen verspricht.

Dabei glaube ich nicht, dass ich Unmögliches verlange. Doch der Satz eines ehemaligen Kollegen klingt mir noch im Ohr: »Frau Grohnert, Sie sind anstrengend und kompliziert für Leute, die schnelle Ergebnisse und einfache Lösungen wollen.« Ich habe diesen Satz nicht als Berufsanfängerin gehört, sondern zu einer Zeit, als ich schon 25 Jahre im Geschäft war, Milliardenprojekte und Großtransaktionen gemanagt hatte, eine ordentliche Leistungsbilanz vorweisen konnte und darüber hinaus für Hunderte Mitarbeiter direkt und für mehrere Tausend im Unternehmen als Personalchefin Verantwortung trug.

Letztendlich hat mir dieser Satz eine wertvolle Erkenntnis gebracht, warum wir an vielen Stellen der Wirtschaft nicht weiterkommen. Es ist eine bestimmte Form der Gesprächsunfähigkeit im Management, die in mir das Bedürfnis ausgelöst hat, dieses Buch zu schreiben. Es ist die Weigerung, Komplexität ernst zu nehmen oder zumindest sich die Zeit zu nehmen, die Vielschichtigkeit von Problemen zu akzeptieren und die Wechselwirkungen innerhalb von System und Organisationen zum Gegenstand des eigenen Nachdenkens zu machen.

Ich selbst halte mich nicht für kompliziert, im Gegenteil. Mit mir kann man über alles reden. Ich setze mich gerne mit Kollegen und Kolleginnen auf einen Cappuccino hin, höre zu und lerne eine neue Perspektive kennen, die mein bisheriges Denken ergänzt und bereichert. Im Lauf von 30 Jahren Management habe ich gelernt, dass nichts so einfach ist, wie wir es im Top-Management gerne hätten. Schnelle Ergebnisse sind oft zu kurz gesprungen, und einfache Lösungen gibt es meist nur dort, wo die Probleme auch einfach sind.

Das sind sie aber nicht. Nicht im persönlichen Umgang, nicht in der Frage, wie wir erfolgreich im Unternehmen zusammenarbeiten, und auch nicht in der Frage, wie wir für die Gesellschaft als Ganzes unseren gewohnten Wohlstand mit den ökologischen und sozialen Herausforderungen der Welt in Einklang bringen. Klimawandel und Migrationsdruck, Hunger und Armut in der Welt, soziale Ungleichheit sowie nationalistische Krisen und Konflikte bestimmen die Tagesmeldungen der Medien. Im vorigen Jahr ergänzt um eine globale Pandemie, die sich die wenigsten so vorstellen konnten.

Wir erleben in den vergangenen Jahren zunehmend eine Kritik am System der Marktwirtschaft (oder auch des Kapitalismus, wie manche sagen), die ich so nicht für möglich gehalten hätte. Vieles davon ist berechtigt. Unsere Art zu wirtschaften hat zu Verwerfungen zwischen Mensch und Natur und auch zwischen Mensch und Mensch geführt. Die Globalisierung wird infrage gestellt, ebenso die Legitimität von großen Konzernen und ganzen Wirtschaftszweigen. Bis hinunter auf die Ebene des einzelnen Unternehmens steht der Verdacht im Raum, die verantwortlichen Akteure würden nur auf kurzfristigen Eigennutz setzen und dabei langfristig das Wohl aller schädigen.

Kommende Generationen wachsen mit dieser Perspektive auf und stellen die Sinnfrage: Möchte ich Teil eines Unternehmens sein, das nicht meinen Wertevorstellungen entspricht? Kann ich das, was von mir verlangt wird, auch guten Gewissens jeden Tag tun, und habe ich auch Lust darauf? Wird meine Leistung, die ich einbringe, einen Beitrag zum großen Ganzen leisten, die Welt ein Stück besser, gerechter, fortschrittlicher machen? Unser westlicher Wohlstand hat einen Wertewandel mit sich gebracht, der plötzlich als Systemfrage zu uns zurückkommt. Freundlich formuliert lautet sie: Ist unsere Art zu wirtschaften produktiv, ertragreich und nachhaltig wertschöpfend?

Dieses Buch ist der Versuch, eine neue Denkrichtung zu beschreiben. Ich bin dabei erfreulicherweise nicht allein. In den vergangenen Jahren haben sich an den unterschiedlichsten Stellen in Wirtschaft, Wissenschaft und Politik Netzwerke und Initiativen entwickelt, die werteorientierte Unternehmensführung und zukunftsorientierte Wertschöpfung thematisieren. Sie alle haben erkannt, dass sich auch komplexe Probleme lösen lassen, wenn man im Team zusammenarbeitet und die vielfältig vorhandene Expertise einbezieht.

Da ich keine Politikerin bin, kann ich kein abschließendes Programm anbieten, über das gesellschaftspolitisch abgestimmt werden kann. Ich bin Managerin. Ich bin gut darin, Dinge zu analysieren und konkrete Lösungen zu entwickeln. Je multidimensionaler, desto besser. Ich liebe Komplexität, ich bin von meiner Herkunft eigentlich eine klassische »Faktenanalystin«. Die ersten 15 Jahre meines Berufslebens war ich hauptsächlich damit beschäftigt, die Komplexität von Projekten in ihre Einzelteile zu zerlegen und sie transparent zu machen. Dadurch wiederum lassen sich die wirtschaftlichen Risiken bewerten, und man kann dann einen Weg finden, diese Risiken auf die richtigen Risikoträger zu verteilen, zu verringern und so den wirtschaftlichen Erfolg abzusichern. Parallel dazu ging es darum, »Assets« zu bewerten. Üblicherweise übersetzt man den Begriff als »Vermögenswert«, das ist mir allerdings zu statisch. Ich finde »Wirtschafsgut« besser, weil der Begriff eher das Zukunftspotenzial beinhaltet, auf dessen Basis man beispielsweise ein geschäftliches Risiko eingehen oder absichern kann. Das Zusammenspiel von Wirtschaftsgut und Risiko dürfte sich als Denkschema wie ein roter Faden durch dieses Buch hindurchziehen und wirkt sich natürlich auch auf meine Gedanken zur Gesellschaft aus.

Die zweite Hälfte meines bisherigen Berufslebens war geprägt davon, die Komplexität von Unternehmen transparent zu machen. Für mich ist ein Unternehmen ein komplexes System, das Wertschöpfung generieren soll und dabei vielen verschiedenen Ansprüchen gerecht werden muss. Das klassische Shareholder-Value-Denken ist längst für alle sichtbar an seine Grenzen gestoßen. Das reine, kurzfristige Interesse am Gewinn hat eine Fülle von Zielkonflikten produziert, mit Kunden und Lieferanten, Beschäftigten und Geschäftspartnern und oft genug auch mit der Gesellschaft als Ganzer.

In einer komplexen Welt, die sich kontinuierlich verändert, muss ein Unternehmen jeden Tag aufs Neue seine Daseinsberechtigung beweisen. Viele Unternehmen sind weder so aufgebaut noch darauf eingestellt, dies zu leisten. Die deutsche Wirtschaft befindet sich gerade in der Mitte einer anhaltenden Transformationswelle, die ständigen Wandel als »New Normal« setzt und auch einige Versäumnisse der Vergangenheit aufarbeiten muss. Die klassische hierarchische Organisation mit bürokratischen Prinzipien und eindimensionalen Zielbildern ist nicht zukunftsfähig. Statt reibungsloser Reproduktion der immer gleichen Prozesse rücken Innovationsfähigkeit und Flexibilität in den Kern der Organisationsprinzipien. Das Unternehmen muss vom Transaktionsraum von Handlungen zum Interaktionsraum der Ideen werden. Der einzelne Mensch – jeder und jede – gewinnt dabei die zentrale Bedeutung. Gerade weil das so ist, wirkt auch die Veränderung der Gesellschaft, von individuellen Wertevorstellungen und Interessen immer stärker auf ein Unternehmen ein.

Damit wir uns richtig verstehen: Es geht mir nicht um Feel-good-Programme und oberflächliche gute Laune in den Unternehmen. Wir dürfen uns nicht selbst an der Nase herumführen. Ein Unternehmen muss Geld verdienen, damit alle Beteiligten gut leben können. Das schnelle Geld zu machen ist manchmal gar nicht so schwierig. Aber dauerhaft gutes Geld zu machen, das muss die Aufgabe sein. Das kann nur gelingen, wenn unser Profitinteresse Hand in Hand geht mit unserer Bereitschaft zur gesellschaftlichen Verantwortung. Dazu muss man sich der Komplexität unserer Welt stellen und nicht ständig nach Umwegen und Abkürzungen suchen, die doch nie zum Ziel führen.

Ein Schlüsselthema für mich ist die Restrukturierung von Unternehmen, besser gesagt die Transformation hin zu einer nachhaltigen Wertschöpfung. Auch hier bin ich nicht von den vermeintlich einfachen Lösungen überzeugt. Der klassische groß angelegte Personalabbau ist in den allermeisten Fällen eine äußerst kurzfristige Ergebniskosmetik der Bilanz, und man vermutet irrtümlicherweise, dass er sich rechnen würde. An der Börse sorgen die Ankündigungen von Stellenabbau oft sogar für Zugewinne. Aber gewinnen wir für das Unternehmen tatsächlich etwas? Sind diese Programme auch sinnvoll, tragfähig und vor allem wirtschaftlich im Sinne einer langfristigen Wertschöpfung? Oder vernichten wir nicht geradezu Kapital oder »Assets«, indem wir Menschen einfach nur loswerden wollen? Wissen wir überhaupt, wen und was wir verlieren? Was uns an Kompetenz, Erfahrung, persönlichen Kundenbeziehungen, kollegialer Verbundenheit oder schlicht an Vertrauen im Markt und bei den Beschäftigten verloren geht?

Nicht, dass es nicht notwendig wäre, im Rahmen von Restrukturierungen und Reorganisationen auch die Frage zu stellen, wie viele Menschen es braucht, die Aufgaben zu erledigen. Doch oft genug wissen wir es nicht und entscheiden trotzdem aus der Gewohnheit heraus: Tausende von Leuten sollen gehen. Das widerspricht fundamental sowohl den Prinzipien, wie ich sinnvolle wirtschaftliche Entscheidungsprozesse in fast 30 Jahren Berufstätigkeit erlebt habe, als auch einer humanitären und werteorientierten Perspektive, die ich insbesondere meinem familiären Umfeld und einer Reihe von Mentorinnen und Mentoren zu verdanken habe. Ein Unternehmen, eine Wirtschaft, die nicht den Menschen dient, wird dauerhaft keine Daseinsberechtigung haben.

Aus diesen Gedanken rührt auch der Titel meines Buches. Ich will auf das verborgene Kapital aufmerksam machen, das wir unwissentlich übersehen, selbstgefällig ignorieren oder aus egoistischen Motiven sogar absichtlich vernichten. Das verborgene Kapital existiert für mich auf drei Ebenen. Auf der individuellen Ebene sind es die Potenziale, die in jedem und jeder von uns stecken. Im Unternehmen ist es die Summe aller, die Vielfalt der Individuen und ihrer Potenziale. Und auf der gesellschaftlichen Ebene ist es der Mehrwert, der durch das Prinzip Kooperation statt Konflikt entsteht. Für alle drei Ebenen will ich Handlungsansätze, Möglichkeiten und Ideen aufzeigen.

Zu manchen, ganz speziellen Dingen habe ich eine sehr klare Meinung und denke, dass ich die Antworten kenne. In anderen Dingen habe ich mich vorläufig festgelegt, scheue aber die abschließende Einordnung. Bei vielen Themen bin ich selbst eine Suchende und Fragende. Hier will ich diskutieren und Diskussionen anstoßen.

Damit Sie wissen, was auf Sie zukommt, folgen hier ein paar Worte zum Aufbau dieses Buches.

Im **ersten Kapitel** will ich das Umfeld beschreiben, in dem wir uns als Unternehmen, aber auch als Individuen zurechtfinden müssen und das uns auch für die Zukunft Veränderungen abverlangen wird. Dabei geht es mir ausdrücklich um die globale Perspektive. Wenn es noch eines Hinweises bedurft hätte, wie sehr unser Planet und damit unser aller Schicksal darauf verwoben und verflochten ist, so haben wir ihn durch Corona bekommen.

Im **zweiten Kapitel** will ich Sie mit ein paar Kerngedanken zum Thema Veränderung vertraut machen, die sich in rund 30 Jahren Management bei mir verfestigt haben. Dabei denke ich hautsächlich auf der Ebene des Unternehmens, weil das der Ort ist, an dem die meisten von uns jeden Tag die meiste Zeit verbringen und deshalb eigentlich auch die größte Wirkung auslösen sollten.

Das **dritte Kapitel** dürfte der Teil des Buches sein, der manchen am wenigsten gute Laune macht. Ich möchte in einer auch für mich ungewöhnlichen kritischen Tonlage sagen, was aus meiner Sicht in Zukunft nicht mehr geht. Wir reden zu oft auch um Probleme herum, die wir eigentlich alle kennen. Das bringt uns aber nicht weiter. Lieber ehrlich auf den Tisch damit und dann schauen, wie wir herauskommen.

Im **vierten Kapitel** will ich Lösungsansätze anbieten. Mir geht es dabei zuerst um einen Perspektivwechsel und ein grundsätzlich neues Denken: weg von den Regeln und Prozessen, die wir immer noch befolgen, obwohl sie nicht mehr zum Erfolg führen, hin zu Prinzipien und Ideen, die uns genauso gut leiten und besser machen.

Im **fünften Kapitel** möchte ich dazu ein paar Beispiele bringen, die ich interessant finde, die vielversprechend klingen, die mir imponiert haben. Menschen, die einen Schritt vorangegangen sind. Konzepte, die besser funktionieren als andere. Ideen, die in die Zukunft gehen.

Im **sechsten Kapitel** schließlich will ich einen Ausblick wagen und Mut machen, unsere Wirtschaft neu zu denken. Wir haben so viele Gestaltungsmöglichkeiten in Händen, wir haben so viele gute Ansätze in den Köpfen, die Zeit ruft förmlich danach, dass wir endlich anpacken.

Darüber hinaus habe ich eine Reihe von Stimmen eingebunden, die mich begleitet haben und die mir wichtig sind. Ich empfinde es als große persönliche Bereicherung, dass ich von so vielen unterschiedlichen Menschen Dinge lernen durfte. Man ist allein eben doch nie so schlau wie in der Diskussion mit anderen. Umso wichtiger sind die Stimmen, die den entscheidenden Hinweis geben.

Ganz ohne Zahlen geht es bei mir auch nicht, aber Sie werden es verkraften. Ich habe mich bemüht, sie überschaubar zu halten. Denn dies ist kein Fachbuch für Finanztransaktionen oder Personalmanagement.

Ein Wort noch zu Corona: Mit der Idee zu diesem Buch hatte ich schon lange vor Beginn der Pandemie begonnen. Zwangsläufig hat sich im Laufe des Schreibens die Frage gestellt: Was hat sich durch Corona verändert? Ich befürchte, dass sich im Sinne dessen, was ich hier zusammengetragen habe, noch nicht genug bewegt hat. In manchen Bereichen sind wir vielleicht sogar zurückgefallen.

Zuallererst hat die Corona-Krise eine viel zu große Zahl an Menschen das Leben gekostet. In Deutschland sind wir vergleichsweise glimpflich davongekommen. Das katastrophale Versagen einzelner autoritärer Staatschefs und ihrer Unterstützer aufgrund einer kaltblütigen Ignoranz kann einem auf viele Tausend Kilometer Entfernung die Zornesröte ins Gesicht treiben.

Wirtschaftlich hat die Pandemie einen enormen Wertschöpfungsverlust auf der ganzen Welt ausgelöst. Unternehmen sind in Existenznot geraten, Menschen haben ihre Arbeit verloren, ganze Branchen sind wie ein Strohhalm eingeknickt. Auch wenn die mittelfristigen Wachstumsaussichten für die deutsche Wirtschaft Hoffnung machen und die Verluste bald in Vergessenheit geraten, wird Corona als Jahrhundertereignis in unserem Gedächtnis bleiben. Als die Erinnerung an eine Katastrophe für manche Länder, die vielleicht vermeidbar gewesen wäre? Wer will das sagen?

Mir würde reichen, wenn wir uns an dem orientieren, was uns – bei allen Mängeln – einigermaßen durch die Krise gebracht hat: die vorausschauende Verantwortung in Politik und Wirtschaft sowie funktionierende staatliche Institutionen und private Unternehmen, die kollektive Risiken abdecken können. Insbesondere aber denke ich an die individuelle Kreativität, Verantwortung und Hilfsbereitschaft von Menschen, die wir in jeder Krise beobachten können und die uns auch bei allen anderen notwendigen Veränderungen unglaublich weiterhelfen. Aber da sind wir schon mitten im Thema.

Kapitel 1

Die globalen Herausforderungen

Vernetzung – die Abhängigkeit, von der wir profitieren

Die Corona-Pandemie hat plötzlich die Perspektive auf ein Thema verändert, bei dem es scheinbar nichts mehr zu diskutieren gab: die Globalisierung. Die einen fanden sie gut, sahen darin die Grundlage von Wachstum und Erfolg der deutschen Wirtschaft. Die anderen sahen sie als Ursache vieler Übel. Ich mag diese Schwarz-weiß-Betrachtungen generell nicht. Wir müssen die Voreinstellungen und gedanklichen Konfliktlinien beiseiteschieben und uns erst einmal ganz nüchtern klarmachen, worüber wir reden. Erst dann werden wir sehen, welche Handlungsmöglichkeiten wir haben.

Also, wann hat dieser Prozess, den wir Globalisierung nennen, eigentlich angefangen? Mit der Erfindung des Flugzeuges? Mit der Entwicklung des Kapitalismus und der Industrialisierung im 19. Jahrhundert? Mit Kolumbus, der Kolonialisierung und dem Sklavenhandel? Mit Marco Polo, den Kreuzzügen oder der Völkerwanderung der Germanen im 4. Jahrhundert? Mit den Römern oder dem Makedonier Alexander? Wir finden schwerlich einen Anfang bei einem Einzelereignis oder in einer bestimmten historischen Epoche.

Noch dazu sind diese Perspektiven alle eurozentristisch, aus unserer westlichen Sicht, durch unsere Erfahrung und Ausbildung geprägt. Wir sagen wahlweise, Christoph Kolumbus, Amerigo Vespucci oder Leif Erikson hätten »Amerika entdeckt«. Das Merkwürdige dabei ist, dass es dort weit vorher schon Menschen gab. Und während wir so auf unserer Seite des Globus Dinge entdeckten, die wir noch nicht kannten, entdeckte man zum Beispiel in China andere Regionen, Länder, System und Menschen.

Wenn wir die Suche nach dem Anfang der Globalisierung ins Extreme weiterführen, dann landen wir bei der sogenannten »Mitochondrialen Eva«. Sie ist eine archäologisch-genetisch definierte Person, nämlich diejenige »Urmutter«, welche die gemeinsame Vorfahrin aller heute lebenden Menschen ist. Weshalb im Übrigen das Gerede von unterschiedlichen Menschenrassen ziemlicher Unsinn ist. Wir sind eine Rasse. Und wir sind (fast) alle Migranten. Denn wir müssen davon ausgehen, dass »Eva« vor 150000 Jahren irgendwo auf dem afrikanischen Kontinent gelebt hat. Der Rest ist Geschichte.

»Jetzt übertreibt sie aber«, höre ich vor meinem geistigen Ohr den einen oder die andere sagen. Ich glaube nicht. Denn wenn wir uns fragen, was Globalisierung ist, dann ist es eben ein Prozess, der über Jahrtausende stattgefunden hat, und zwar über lange Zeit ohne Regeln, sondern nur entlang der technologischen Möglichkeiten und der Ambitionen von Menschen. »Humanizing the globe«[1], hat es der US-amerikanische Wirtschaftswissenschaftler Richard Baldwin genannt. Es gab schon immer diesen Antrieb, die Motivation, etwas »Neues« zu entdecken. Dazu gehören insbesondere die Suche nach einem besseren Leben in Sicherheit und mit einer Wachstums- und Wohlstandsperspektive. Und natürlich auch die Suche nach neuen Geschäftsgelegenheiten. Der portugiesische König Manuel I., Auftraggeber von Vasco da Gama, suchte den Seeweg nach Indien, weil er die zahlreichen Zwischenhändler und Zollstationen ausschalten wollte, die den Preis von Handelsgütern deutlich verteuerten. Es war also ein wirtschaftliches Unterfangen, noch dazu mit einem hohen Finanzaufwand und einem noch höheren Risiko. Der wirtschaftliche Erfolg war abhängig davon, wie gut die Menschen die neuen Technologien in der Seefahrt meistern konnten, wie gut ihnen die Interaktion mit den jeweiligen Zielen ihrer Reisen gelang und zu welchen Risiken die Mitreisenden selbst bereit waren.

Wir in den westlichen Industrieländern machen heutzutage Fernreisen, um unsere Neugier zu stillen und unser Wissen um die Welt zu erweitern. Wir trinken ganz selbstverständlich Kaffee und Grünen Tee, tragen amerikanische Turnschuhe, die in China produziert werden, oder beschenken uns zu Hochzeiten mit Diamanten aus Botswana oder Russland. Das Bundeswirtschaftsministerium hat die Zahlen dazu. Mehr als 20 Prozent der Nachfrage in Deutschland werden durch Importe gedeckt. Im internationalen Handel erwirtschaftet Deutschland seit vielen

Jahren einen deutlichen Exportüberschuss, zuletzt mehr als 223 Milliarden Euro im Jahr. Ein großer Teil, fast 40 Prozent, dieser Waren und Dienstleistungen kommen ihrerseits wieder unter Verarbeitung von Importen zustande. Rund 28 Prozent der Arbeitsplätze in Deutschland hängen direkt oder indirekt vom Export ab. Innerhalb der G7-Staaten ist Deutschland die »offenste« Volkswirtschaft.[2] Gerade für uns in Deutschland gilt also: Die Globalisierung ist nicht nur, aber eben zum großen Teil eine Grundlage unserer Wirtschaft.

Meine erste berufliche Globalisierungserfahrung

Für mich selbst in meinem Berufsleben gab es die Globalisierung schon immer. Direkt mein erster Job war umfassend davon geprägt. Mein Arbeitgeber wurde das Unternehmen, das heute die TUI ist und Menschen in die Ferien bringt. Es hieß damals, 1992, noch Preussag und war ein industrieller Mischkonzern, der kurz zuvor in einer der größten Fusionen der deutschen Wirtschaftsgeschichte die Salzgitter AG übernommen hatte. Die Preussag war Teil der sogenannten »Deutschland AG«, des Netzwerks derjenigen Konzerne und auch Banken, die unsere Wirtschaft und insbesondere auch deren internationale Stellung über Jahrzehnte wesentlich bestimmten. Ich begann nach meinem BWL-Studium dort im Rahmen eines Trainee-Programms und landete gleich zu Beginn in der Abteilung für Export- und Projektfinanzierung. Die globale Marktausrichtung lag an der Art der Produkte und Leistungen bei Preussag. Langlebige Investitionsgüter und Infrastrukturprojekte. Schiffe. Kraftwerke. Kläranlagen.

Nicht nur, dass mir eine Kultur, die von Ingenieuren dominiert ist, bis dahin völlig unbekannt war. Ich wurde gleich in ein Umfeld geworfen, das mit den verschiedensten Kulturräumen auf dem Globus Geschäfte machte. Das just zu der Zeit, als der Eiserne Vorhang gerade gefallen war, ganz Osteuropa sich öffnete und die Welt dadurch – gefühlt zumindest – gewachsen war.

Wir verkauften damals zum Beispiel komplette Industrieanlagen in die sich öffnenden osteuropäischen Länder. Ich durfte Vorstandsvorlagen schreiben, bei denen es um die Abwicklung von Aufträgen der Tochterunternehmen ging. Dazu gehörten insbesondere die Fragen der

Finanzierung, zum Beispiel über KfW-Kredite, sowie des Risikomanagements und der Absicherung zum Beispiel über Hermes-Bürgschaften der Bundesregierung. Weil alles technisch komplex war, saßen die unterschiedlichsten Experten mit am Tisch. Und weil viel Geld aufgebracht werden musste, auch alle großen Banken.

Ich bekam sehr schnell eigene Projektverantwortung. Eines meiner ersten Projekte war die Finanzierung eines Chemiewerkes im Ural. Diese Art Arbeit kann man nicht vom Schreibtisch aus machen, da muss man auch mal hin. Nicht nur, um einen Eindruck zu bekommen und die Aufgabe besser zu verstehen, sondern allein schon aus Respekt vor den Geschäftspartnern. Vom wohlgeordneten Hannover aus gesehen war der Ural das Ende der Welt. Erreichbar nur mit einer Kaskade von Verkehrsmitteln, wovon das letzte dann ein Lkw war, der gefühlte 45 Grad Celsius Innentemperatur hatte, während draußen die gleiche Zahl an Minusgraden herrschte. Die Dolmetscherin der Vertragsverhandlungen und ich waren die einzigen Frauen. Es gab Sicherheitskräfte, hauptsächlich wegen uns, denn allabendlich floss der Wodka in Strömen. In der Unterkunft hatten unsere Türen außen keine Klinken und waren immer abgeschlossen. Und ich musste mich auf eine Art zu verhandeln einstellen, die so noch nicht kannte. Es war anstrengend, aber ich habe viel gelernt.

Zum Beispiel, dass es überall auf der Welt nach anderen Regeln zugeht. Immer wieder erlebte ich unterschiedlichste Systeme, Gesetzmäßigkeiten, Kulturen und nicht zuletzt eine Vielzahl kleinteiliger Interessen, die es zu durchschauen gilt. Und wir erleben, wie sich nach und nach neue Perspektiven zur eigenen addieren und wie sich die Welt in ihrer ganzen Komplexität mit immer neuen Überraschungen präsentiert. Dabei ist es wichtig aufzupassen, die eigenen Perspektiven nicht absolut zu setzen und immer wieder zu reflektieren. Und man muss Kompromisse eingehen.

Mir fällt das Beispiel einer Meerwasserentsalzungsanlage ein, die wir in Saudi-Arabien mitbauten. Da ich die Projektverantwortung hatte, als Frau in Saudi-Arabien damals aber nicht verhandeln durfte, mussten wir die Gespräche im angrenzenden Bahrein führen. Das war ein Zugeständnis, das nichts kostet. Den eigentlichen Kompromiss aber mussten wir in der Sache finden. Denn es hatte sich herausgestellt, dass die Meerwasserentsalzungsanlage nicht optimal auf die örtlichen Bedingungen eingestellt war. Infolge der vielen, für die Region üblichen Sandstürme setzten sich die Filter regelmäßig zu und machten Probleme. Das war in dieser Dimension im Vorfeld nicht vorhergesehen und hätte in den technischen Daten der Ausschreibung spezifiziert werden müssen. Nun war der Konflikt da. Und was beim Streit um die Parklücke, die einem vor der Nase weggeschnappt wird, noch funktioniert, nämlich den anderen als Fiesling beschimpfen und laut schnaubend abdampfen, das geht eben bei einem hohen zweistelligen Millionenprojekt nicht mehr.

Es kommt sehr schnell der Punkt, an dem die Argumente »Das hättet ihr uns sagen müssen!« versus »Das hättet ihr wissen müssen!« an ihre Grenzen stoßen. Man muss sich einigen und eine Lösung finden. Man schießt sich selbst ins Aus, wenn man Macht, Überlegenheit oder Informationsvorsprünge ausspielt. Das produziert Verlierer auf der anderen Seite, was keine gute Basis für das nächste Geschäft ist. Alle tun also gut daran, sich in andere Perspektiven hineinzuversetzen – gerade, wenn sie wirtschaftlich erfolgreich sein wollen.

Viele Erfahrungen haben mich zu neuem Denken angeregt. Bei Preussag gehörten zu unserem Portfolio zum Beispiel auch die U-Boote der Howaldtswerke Deutsche Werft (HDW), die von so unterschiedlichen Ländern wie Brasilien oder dem NATO-Partner Türkei gekauft wurden. Schauen wir uns die politische Situation in beiden Ländern heutzutage an, schütteln wir fassungslos den Kopf.

Es war zu erwarten, dass dann der NATO-Partner Griechenland umgehend auch ein neues U-Boot haben wollte, weil es dem anderen NATO-Partner Türkei kein besonderes Vertrauen entgegenbrachte. HDW konnte sehr gute U-Boote bauen, mit jedem neuen U-Boot waren Tausende Arbeitsplätze in Kiel, Emden und anderswo wieder für ein paar Jahre gesichert. Inmitten der Finanzkrise 15 Jahre später stand der griechische Staat dann vor dem Bankrott – neben einer Reihe politischer und struktureller Unzulänglichkeiten auch deshalb, weil er über viele Jahre weit überdurchschnittliche Militärausgaben hatte. Im Jahr 2009 waren es 6,72 Milliarden Euro. Bei 11 Millionen Einwohnern macht das 610 Euro pro Kopf oder 3,2 Prozent des Staatshaushaltes. Deutschland lag damals bei 44 Milliarden Euro oder 1,4 Prozent des Staatshaushaltes. Bei 82 Millionen Einwohnern macht das pro Kopf also 536 Euro. Hatte Griechenland »mehr Sicherheit«? Hatten wir »effizientere Sicherheit«, weil wir weniger Geld dafür ausgaben? Haben wir »besser gewirtschaftet«?

Die egoistische Perspektive mit der nationalen Brille hilft uns nicht weiter, die Komplexität von internationalem Handel und Globalisierung zu durchschauen.

Die Material- und Warenströme des Handels und des Konsums vernetzen die Welt schon seit Jahrtausenden. Was wir als Menschheit dabei gerade erst anfangen zu begreifen: Diese globale Vernetzung vernetzt auch unsere Schicksale. Sie schafft Abhängigkeiten. Im Laufe der Geschichte haben Staaten immer wieder versucht, »unabhängig« zu sein. Die Wahrheit ist, dass es eine Unabhängigkeit dieser Art nicht gibt, niemals geben kann. Weil wir uns alle eine Welt teilen und weil wir nur eine Welt haben.

Worum es mir geht: Handel, Produktion, Wirtschaft insgesamt – all das sind keine Phänomene, die wir national aus einer Insel-Perspektive betrachten können. Die Rohstoffe, die im Ural abgebaut und im Chemiewerk aufbereitet werden, sie finden den Weg nach Ludwigshafen oder Essen. Sie werden weiterverarbeitet zu Werkstoffen und schließlich zu Produkten. Am Ende stecken sie genauso in der Gitarrensaite wie in der Euro-Münze oder dem Gleis der Berliner Straßenbahn. Für uns sind es die Vorteile der Globalisierung, die Kehrseite gibt es aber auch.

Als ob es noch eines Beispiels bedurft hätte, hat uns voriges Jahr die Corona-Pandemie aufgezeigt: Globale Probleme lassen sich nur begrenzt national bekämpfen und schon gar nicht national lösen. Oder, wie es Henrik Enderlein, Präsident der Hertie School of Governance in Berlin formuliert: »Eine gemeinsame Krise braucht eine gemeinsame Antwort.«[3]

Digitalisierung – die Technologie, der wir nicht entkommen

»Das Internet ist für uns alle Neuland ...«[4]. Für diesen Halbsatz musste Bundeskanzlerin Angela Merkel im Jahr 2013 viel Spott und Häme über sich ergehen lassen. Noch dazu ging die Fortsetzung des Satzes unter. Dabei ist es so wichtig, Menschen einfach erst einmal zuzuhören und verstehen zu wollen, anstatt reflexhaft an der ersten möglichen Stelle gedanklich wieder auszusteigen, um die eigene uralte Schallplatte aufzulegen. Die Fortsetzung des Satzes lautet: »... und es ermöglicht auch

Feinden und Gegnern unserer demokratischen Grundordnung natürlich, mit völlig neuen Möglichkeiten und völlig neuen Herangehensweisen unsere Art zu leben in Gefahr zu bringen.« Sieben Jahre später ist nicht nur das Internet immer noch Neuland, sondern wir haben auch immer noch keine wirkliche Handhabe gegen seinen Missbrauch, gegen Hass und Hetze in den Sozialen Medien, gegen Falschinformationen und Manipulationen.

In der Hochphase der Corona-Pandemie konnten wir erleben, wie sich zahlreiche Menschen weltweit an obskure Experten klammerten, um einfach ihre gewohnten Abläufe behalten zu können oder gar der Realität nicht ins Auge sehen zu müssen. Microsoft-Gründer Bill Gates wird plötzlich zum ultimativen Vertreter des Bösen, weil er zusammen mit seiner Frau Melinda seit vielen Jahren Geld seiner Stiftung für internationale Gesundheitsprogramme spendet, die wesentlich zur Bekämpfung von Infektionskrankheiten beigetragen haben. Verschwörungsmythen sehen darin den Griff nach der Weltherrschaft. Ein beliebtes Motiv, das man auch von antisemitischen Äußerungen gegen den Philanthropen Georg Soros kennt.

Aber nicht nur Reiche und vermeintlich Mächtige werden zum Ziel von Hass, sondern mehr noch diejenigen, die damit auch bislang schon zu kämpfen hatten. Zuvorderst Minderheiten und Randgruppen sowie Menschen, die auf der Flucht sind. Fremdenfeindlichkeit, Frauenfeindlichkeit oder Homophobie sind sogar zum Geschäftsmodell geworden. Im Internet kann man damit Geld verdienen. Der US-amerikanische Journalist Chris Anderson beschrieb 2004 ein Phänomen, das er »The long tail«[5] nannte, den »langen Schwanz« der Nachfrage, der in der analogen Welt nie ganz ausgenutzt werden konnte. Etwas verkürzt gesagt: Wenn ich ein Produkt digital herstellen und anbieten kann, ist es so günstig zu vermarkten, dass ich damit auch sehr kleine Nachfragegruppen bedienen kann. Anderson hat sein Prinzip am Beispiel des Buchhandels erläutert und den Erfolg von Amazon damit erklärt. Um ein Buch wie dieses hier in einem stationären Laden anbieten zu können, muss es erst einmal in einer bestimmten Auflage produziert und dann an viele Buchhandlungen verteilt werden. Ein Buch, das übers Internet verkauft wird, könnte »on-demand«, also erst bei Nachfrage digital gedruckt werden. Bei E-Books, Podcasts oder Videos gibt es überhaupt keinen Produktionsaufwand mehr, der von der Käuferzahl abhängt. Und weil es fast immer irgendjemanden gibt, der noch die absonderlichsten Dinge kauft, kann sich das schon bei kleinen Mengen lohnen. Leider auch bei den falschen Dingen. Meinungen und politische Einstellungen sind auch Waren, die gehandelt werden. Und so gibt es mittlerweile auch einen »Long tail of hate«. Es gibt einen Markt für Hass, Hetze und Menschenfeindlichkeit, der teilweise sogar global aufgestellt ist. Eine neue Dimension der Vernetzung.

Die Liste der Bedrohungen lässt sich verlängern. Wer Kinder hat, der mag gar nicht daran denken. Hinrichtungsvideos oder Pornografie, die in Chat-Gruppen oder auf dem Schulhof ohne Altersbeschränkung die Runde machen. Videos, die die Kids selbst voneinander machen, um sich gegenseitig bloßzustellen. Anbieter, die solche Videos nutzen, um Nutzer auf ihre Internetseiten zu ziehen. Irreführende Werbung oder der Versuch, an Nutzerdaten zu kommen, und vieles mehr. Was der Mensch an Unfug anstellen kann, stellt er eben auch digital an.

Kein Zweifel: Das Internet hat die Kommunikation demokratisiert und beschleunigt. Aber es ist, als ob man der Menschheit über Nacht Autos und Straßen, jedoch keine Verkehrsregeln gegeben hätte. Und niemand da ist, der die Geisterfahrer und Besoffenen aus dem Verkehr zieht. Die Kanzlerin hat auch in dieser Hinsicht klarer gesehen als viele andere, die meinten, es verstanden zu haben.

Was ist Digitalisierung?

Falls es so klingt, als sei ich eine Pessimistin: Das Gegenteil ist der Fall. Ich halte nicht nur die beschriebenen Probleme, sondern auch die noch kommenden für lösbar. Voraussetzung ist, dass wir verstehen, mit welchem Phänomen wir es zu tun haben. Ähnlich wie bei der Globalisierung können wir uns dazu fragen, wann die Digitalisierung denn angefangen hat. Geschah dies mit dem 1989 von Tim Berners-Lee entwickelten World Wide Web oder schon mit militärischen Vorläuferprojekten wie dem Arpanet? Gehören die Lochkarten der 1960er- und 1970er-Jahre schon zur Digitalisierung, oder liegt der Anfang sogar in der Erfindung des Computers durch Konrad Zuse oder gar in den Rechenmaschinen des 19. Jahrhunderts, zu denen eine Frau, Ada Lovelace, die erste »Software« schrieb? Wollen wir noch weiter zurückgehen, bis zur Erfindung von Null und Eins? Da sehen wir Europäer übrigens gar nicht gut aus, denn Inder, Babylonier und Maya kannten die Null als Zahl schon Jahrhunderte, bevor diese bei uns bekannt wurde.

Es zeigt sich: Nicht ein Mensch hat zu einem Zeitpunkt etwas erfunden, sondern wir haben eine Entwicklung, die in größeren und kleineren Schritten vonstattengeht, die stark vom Austausch lebt und zu der viele beitragen. Und die durchaus paradoxe Aspekte hat. Einerseits kommen uns viele Entwicklungen nicht als Schritte, sondern eher als Sprünge vor. Andererseits kommen wir in der Umsetzung merkwürdigerweise wenig voran. Flächendeckendes schnelles Internet in Deutschland oder Homeoffice als fester Bestandteil des Arbeitens sind eben noch nicht die Regel. Ich kann mich erinnern, dass wir bei der DLDwomen-Konferenz 2011 unter dem Titel »Age of Possibilities« über die Flexibilisierung der Arbeitswelt diskutiert haben. Die faszinierende Vorstellung war damals, arbeiten zu können, wann und wo man will. Es hat fast zehn Jahre und ein gefährliches Atemwegsvirus gebraucht, bis die Unternehmen und Deutschland endlich auch flächendeckend Homeoffice eingeführt haben. Es hätte für viele einfacher sein können.

Der grundsätzliche Antrieb bei der Digitalisierung ist, wie so oft, in der Wissenschaft die Suche nach Lösungen, die uns die Arbeit erleichtern oder sogar abnehmen können. Die Utopie, dass niemand mehr arbeiten müsste, weil alles von Maschinen erledigt wird, ist genauso alt wie die Angst vor den Maschinen, die uns beherrschen. Oder die uns die Arbeit nicht als Belastung ab-, sondern als Broterwerb wegnehmen.

Natürlich ist Digitalisierung auch Rationalisierung. Was Maschinen besonders gut können, ist Routine. Sie arbeiten nach einem bestimmten Programm und führen immer die gleichen Vorgänge mit den gleichen Ergebnissen aus. Das ist bestens kalkulierbar. Unternehmerisch suchen wir deshalb danach, wie wir einen Leistungsprozess so gestalten können, dass er immer gleich abläuft. In der Produktion können wir uns das leicht vorstellen: Glas fährt unter den Trichter, Maschine füllt Joghurt ein, Band fährt weiter, Maschine schraubt Deckel drauf.

Aber auch Dienstleistungen organisieren wir oft so, dass die Vorgänge mit Kunden sich wiederholen. Wir analysieren unseren Arbeitsprozess, zerlegen ihn in Teilaufgaben, bündeln diese dann neu und ermöglichen so bei uns intern eine Spezialisierung. Wir bekommen ganze Abteilungen von Spezialisten und mit partieller Zuständigkeit. Und am Ende wollen wir natürlich skalieren, das heißt, unseren Output nach denselben Regeln immer weiter erhöhen. Dadurch reduzieren sich im Verhältnis unsere Grundkosten, die wir immer haben. Wir können Rohstoffe und Materialien günstiger einkaufen, weil wir größere Mengen abnehmen. Und wir können aufgrund des Mengenvolumens auch in einen Preiswettbewerb mit anderen Anbietern gehen. Den Vorteil »an den Kunden weitergeben«, wie man im Marketing gerne sagt. Digitalisierung bringt ein enormes wirtschaftliches Potenzial für viele Geschäftsmodelle. Sie sorgt ganz klassisch für Effizienz und schafft Wettbewerbsvorteile.

Digitalisierung als Bedrohung?

Aber die Digitalisierung birgt zugleich drei wesentliche Herausforderungen. Die erste hat mit der Kundenbeziehung zu tun und mit dem Widerspruch zwischen massenhafter Leistungsherstellung auf der einen Seite und der Individualisierung von Kundenwünschen auf der anderen Seite. Dass in der Rationalisierung ein Widerspruch dieser Art liegt, nehmen wir schon gar nicht mehr wahr. In unseren Marketingaussagen ist der Kunde König und bekommt eine Leistung ganz nach seinen Vorstellungen und Wünschen. Praktisch bekommen aber alle das Gleiche, es ist also jeder König und jede Königin. Und somit am Ende wieder niemand. In der Regel sind unsere Leistungen, die so zustande kommen auch alles andere als königlich, sondern ganz und gar durchschnittlich. Das muss nicht schlimm sein, es kann einem Unternehmen aber kräftig auf die Füße fallen. Wer einmal den halben Nachmittag in den Callcenter-Schleifen eines Telefonanbieters oder eines Softwarelieferanten zugebracht hat, der möchte seine Krone als Kunde am liebsten gegen die Wand donnern. Schon der eigentliche Prozess, mit noch relativem Digitalisierungsanteil, ist dominiert von Effizienz. Das theoretische Ideal aus Kundensicht wäre ja: eine feste, vertraute Ansprechperson, die ich jederzeit erreichen kann, wenn ich ein Problem habe. Die Praxis will dem auf betriebswirtschaftlich effiziente Weise entgegenkommen und produziert doch häufig das genaue Gegenteil. Man spricht nach einiger Wartezeit wegen Überlastung mit einer unbekannten Person, die mit einem Vorgang nicht vertraut ist und im besten Fall auf eine digitale Information im Kundenmanagementsystem zurückgreifen kann. In aller Regel ist das kein Spaß für Kunden und auch nicht für die Beschäftigten, wie die Fluktuation in vielen Callcentern zeigt.

Mit Hochdruck arbeiten wir derzeit daran, weiter zu rationalisieren und zu digitalisieren. Die Utopie von der Maschine, die alles macht, hat erstaunlicherweise auch ins Management Einzug gehalten. Dort heißt sie »Chatbot«. Die Kundenanfragen sollen nun Computerprogramme automatisch beantworten, alle denkbaren Fälle sollen in einer Datenbank hinterlegt sein. Kein Mensch muss mehr die »lästige« Arbeit machen und ahnungslosen Nutzern erklären, welche Menüeinstellungen am Gerät verändert werden müssen.

Wollen wir es uns wirklich so einfach machen? Können wir den Faktor Mensch als Leistungserbringer hinter der digitalen Wand irgendwann ganz verschwinden lassen? Werden Menschen lieber mit Maschinen als mit Menschen kommunizieren? Wollen wir unsere Kundenbeziehungen entmenschlichen?

Mit Alexandra Borchardt habe ich häufiger genau darüber gesprochen. Sie sagt, dass die digitale Transformation eben nicht in erster Linie ein Problem der Technik ist: »Die eigentliche Herausforderung ist ein Kulturwandel. Er stellt die Kunden ins Zentrum und verlangt damit automatisch nach mehr Vielfalt.« Ich unterschreibe das.

Natürlich gibt es Beispiele dafür, wo Menschen gerne ein standardisiertes und digitalisiertes Produkt nutzen. Auch ich habe längst aufgehört, Überweisungsträger auszufüllen und am Bankschalter abzugeben. Aber die Leistung »Geld von A nach B bewegen« ist eben eine geworden, die mittlerweile sehr viele Anbieter durchführen können – ein »Commodity«, sagt man. Man kann sich als Anbieter im Wettbewerb nicht durch das abgrenzen und unterscheiden, was ohnehin bei allen gleich ist. Kein Anbieter kann sagen: »Wir sind die Einzigen, die Geld zuverlässig für Sie überweisen.« Auch Aspekte wie Benutzerfreundlichkeit werden im Wettbewerb extrem schnell aufgeholt. Den Unterschied zwischen Anbietern merkt man eigentlich erst, wenn es ein Problem gibt. Wenn das dann aber nicht schnell und gut gelöst wird, dann ist das Kundenvertrauen massiv gestört. Gerade an der Schnittstelle zum Kunden und insbesondere in Problemsituationen scheint mir der Mensch unersetzlich.

Darüber hinaus ist mein Eindruck zur grundsätzlichen Natur von uns Menschen: Wenn wir schon zu Zeiten einer Pandemie die Füße kaum stillhalten können, ständig raus und unter andere Menschen wollen, keine Masken tragen wollen – dann wollen wir uns auch nicht mehr als nötig mit Maschinen, Robotern und Chatbots abgeben. Für den Leistungsprozess gilt: Es ist der Mensch, der aus einem Standardangebot ein individualisiertes macht. Selbst wenn der Computer zuvor die optimale Variante ausgerechnet hat. Die Technik bleibt Unterstützung, nicht Konkurrenz.

Prof. Isabell Welpe[6] von der TU München fasst es zusammen. Die erfolgreicheren Unternehmen sind nicht deshalb erfolgreich, weil sie die bessere Technologie haben, sondern weil sie ihre Zusammenarbeit und ihre Wertschöpfungsprozesse besser organisiert haben. Sie sagt: »Es geht um verändertes Denken, veränderte Kultur, veränderte Art und Weise, Wertschöpfung zu organisieren.«

Werden Jobs verschwinden?

Die zweite Herausforderung für Unternehmen liegt in der Beziehung zu den Mitarbeiterinnen und Mitarbeitern, denn bei vielen geht die Angst vor dem Jobverlust um. Kollege Computer war gestern, Konkurrent Computer ist vielleicht morgen schon, so die Wahrnehmung. Einer der Auslöser ist eine Studie von Carl Benedikt Frey und Michael A. Osborne[7] aus dem Jahr 2013, die sich mit der Frage beschäftigt, welche Arbeitsplätze im Rahmen der Digitalisierung automatisierbar und damit durch Maschinen ersetzbar sind. Die Autoren schätzten damals, dass sich 47 Prozent aller Beschäftigten in den USA in einer »Hochrisikokategorie« befänden und ihre Jobs innerhalb von ein bis zwei Jahrzehnten wegfallen würden. Die Studie sorgte weltweit für Aufsehen, obwohl sie erst einmal nur Aussagen zum US-amerikanischen Wirtschaftssystem machte. Das Bundesarbeitsministerium beauftragte das Zentrum für Europäische Wirtschaftsforschung (ZEW) mit einer Studie, inwieweit sich die Ergebnisse auf Deutschland übertagen ließen, und legte den Forschungsbericht[8] im Juli 2015 vor. Dabei werden einige Annahmen von Frey und Osborne relativiert; zum Beispiel werde die Entwicklung der technischen Möglichkeiten überschätzt, die Anpassung von Berufsbildern und Organisationsanläufen werde hingegen unterschätzt. Auf Basis dieser kritischen Betrachtung des Ansatzes von Frey und Osborne rechnen die Wissenschaftler für Deutschland mit einer »Automatisierungswahrscheinlichkeit« bei 12 Prozent der Arbeitsplätze. Zugleich stellen sie allerdings auch fest, dass der Anteil derjenigen Tätigkeiten, die diese Automatisierungswahrscheinlichkeit bis zu einem gewissen Grad haben, in Deutschland sogar höher ist als in den USA. Erschwerend zeigt sich hier noch ein soziales Gefälle: Die Gefährdung des Jobs hängt nämlich stark von der Bildung ab. Selbst wenn man also den für Deutschland weniger dramatischen Zahlen des BMAS folgt, bleibt doch eine Erkenntnis bestehen: Es gibt einen Veränderungsdruck für Unternehmen, der ebenso zum Anpassungsdruck für die Beschäftigten wird. Und das wird auch so kommuniziert. Es entstehen neue Aufgaben und Anforderungsprofile; gerne spricht man hier von »Digital Skills«, die benötigt würden.

Bei Lichte betrachtet ist das gar nichts Neues. Ich kann mich erinnern, dass ich während meines Studiums im Herbst 1988 bei einem Elektronikunternehmen ein Praktikum absolviert habe. Ich begleitete damals die Einführung einer neuen IT im Unternehmen selbst. Und obwohl das nicht mein Lieblingsthema oder Interessenschwerpunkt war, hatte ich als junge Studentin deutlich mehr Begeisterung für das Thema als ein größerer Teil der Beschäftigten. Für mich war klar, dass die neue IT eine Arbeitserleichterung für alle bedeuten würde. Aber erst mal war es eher andersrum. Eine neue IT, eine Organisationsveränderung bedeutet zuerst einmal mehr Arbeit. Man muss etwas Neues, Zusätzliches lernen. Und ob die versprochene Arbeitserleichterung eintritt und was am Ende mit der eingesparten Arbeitszeit passiert, das bleibt eben auch offen. Mit der Erfahrung der Jahre kann ich sagen, dass die Befürchtungen der Beschäftigten nicht immer berechtigt, aber immer verständlich sind. Es gibt genügend Beispiele, wie man solche Veränderungsprozesse nicht machen sollte.

Digitalisierung ist zudem nichts, was per Knopfdruck von einem Moment auf den anderen stattfindet, wie man es im Management gerne hätte. Es ist komplexer. Man muss Prozesse anschauen, analysieren und standardisieren. Man muss diese dann informationstechnisch abbilden und programmieren. Möglicherweise benötigt man neue Technik dazu, größere Server, andere Endgeräte. Das sind nicht nur Investitionen, sondern auch Aufwände, die irgendjemand leisten muss. Und künftig erwarten wir vielleicht auch noch von den Mitarbeiterinnen und Mitarbeitern, dass sie ihr über Jahre erworbenes Wissen einfach einer Maschine weitergeben, für die ein Algorithmus daraus gebaut wird, damit diese die Arbeit übernimmt. »Wo bleibe ich dann?« Diese Frage muss ein Unternehmen gemeinsam mit der Politik für die Bevölkerung beantworten können.

Wissenswanderung

Neben der Kundenbeziehung und der Beziehung zu den Beschäftigten gibt es eine weitere Dimension, in der uns die Digitalisierung vor eine Herausforderung stellt: die gesamtgesellschaftliche Ebene als nationale Volkswirtschaft. In der Digitalisierung erleben wir ständig, wie wir zwischen nationalen und internationalen Perspektiven schwanken. Wir werden nicht umhinkommen, dauerhaft eine globale Dimension betrachten zu müssen.

Der eingangs bereits erwähnte Richard Baldwin hat in seinem Buch *The Great Convergence*[9] die These aufgestellt, dass die Globalisierung in den 1990er-Jahren in eine neue Phase eingetreten sei, deren Hauptmerkmal der Wissenstransfer »von Nord nach Süd« sei. Gemeint ist die Verlagerung von »Geistesarbeit« in diejenigen Länder, die günstigere Lohnkosten haben und dank des digital verfügbaren Wissens plötzlich einen Wettbewerbsvorsprung hätten. Während Schwellenländer so plötzlich zur Aufholjagd ansetzen könnten, kämen die westlichen Industrienationen in die Defensive. Dies geht einher mit der Entwicklung von internationalen Großkonzernen als Wirtschaftseinheiten, die nicht mehr an nationale Grenzen gebunden seien und deshalb die Arbeit an beliebiger Stelle in der Welt erledigen lassen können. Baldwin geht in Sachen Jobverlagerung so weit, zu sagen: »Egal, welche Qualifikation du hast: Du kannst nicht sicher sein, dass dein Job nicht der nächste ist«.

Ich bin mir ziemlich sicher, dass es dazu differenziertere Antworten gibt. Zumal ich dort, wo ich solche Entwicklungen erlebe, auch sehr häufig nur die Kostensenker am Werk sehe. Meist geht es um administrative Tätigkeiten wie die Buchhaltung, die irgendwo nach Osteuropa wandert, oder das Callcenter für den IT-Support, das plötzlich in Indien ist. Gerne verbunden mit der Annahme, alle Inder und Deutschen sprächen dasselbe Englisch. Ich hatte selbst die Aufgabe bekommen, ein Service-Center in Polen neu aufzubauen. Aber ob das am Ende funktioniert, ob es sich wirklich rechnet, kann niemand sagen. Es sind Annahmen. Meine Erfahrung ist, dass zum Beispiel die Investitionskosten in Ausbildung und den Parallelbetrieb im Übergang immer unterschätzt werden. Viele kennen nur eine Kennzahl, die Lohnkosten, und die soll runter. Selbst Baldwin argumentiert so, indem er zum Beispiel Gehälter eines Hochschulprofessors in den USA (6 100 US-Dollar) mit dem Gehalt eines philippinischen Kollegen (400 US-Dollar) vergleicht und meint, in Zukunft könnten Videokonferenzen hier zu einer Job-Verlagerung führen.

Ich zweifle daran. Aber das wiederum ändert nichts daran, dass die Themen im Raum stehen und sich die Beschäftigten ihrerseits natürlich sehr gut vorstellen können, dass sich Vorstände im Unternehmen solche einseitigen Effizienzgedanken machen.

Über die von Baldwin beschriebene Form der Wissenswanderung hinaus machen den Unternehmen selbst noch ein paar Aspekte der eher »ungewollten Wissenswanderung« zu schaffen, wie zum Beispiel Industriespionage, Produktpiraterie oder Marktausspähung. Die Digitalisierung überwindet alle physischen Grenzen und öffnet Schranken, Tore, Türen und sogar Schließfächer auf eine unsichtbare Art. Dabei sind die bedrohlichsten Akteure nicht irgendwelche Kleinkriminellen, sondern mit China und Russland diejenigen Staaten, die aggressiv und dominant ihren machtpolitischen und wirtschaftlichen Einfluss auf der ganzen Welt mehren wollen. Internetkriminalität wird dort quasi als Industriepolitik verstanden. Und im Internet selbst entstehen Marktplätze für Schadprogramme und Spähsoftware, die als Abfallprodukte der staatlichen »Forschung« in die Hände von Kleinkriminellen gelangen. Vergangenen Sommer erpressten solche kriminellen Hacker beispielsweise mehr als 1 Million US-Dollar Lösegeld von der University of California in San Francisco.[10] Sie hatten sich Zugang zum IT-System verschafft und dort Daten gestohlen sowie verschlüsselt. Absolut sicher vor dieser Form von Cyber-Kriminalität ist nur, wer sich selbst vom Netz nimmt. Eine Unmöglichkeit.

Daten und digitale Ökonomie

Zumindest für die Kriminellen im beschriebenen Fall hatte der viel zitierte Ausspruch seine Berechtigung: »Daten sind das neue Öl.« Man hört ihn oft, wenn Menschen sagen wollen oder auch nur vermuten oder hoffen, dass mit digitalen Geschäftsmodellen in Zukunft viel Geld zu verdienen sei. Doch wer Daten als Rohstoff betrachtet, muss auch jemanden haben, der diese verarbeitet, veredelt, in ein Produkt verwandelt, das noch dazu von jemandem gebraucht wird. Wenn Sie beispielsweise einen Datensatz hätten, der Ihnen die Schuhgröße aller Deutschen zum Stichtag 1. Januar 2021 liefern würde – was würden Sie damit anfangen? Wir sind bislang noch nicht besonders erfahren darin, digitale Geschäftsmodelle zu entdecken oder zu entwickeln. Wir könnten schnell eine App bauen, in der wir unsere eigene Schuhgröße eingeben und dann herausfinden, dass diese Schuhgröße 6 Prozent der Deutschen haben. Aber wir tun uns schwer, aus der reinen Existenz dieser Daten jenseits des Spaßfaktors einen Wert für andere zu entwickeln, für den diese auch bezahlen würden. Wir haben Digitalisierung noch nicht so weit verinnerlicht.

In der Frage digitaler Geschäftsmodelle reden wir uns in Deutschland allerdings gerne auch selbst klein. Das viel gelobte »Silicon Valley« ist ein beeindruckendes Cluster von Innovation und Kreativität. Aber das gibt es in Deutschland auch, und zwar mit unterschiedlichen Schwerpunkten und in unterschiedlichen Regionen. Nicht alles, was aus Kalifornien kommt, brauchen wir wirklich, nicht alles ist nachhaltig, vieles ist ein kurzfristiger Hype. Selbst Alphabet, wie der Mutterkonzern von Google mittlerweile heißt, hat manchmal Probleme, Digitalisierung zu buchstabieren. Die Internetseite gcemetery.co/ zeigt den »Google-Friedhof« – eine Zusammenstellung vieler Projekte, die teilweise mit Milliardensummen im Markt platziert werden sollten, die sich letztendlich aber nicht durchsetzen konnten und wieder verschwanden. Vielleicht erinnern Sie sich noch an Picasa oder Google+.

Trotzdem taucht regelmäßig die Frage auf, wo denn »das deutsche Google«, »das deutsche Facebook« oder »das deutsche Amazon« sei. Ich bin mir auch hier nicht sicher, ob wir das brauchen. Ich bin mir weiterhin nicht sicher, ob die beschriebenen Unternehmen und Geschäftsmodelle tatsächlich nachhaltig sind, und auch nicht, ob sie auf Dauer vor dem Kartellrecht Bestand haben. Unbesehen dessen: Wozu muss es von jeder Art Unternehmen ein »deutsches« geben? Mir würde es reichen, wenn Unternehmen in Deutschland ihre Leistung anbieten, Kunden zufriedenstellen, Beschäftigte ordentlich behandeln, sich an den Datenschutz halten und ihre Steuern bezahlen.

Viel wichtiger ist mir die Frage, wie wir Menschen jeden Alters in diesem Land in die Lage versetzen, in der digitalen Ökonomie Fuß zu fassen und einen Beitrag zu leisten. Denn das wiederum ist eine Frage von Schulbildung, Ausbildung und Weiterbildung. Insbesondere die staatlichen Ausbildungssysteme können hier kaum Schritt halten mit der rasanten technologischen Entwicklung. Dabei geht es zum einen um die technische Ausstattung, die einen gehörigen Investitionsbedarf mit sich bringt. Mehr noch aber geht es um die Lehrkräfte, die das nötige Wissen und die Fähigkeiten vermitteln sollen. Achim Berg, Vorsitzender des Branchenverbandes Bitkom, sieht Deutschland sogar als Nachzügler bei der Digitalisierung der Bildung. Anlässlich der Vorlage des nationalen Bildungsberichtes 2020 forderte er, »Bildung grundsätzlich neu zu denken – und zwar digital.«[11]

Im persönlichen Gespräch wird er noch deutlicher: »Wir beschäftigen uns in einer unbeschreiblichen Ambitionslosigkeit mit dem Thema digitale Bildung und Weiterbildung, versuchen, die alten analogen Modelle einfach mit digitalen Medien nachzubilden. Dass das zum Scheitern verurteilt ist, wird langsam auch dem Letzten klar – Deutschland entwickelt sich zu einer digitalen Kolonie und verspielt die Möglichkeit, sich digital souverän weiterzuentwickeln. Dies führt unwiederbringlich zu Abhängigkeiten, und letztendlich setzen wir unseren Wohlstand aufs Spiel.«

Achim Berg spricht mir aus dem Herzen, und ich komme hier wie in vielen anderen Themen immer wieder an diesen Punkt: Wir müssen neu denken!

Künstliche Intelligenz und menschliche Autonomie

KI-Projekte in Unternehmen benötigen grundsätzlich eine Perspektive oder Vision, die über die reine Prozessoptimierung hinausgeht, wie wir sie von der Digitalisierung schon immer kennen. Man muss sie so konstruieren, dass die Mitarbeiterinnen und Mitarbeiter die Hebelwirkung erkennen, wie sie durch eine bessere Technik befähigt und unterstützt werden. Die Angst vor dem Jobverlust muss der Erkenntnis weichen, einen qualitativen Zugewinn der eigenen Leistungsfähigkeit zu bekommen.

Bei der KI stehen wir, wie bei vorherigen technologischen Innovationen auch, scheinbar wieder einmal vor der Frage: Mensch oder Maschine? Diesmal geht es aber nicht nur darum, wer den Takt der Arbeit vorgibt, sondern erst einmal darum, welche Ziele wir anstreben. Künstliche

Intelligenz ist die Technologie, die manche in freudige Aufregung versetzt, viele andere hingegen eher beunruhigt. Die panische Variante geht so: Wir wissen nichts von Digitalisierung, haben keine Digital Skills, insgesamt zu wenig Beschäftigte mit einschlägigen Fähigkeiten, und am Ende entscheidet sowieso die Maschine nach einem Algorithmus, den wir nicht verstehen. Als Beschäftigte werden wir von einer Maschine eingestellt und aussortiert, und über den Kredit entscheidet sie auch.

Auf dieses Schreckensszenario gibt auch die KI-Strategie der Bundesregierung keine Antwort.[12] Sie will nützliche Forschung und Entwicklung fördern und konzentriert sich auf die sogenannte »schwache KI«. Das ist volkswirtschaftlich sinnvoll, aber politisch unzureichend. Denn ausdrücklich ausgeklammert ist die sogenannte »starke KI«[13], bei der IT-Systeme in der Lage sein sollen, menschenähnlich oder sogar überlegen zu denken und zu handeln, und zwar vernetzt in vielen, unterschiedlichen Bereichen. Aber genau hierfür benötigen wir meiner Ansicht nach Orientierung. Die Leitlinien der EU[14] zur künstlichen Intelligenz sind ein erster, guter Ansatz. Gleich der erste der sieben Punkte ist auch der wichtigste: der Vorrang des menschlichen Handelns und der menschlichen Aufsicht. Der Mensch muss die Autonomie behalten.

Anfangen können wir dann damit, dass wir die »menschlichen Fehler« der KI korrigieren oder künftig vermeiden. Denn Algorithmen müssen ja auch von jemandem programmiert werden. Hierbei werden Informationen und Erfahrungen der Vergangenheit verwendet. Jede darin enthaltene Verzerrung und jeder unerkannte Denkfehler werden also mitprogrammiert. Algorithmen können auf diese Weise auch Diskriminierungen enthalten. Eine Studie des Karlsruher Institut für Technologie (KIT)[15] zeigt zahlreiche Beispiele dafür auf. Dabei geht es meist um Diskriminierung aufgrund von Geschlecht, Herkunft oder Alter, aber auch nach Wohnort oder Nutzungsverhalten. Betroffen sind insbesondere Online-Plattformen, die Stellen vermitteln, oder interne Bewertungssysteme von Unternehmen für Kunden oder potenzielle Beschäftigte. Die angeführten Beispiele erstrecken sich aber prinzipiell über alle Bereiche, in denen KI im Einsatz ist, und reichen von der Kreditvergabe bis zur vorausschauenden Polizeiarbeit.

Schwieriger wird es bei den »lernenden Systeme«, die wir schaffen. Sie sind häufig eine Black Box, abgeschlossene Einheiten, in deren Innenleben man nicht hineinschauen kann. Selbst KI-Forscher, die mit dieser »starken KI« arbeiten, können ihre Wege der Entscheidungsfindung nicht erklären. »Wir wissen, dass es stimmt, aber wir wissen nicht, warum«, wie mir einmal jemand gesagt hat. Auch wenn ich die Aussage verstehe – mir reicht das nicht. Wir müssen mehr wissen, wir müssen mehr investieren, wir müssen die Technologie besser verstehen. Und wir müssen auch ihre Folgen besser abschätzen können. Auch, um jenen argumentativ entgegentreten zu können, die dystopische Visionen verbreiten und eine »digitale Pandemie« an die Wand malen.

Demografie – wie sich die Welt um uns herum verändert

Eine andere dystopische Vision nennt sich »Überbevölkerung«. Sie ist mit der demografischen Entwicklung auf der Welt verbunden – und mit viel Unwissen darüber, wie der verstorbene schwedische Gesundheitsforscher Hans Rosling in seinem beeindruckenden Buch *Factfulness* aufzeigt.

Unsere Einschätzung von Sachverhalten hat viel damit zu tun, was wir uns vorstellen können. Können wir uns 11 Milliarden Menschen vorstellen? So viele werden wir im Jahr 2100 voraussichtlich sein. Ein heute in Deutschland geborenes Kind wird diesen Zeitpunkt mit großer Sicherheit erleben. 11 Milliarden ist eine unvorstellbare Zahl, die allerlei Problemassoziationen weckt. Wie sollen diese Menschen ernährt werden? Was, wenn alle ein Auto fahren wollen? Gibt es mehr Kriege und Vertreibung im Kampf um Ressourcen und vermeintliche »Lebensräume«? Andererseits: Können wir uns 7,7 Milliarden vorstellen? So viele sind wir heute. Wir können es nicht, wir haben kein Maß und kein Gefühl dafür, wir müssen uns dem Sachverhalt deshalb äußerst rational und präzise annähern.

Rosling zeigt anhand einer Reihe von Zahlen, dass die Welt entgegen unseren Befürchtungen schon heute viel besser dran, ist, als sie es jemals war. Trotz aller Probleme. Es lohnt sich, die Zahlen anzuschauen, die auch auf der Internetseite www.gapminder.org/ zu finden sind, wo Roslings Tochter und Schwiegersohn seine Arbeit fortsetzen und Aufklärung betreiben.

Für viele Manager klingt das Wort Demografie nicht spannend. Es klingt nach Statistik und Elfenbeinturm, nach weit entfernten Eventualitäten und wenig umsetzbaren Möglichkeiten. Dabei steckt in der Demografie ein Element, wie man es als Manager und Managerin besser gar nicht bekommen kann: Planbarkeit. Langfristige Planbarkeit. Denn die Demografie verändert sich sehr langsam. Wenn eine Frau heute ein Kind bekommt, dann wird daraus die nächste Generation erst in 20 bis 40 Jahren ihre Kinder bekommen. Familienpolitische Maßnahmen benötigen meist mehr als ein Jahrzehnt, bevor sich wirksame Effekte einstellen. Selbst massive weltpolitische Ereignisse wie beispielsweise die Wirtschaftskrise 2008 wirken sich erst sehr viel später aus. Kurzum: Demografie, die Bevölkerung und ihre Zusammensetzung lassen sich über viele Jahre hinweg sehr genau prognostizieren.

Insbesondere für die öffentliche Hand ist das wichtig. Wir können mithilfe der Bevölkerungsforschung sehr gut abschätzen, wie viele Kindergartenplätze, Schulen und Lehrer wir in 20 oder 30 Jahren benötigen. Nicht immer nehmen wir dieses Wissen auch ernst. Wir können auf Basis der demografischen Daten auch sagen, wie viele Menschen jedes Jahr neu auf den Arbeitsmarkt kommen und wie viele ihn altersbedingt verlassen werden. Wir können prognostizieren, welche typischen Krankheiten für ein bestimmtes Lebensalter oder eine bestimmte Lebensphase in Zukunft häufiger zu erwarten sind. Wir können weiterhin Berechnungen und Szenarien über den Bedarf an Energie oder Mobilität daraus entwickeln.

Gleiches können wir im Unternehmen tun. Wir können prognostizieren, wie viele Menschen bei uns in Rente gehen und wie viele junge Menschen wir ausbilden müssen. Im Konsumgüterbereich können wir abschätzen, wie sich Märkte entwickeln. Ich will bewusst das naheliegendste Beispiel wählen: Baby-Windeln, ein Produkt, für das ja die Neugeborenen der Markt sind. Anhand der Demografiedaten können wir direkt sehen, wie große dieser Markt in 20 Jahren sein wird. Und wer Maschinen herstellt, auf denen Windeln produziert werden, oder Rohstoffe handelt, aus denen Windeln produziert werden … Sie merken, worauf ich hinauswill. In den allermeisten Fragen können wir das nicht, was wir in der Demografie können: in die Zukunft schauen!

Die Welt entwickelt sich

Eine entscheidende Kennzahl in der Demografie ist die Fertilitätsrate. Sie sagt aus, wie viele Kinder eine Frau im Durchschnitt bekommt. Die

Fertilitätsrate liegt global derzeit bei 2,5 Kindern. Nach Berechnungen der Vereinten Nationen wird diese Zahl bis zum Jahr 2050 auf 2,2 sinken. Damit eine Population stabil bleibt, also die »Arterhaltung« gesichert ist, wird eine Fertilitätsrate von 2,1 benötigt. Noch 1990 lag diese Zahl weltweit bei 3,2. Wir merken: Das Bevölkerungswachstum verlangsamt sich, die anfangs erwähnten 11 Milliarden sind vermutlich der Spitzenwert, den die Menschheit erreichen wird, danach wird unsere Zahl wieder zurückgehen. Wenn wir den Zahlen genauer nachgehen, dann zeigt sich Erfreuliches. Der Rückgang der Fertilitätsrate weltweit ist ein Zeichen besserer Gesundheitsversorgung, besserer Schulbildung und einer verbesserten Situation der Frauen. Er ist ein Zeichen von Entwicklung, Wachstum und Wohlstand. Demografie ist ein Wirtschaftsfaktor.

Das Jahr 2050 werden hoffentlich möglichst viele von uns noch erleben. Der Weltbevölkerungsbericht[16] der Vereinten Nationen geht davon aus, dass die Zahl der Menschen zu diesem Zeitpunkt auf 9,7 Milliarden ansteigen wird. Damit einhergehend steigt auch die Lebenserwartung der Menschen insgesamt an. Sie liegt heute bei 64,2 Jahren und wird für 2050 mit 77,1 Jahren prognostiziert. In der Folge wird die Bevölkerung weltweit im Durchschnitt älter sein, als sie es heute ist. Die Alterszusammensetzung wird sich ebenfalls verändern. Bereits im Jahr 2018 gab es auf der Welt mehr Menschen über 65 Jahre als Kinder unter 5 Jahren. Die Zahl der Menschen im Erwerbsalter, hier definiert zwischen 25 und 64 Jahren, wird deutlich zunehmen. Statistisch bedeutet dies, dass das Produktivitätspotenzial zunimmt und ein anhaltendes Wirtschaftswachstum ermöglicht. Für Länder, in denen dieser Effekt aufgrund der Bevölkerungszusammensetzung und zusammen mit anderen Faktoren wie einer guten Ausbildung auftritt, spricht man von der »Demografischen Dividende«.

Es gibt auch regionale Entwicklungen. Die Bevölkerung in der Subsahara-Region wird sich bis 2050 verdoppeln. Indien wird China als bevölkerungsreichstes Land der Erde überholen. In Europa und den USA wird sie im selben Zeitraum gerade noch um 2 Prozent wachsen. Im Jahr 2050 wird mehr als ein Viertel der Bevölkerung in Europa und Nordamerika über 65 sein. All diese demografischen Aspekte haben Auswirkung darauf, wie sich die Bedürfnisstruktur der Menschen in Zukunft entwickelt.

»Überalterung« lautet dementsprechend das Stichwort, unter dem der demografische Wandel in Deutschland diskutiert wird. Das setzt allerdings voraus, dass es ein ideales Durchschnittsalter oder sogar ein ideales Alter gäbe. Im Hintergrund schwingt dabei der Traum von der ewigen Jugend mit. Das scheinen wir als normal anzusehen. Manche träumen vielleicht sogar vom ewigen Leben. Vom ewigen Alter träumt niemand, den ich kenne. Dennoch können wir uns schon heute auf eine gesellschaftliche Situation einstellen, die stärker vom Alter als von der Jugend geprägt ist. In Deutschland bekommt eine Frau im Schnitt 1,57 Kinder. Frauen bekommen ihre Kinder immer später, zudem gibt es immer mehr kinderlose Frauen.

Auf der anderen Seite steigt auch bei uns die ohnehin schon hohe Lebenserwartung von 78,5 Jahren bei Männern und 83,3 Jahren bei Frauen immer noch an. 15,9 Prozent der Bevölkerung sind heute schon über 67 Jahre alt, ihr Anteil wird auf 20,9 Prozent in den nächsten 20 Jahren steigen. 5,4 Millionen Menschen sind jetzt schon älter als 80 Jahre, in 20 Jahren werden es über 6 Millionen sein, und auf lange Sicht könnten es bis zu 10 Millionen werden. Im Verhältnis nimmt die Zahl der jungen Menschen deutlich ab, für das Jahr 2060 wird erwartet, dass es gerade noch 3,8 Millionen Kinder unter 6 Jahren gibt. Klingt viel, macht aber gerade einmal 5 Prozent der Bevölkerung aus.

Wenn Sie jetzt denken: Mensch, die Grohnert ist eine furchtbare Zahlen-Schleuder, dann lade ich Sie zu einem kleinen Ratespiel ein. Wie viele Rollatoren passen in eine Straßenbahn? Welche neue Technologie werden Sie noch erlernen, wenn Sie 70 sind? Wie viele Menschen kann eine Pflegekraft sinnvoll betreuen? Und wie viele Menschen werden im Jahr 2060 noch persönlichen Kontakt zu Kleinkindern haben? Hinter all diesen demografischen Zahlen stehen Zukunftsbilder, die etwas ganz Konkretes über die zu erwartende Lebenssituation von Menschen aussagen. Zukunftsbilder, die definitiv so kommen werden.

Der demografische Wandel ist ein weltweites Phänomen. Und der Begriff der »Überalterung« suggeriert, dass Deutschland der Welt hinterherschleicht. Tatsächlich sind wir aufgrund eines Startvorsprungs der Entwicklung voraus. Denn vieles, was anderswo in der Welt erst noch passieren wird, haben wir in Deutschland schon lange hinter uns.

Die Fertilitätsrate lag im Gebiet des heutigen Deutschland Anfang des 19. Jahrhunderts bei 5,4 Kindern pro Frau. Ein Wert, den heutzutage weltweit nur noch acht sehr arme Länder wie zum Beispiel Niger oder Somalia übertreffen. Allein 5 Millionen deutsche »Wirtschaftsflüchtlinge« wanderten im Laufe des 19. Jahrhunderts in die USA aus. Zu Beginn des 20. Jahrhunderts bekam eine Frau in Deutschland durchschnittlich immer noch 4,17 Kinder.[17] Die Lebenserwartung lag bei 44,8 Jahren für Männer und 48,3 Jahren für Frauen.[18] Wir waren damals zwar ein einigermaßen mächtiges, aber auch ein spät industrialisiertes Land. Aus unserer eigenen heutigen Perspektive waren wir Entwicklungsland. Nach zwei katastrophalen, selbst verschuldeten Kriegen in der ersten Hälfte des Jahrhunderts war unsere Demografie ziemlich durcheinandergebracht. Und dennoch konnten wir auch dank der geburtenstarken Jahrgänge der »Baby Boomer« in den 1950er- und 1960er-Jahren über lange Zeit von der »Demografischen Dividende« profitieren.

In den nächsten zehn Jahren wird diese Altersgruppe den Arbeitsmarkt jedoch verlassen. Die Dividende läuft aus. Wir werden rund 9 Millionen Menschen im Erwerbsalter weniger haben.[19] Wenn wir davon einmal großzügig Erwerbslose und Selbstständige abziehen, bleiben immer noch 5 Millionen sozialversicherungspflichtig Beschäftigte weniger. Oder anders formuliert: Beitragszahler, die in die Arbeitslosenversicherung, die Pflegeversicherung und die Rentenkasse einzahlen. Das Bundesarbeitsministerium geht derzeit davon aus, dass die sozialen Sicherungssysteme bis ins Jahr 2035 stabil bleiben. Und dann? Es hat sehr handfeste Gründe, dass über eine Verlängerung der Lebensarbeitszeit diskutiert wird. Aber wie realistisch ist es, dass alle Menschen bis zum 75. Lebensjahr arbeiten können oder wollen? Der Journalist Alexander Hagelüken hat seine Perspektive in ein Buch mit dem Titel gepackt: *Lasst uns länger arbeiten!* Er zitiert darin den Altersforscher Moritz Heß und kritisiert die »Kultur des frühen Ruhestandes« und eine »Entberuflichung des Alters«.[20]

Für manche wird der Ruhestand und damit das Alter sogar vorgezogen. Gerade bei den groß angelegten Stellenabbauprogrammen werden Leute mitunter schon mit 55 Jahren nach Hause geschickt. Wie verrückt sind wir eigentlich, dass wir Produktivität sowohl vonseiten des Unternehmens als auch der Gesellschaft einfach ausbuchen? Und wie soll unsere Rentenkasse dieses Ungleichgewicht der Generationen – immer weniger Einzahler, immer mehr Empfänger – auf Dauer aushalten?

Meiner Ansicht nach müssen wir noch viel offener diskutieren und die Systemfrage stellen. Ansonsten sind fortlaufende Leistungskürzungen und eine weitere Anhebung des Rentenalters diejenigen Stellschrauben, an denen die Politik immer weiterdrehen muss und doch nie eine Verbesserung erreichen kann.

In direktem Zusammenhang mit der Finanzierbarkeit unseres Systems steht natürlich auch die Frage der öffentlichen Infrastruktur. Und nicht zuletzt müssen wir auch über Generationenkonflikte nachdenken. Die Demografiestrategie der Bundesregierung spricht von gleichwertigen Lebensverhältnissen, die wir anstreben müssen: Chancen für die (weniger werdenden) Jungen, weitere Teilnahmemöglichkeit für die (mehr werdenden) Älteren, ein Interessenausgleich.[21]

Zuwanderung als Schlüssel

Was uns und unser System derzeit auch rettet, ist Zuwanderung. Ohne sie würden wir seit vielen Jahren schrumpfen. Bereits 1972 starben erstmals mehr Menschen in Deutschland, als neu geboren wurden. Unsere Bilanz ist negativ, und das seit fast 50 Jahren. Vor diesem Hintergrund ist es geradezu absurd, die überdurchschnittliche Zuwanderung der Jahre 2014 bis 2017 als Bedrohung zu sehen. Hauptsächlich aufgrund des bis heute andauernden Bürgerkrieges in Syrien kamen rund 2,4 Millionen Menschen zu uns, sodass wir heute mehr als 83 Millionen Menschen sind. Wer von »Masseneinwanderung« spricht, dem will ich es nochmals in einem prozentualen Beispiel verdeutlichen: 100 Leute sitzen am Tisch, es kommen im Laufe eines langen Abends drei dazu. Und für die soll kein Platz mehr sein?

Die Situation wurde spätestens 2015 als »Flüchtlingskrise« bezeichnet. Wohlgemerkt: Wir fanden, dass wir in eine Krise gerieten, weil andere Menschen, die in ihrer Existenz bedroht waren, bei uns Schutz, Sicherheit und eine Überlebensperspektive suchten. Für uns, deren Welt für die Neuankömmlinge im Vergleich regelrecht paradiesisch anmuten musste, war es eine ungeheure Herausforderung. Und nicht alle konnten oder wollten der Bundeskanzlerin in ihrer Zuversicht folgen. Ihr »Wir schaffen das« war dennoch Ermutigung für viele und auch ein kleiner Weckruf für diejenigen, die die Integration zuerst als Aufgabe der Politik und weniger der Unternehmen angesehen haben. Wir haben damals bei der Arbeitgeberinitiative »Charta der Vielfalt« einen Round Table für die Wirtschaft organisiert. Natürlich war kaum ein Unternehmen darauf vorbereitet, Menschen ohne deutsche Sprachkenntnisse und ohne die klassisch deutschen Lebensläufe, Zeugnisse und Zertifikate in den Betrieb zu integrieren. Aber die deutsche Wirtschaft hatte in dieser Situation auch verstanden: Das darf gar nicht schiefgehen. Und wenn es auch Anlaufschwierigkeiten gab, so haben wir es letztendlich doch geschafft. Sprachkurse, Praktikumsprogramme, Ausbildungsgruppen und ein ungeheuer vielseitiges menschliches Engagement in den Belegschaften der Unternehmen selbst haben eine Herausforderung angenommen und bewältigt, für die es gerade keinen Plan gab.

Anette Widmann-Mauz, die Staatsministerin für Integration im Bundeskanzleramt, kann fünf Jahre später eine beeindruckende Bilanz ziehen. Ich darf sie zitieren: »Ein Blick auf die Zahlen zeigt: Es bleibt einiges zu tun, aber wir sind auf einem sehr guten Weg! Im Oktober 2020, fünf Jahre nach den hohen Zugangszahlen, sind 430 000 Personen aus den Asyl-Hauptherkunftsstaaten in Beschäftigung, die meisten sozialversicherungspflichtig. Viele halten während der Corona-Pandemie das Land mit am Laufen: im Gesundheitswesen und in der Altenpflege, im Handel oder bei Bus und Bahn. 130 000 geflüchtete Kinder und Jugendliche gehen hier zur Schule, die ersten machen jetzt ihre Abschlüsse. Ja, Integration bleibt eine Daueraufgabe. Aber schon jetzt können wir sagen, dass die Arbeitsmarktintegration von Geflüchteten schneller gelingt als in den Jahrzehnten zuvor. Das war und ist eine gemeinsame Erfolgsgeschichte: allen voran von Geflüchteten, aber auch von engagierten Unternehmerinnen und Unternehmern und vielen Haupt- und Ehrenamtlichen im ganzen Land.«

Welch eine Leistung von allen zusammen! Die Mehrheit der Geflüchteten arbeitet nicht nur als Helfer oder Aushilfen, sondern als anerkannte Fachkräfte. Mehr als die Hälfte der Geflüchteten spricht mittlerweile sehr gutes oder gutes Deutsch, ein weiteres Drittel hat ein mittleres Sprachniveau.[22] In weniger als fünf Jahren schaffen es Menschen aus einem fremden Land und ohne Sprachkenntnisse, sich bei uns zu integrieren und zu einem festen Bestandteil unserer Gesellschaft zu werden. Wobei sie im Vergleich zu uns oft den größeren Teil der Integrationsleistung beitragen. Dabei muss es auch unser ureigenstes Interesse sein, unsere Integrationsfähigkeit zu verbessern. Noch sind beispielsweise zu wenige der Frauen im Berufsleben angekommen. Wie gehen wir mit denen um, die sich im

Spracherwerb schwertun oder kaum Vorbildung mitbringen? Wie verhindern wir, dass Menschen in Parallelwelten abdriften, weil sie in der Mehrheitsgesellschaft keine Anbindung finden? Integration ist eine Daueraufgabe, die uns zur Routine werden muss. Noch ist sie es nicht. Dennoch ist die Aufnahme der Geflüchteten in den vergangenen fünf Jahren eine gemeinsame Erfolgsgeschichte, aus der wir für die Zukunft lernen dürfen.

Ich selbst habe viel von Mohammed Basel Alyounes gelernt. Ich war damals in der Geschäftsführung von EY für Personal zuständig, wir haben natürlich als Unternehmen nach Wegen gesucht, unseren Teil beizutragen. Wir haben dazu Mitarbeitern ein Kontingent für ehrenamtliche Einsätze eingeräumt und spezielle Zusatzprogramme für Praktika geschaffen. Ich selbst wollte natürlich neben dem Firmenengagement wie viele andere auch persönlich etwas tun. Basel war derjenige Praktikant, für den ich das Mentoring übernommen habe. In einem Alter, in dem ich gerade meine ersten beruflichen Schritte gegangen war, hatte er fast 4 000 Kilometer und fünf Länder hinter sich gebracht, um in Deutschland eine Zukunft zu finden. Er hat andere Erfahrungen im Leben gemacht, als die meisten von uns je machen werden. Er war mutig, motiviert und neugierig genug, sich nicht einfach in ein schlechtes Schicksal zu fügen, sondern sein Leben selbst zu gestalten. Er hat Deutsch gelernt, noch bevor die ersten Kurse richtig anliefen. Er hat schon als Praktikant die ersten Kundenprojekte mitgestaltet und sich schnell in der Firma eingefunden. Er hat es im sprichwörtlichen Sinne weit gebracht. Aber die vergangenen vier Jahre waren auch herausfordernd, wie er beschreibt:

»Ende 2015 bin ich nach Deutschland mit keinerlei deutschen Spracherfahrungen gekommen, und das erste Ziel für mich war, Deutsch zu lernen, um einen Platz in diesem Land zu finden. Ehrlich gesagt, alles war nicht so einfach, aber ich habe gar nicht aufgegeben, und ich begann, selbst Deutsch zu lernen. 2016 und während meines Praktikums benutzte ich meine Englischkenntnisse. Die meisten Schwierigkeiten kamen 2017, ich habe mich komplett mit der Arbeit beschäftigt. Ende 2017 erhielt ich die Nachricht von meiner Familie, dass mein Vater einen schweren Schlaganfall hatte. Das war eine große Schwierigkeit in meinem Leben, weil ich die Verantwortung für meine Familie ab sofort übernehmen musste. 2018 habe ich die letzte Stufe in der deutschen Sprache C1 bestanden und meinen Führerschein gemacht. 2019 bekam ich die Ergebnisse für mein Bemühen in den vorangegangenen drei Jahren: die Niederlassungserlaubnis und den unbefristeten Aufenthaltstitel in Deutschland. Ich glaubte immer an mich und an Deutschland, dieses Land hat mir viel gegeben und hilft mir, meine Ziele zu erreichen. Aber das ist nicht das Ende, das war nur der Anfang, und ich versuche immer, mein Bestes zu geben.«

Ich freue mich über jede WhatsApp-Nachricht von ihm und jeden seiner Karriereschritte. Basel ist ein Teil der Zukunft.

Sind wir bereit für die Zukunft?

Wir müssen in Deutschland die Zukunft offener gestalten, als wir es bislang tun. Denn eine Diskussion im vergangenen Jahr hat Fragen aufgeworfen. Ausgehend von mehreren Todesfällen durch Polizeigewalt in den USA schwappten Proteste auch nach Europa und Deutschland über. Wir wurden intensiver konfrontiert mit dem Thema Rassismus. Mit unserer eher überschaubaren, aber nicht minder brutalen und ungerechten Kolonialgeschichte. Mit der Frage, für wen wir Denkmäler errichten und nach wem wir Straßen benennen. Als Wirtschaftsmensch könnte man lapidar sagen: »Was interessieren mich Straßennamen?« Aber so einfach ist es nicht, denn alles, was Menschen bewegt, muss uns interessieren.

Mehr als 20 Millionen Menschen in Deutschland haben einen Migrationshintergrund, wie es amtlich lautet. Ich spreche lieber von Migrationsgeschichte. Bei rund 3 Millionen ist sie türkisch, bei 2 Millionen polnisch, und es gibt auch 1 Million Afro-Deutsche. Sehr viele von ihnen haben Diskriminierung persönlich erlebt und erlitten. Dabei geht es längst nicht nur um körperliche Übergriffe oder Beschimpfungen, sondern auch um die vermeintlich kleinere, dafür aber viel weiter verbreitete Alltagsdiskriminierung. Ich meine damit ausdrücklich auch Diskriminierung in der Wirtschaft, im Unternehmen, am Arbeitsplatz. Die Migrationsforscherin Prof. Dr. Naika Foroutan von der Berliner Humboldt-Universität kann eine Menge diskriminierender Effekte belegen: verzerrte Leistungserwartungen und schlechtere Noten an Schulen, die Nichteinladung zum Vorstellungsgespräch aufgrund eines ausländisch klingenden Namens oder Erschwernisse beim beruflichen Weiterkommen. Wie anders könnten wir erklären, dass so wenige dieser Menschen in Führungspositionen oder gar Vorständen der Unternehmen sitzen? Von der Bundespolitik über die Rathäuser, die Lehrer an Schulen bis hinein in die Medien ist das Bild nicht viel besser. Menschen mit Migrationsgeschichte sind deutlich unterrepräsentiert. Wir sind zwar Exportweltmeister, aber Integrationsweltmeister sind wir noch lange nicht. Besonders skurril finde ich, dass manche Form der Diskriminierung sogar auf Menschen aus dem Osten Deutschlands zutrifft. Und besonders bitter finde ich dann wiederum, dass genau in diesen Regionen die Fremdenfeindlichkeit weit überdurchschnittlich ausgeprägt ist.

Überhaupt: 11,2 Millionen haben in Deutschland faktisch den Status Ausländer, davon kommen 96 Prozent aus Europa und innerhalb dieser Gruppe mehr als 43 Prozent aus der EU. Können wir sie überhaupt noch als Ausländer bezeichnen? Wer grenznah in Bayern wohnt, fühlt sich dem Österreicher vielleicht näher als dem Flensburger, der wiederum ein halber Däne oder ein ganzer Friese ist. Wir sind schon immer ein bunter Flickenteppich, ein vielfältiges Land mit bemerkenswerten regionalen Unterschieden. Wir sind seit Jahrzehnten Einwanderungsland, und dieser Teil des demografischen Wandels hat uns enorm bereichert und gestärkt. Wir müssen endlich lernen, diese Vielfalt anzuerkennen und zur vollen Blüte zu erwecken.

Ich bin überzeugt, dass die kommenden Generationen in dieser Hinsicht von Haus aus vieles besser machen werden. Es wird ihnen allerdings auch nichts anderes übrigbleiben, denn für die demografische Entwicklung, die vor uns liegt, gibt es keine Blaupause. Wir können uns praktisch nichts von anderen Ländern abschauen. Unsere Zukunft wird anders aussehen, anders aussehen müssen, als wir uns das heute vorstellen. Wir müssen diese Zukunft selbst entdecken, erfinden, erschaffen. Auch mit denen, die noch dazukommen. Sie helfen.

Vielleicht ist der Exportschlager aus Deutschland im Jahr 2060 dann ja Demografiekompetenz.

Nachhaltigkeit – mit der Natur kann man nicht verhandeln

Klimawandel in Davos

Beim Weltwirtschaftsforum in Davos steht traditionell die große Weltpolitik im Mittelpunkt. 1987 bewies der damalige deutsche Außenminister Hans-Dietrich Genscher Weitsicht, als an die versammelte Management- und Politik-Elite appellierte, den sowjetischen Staatschef Gorbatschow mit seinem Vorhaben von Glasnost und Perestrojka ernst zu nehmen. »Offenheit« und »Umgestaltung« waren das Programm, dass die Welt kurze Zeit später aus einer jahrzehntelangen Ost-West-Konfrontation befreite.

In Davos wurden oft die bedeutenden Fragen der Menschheit mit großem Weitblick auf die Agenda gesetzt. Allerdings war das Treffen auch immer ein Schauplatz großer Worte, denen vergleichsweise wenig Taten folgten. *Der Spiegel* spottete Ende der 1980er-Jahre darüber, dass das Treffen »zu Fragen des Umweltschutzes nicht viel beizutragen«[23] habe. Ein Vortrag des britischen Prinzgemahls Philip, der damals Präsident der Umweltorganisation WWF war, galt eher als Beiwerk, da er vor allem »die nach Davos mitgereiste Damen-Begleitung ansprach.«

Gut 30 Jahre später haben sich sowohl Prioritäten als auch Perspektiven wohltuend verändert. Auf dem Podium in Davos sitzt ein 16-jähriges schwedisches Mädchen mit Zöpfen, das freitags nicht mehr zur Schule gehen will, und erklärt den versammelten Weltenlenkern: »Unser Haus steht in Flammen.« Von den Anwesenden erhält die mutige junge Frau am Ende Applaus dafür, dass sie ihnen die Wahrheit ins Gesicht sagt: »An Orten wie Davos erzählen die Leute gerne Erfolgsgeschichten. Aber ihr finanzieller Erfolg kommt zu einem unvorstellbaren Preis.« Nur ein halbes Jahr später ist Greta deutlich ungeduldiger, als sie beim UN-Klimagipfel spricht: »Das ist alles falsch hier. Ich sollte zurück in der Schule sein, auf der anderen Seite des Ozeans. Aber sie alle hier kommen zu uns jungen Leuten, der Hoffnung wegen. Wie können Sie es wagen? Sie haben meine Träume und meine Kindheit gestohlen mit Ihren leeren Worten!«[24] Das Publikum applaudiert abermals und jubelt.

Kaum ein Mensch hat in den vergangenen Jahren solche Aufmerksamkeit für das Problem des Klimawandels geschaffen wie Greta Thunberg. Sie ist zu einer Inspiration für Millionen junger Menschen auf der ganzen Welt geworden. Die »unbequeme Wahrheit«, die sie nicht müde wird zu wiederholen, hatte im Jahr 2006 schon einmal Konjunktur, als der ehemalige US-amerikanische Vizepräsident Al Gore den gleichnamigen Dokumentarfilm vorstellte. Klimaforscher weisen seit den 1960er-Jahren regelmäßig auf die globale Erwärmung hin. Und gehen wir in der Wissenschaft zurück, dann müssen wir bestürzt feststellen, dass zum

Beispiel der Treibhauseffekt in seinem Prinzip bereits 1824 entdeckt und beschrieben wurde. Bereits 1895 stellte der schwedische Physiker Svante Arrhenius die Theorie auf, dass CO_2 die Erdatmosphäre erwärmen könnte. Irrtümlicherweise hielt er dies damals für eine positive Entwicklung, wie manch einer heute noch, der meint, es würde dann in den etwas frösteligen Ecken der Welt einfach nur angenehm warm werden.

Wir verbrauchen alles

Wir haben uns als Menschheit durch das massive Verbrennen fossiler Stoffe über zwei Jahrhunderte hinweg in eine ziemlich kritische Lage gebracht. Und mittlerweile sollte jedem halbwegs vernünftigen Menschen klar sein, dass es so nicht weitergehen kann. Wie auch mit einer Reihe anderer ökologischer Probleme, die wir im Wesentlichen dadurch ausgelöst haben, dass wir gnadenlos alles nutzen und teilweise endgültig verbrauchen, was die Natur ursprünglich so reichhaltig zu bieten hatte.

Wir können die Fakten nicht ignorieren, die im Verbrauch der natürlichen Ressourcen liegen. Ich kann nur den Kopf schütteln, wenn eine Interessenvertretung der Ölheizungswirtschaft geradezu euphorisch erklärt: »Bei dem heutigen Welterdölverbrauch würden die gesicherten Reserven mehr als 50 Jahre ausreichen.«[25] Soll uns das beruhigen?

Aber nicht nur Öl, sondern auch Wasser wird knapp. Und das auf einem Planeten, dessen Oberfläche zu zwei Dritteln daraus besteht. Aus der salzigen Variante allerdings. Süßwasser macht auf der Erde 2,5 Prozent[26] aus, wovon ein größerer Teil wiederum in den Gletschern der Pole ruht, wo es sehr gut angelegt ist. Zugänglich für uns Menschen sind gerade einmal 0,3 Prozent. Davon verbrauchen wir mehr als zwei Drittel in der Landwirtschaft. Für ein Kilo Rindfleisch, das in Deutschland produziert wird, benötigt man circa 6000 Liter Wasser. 5000 davon fallen vom Himmel – ein Segen. Der Rest aber nicht. Es muss irgendwoher gewonnen, gereinigt und aufbereitet werden.

Auf der anderen Seite haben mehr als 2 Milliarden Menschen auf der Welt gar keinen dauerhaften Zugang zu sauberem Trinkwasser. Als ich zur Schule ging, war der Aralsee der größte Binnensee Europas. Das musste man wissen, beim Fernsehquiz. Heute ist er praktisch ausgetrocknet. Der Weltwasserbericht der Vereinten Nationen[27] für 2020 weist daraufhin, dass der Klimawandel bis zum Jahr 2030 für jährlich rund 230 000 zusätzliche Todesfälle verantwortlich ist – auch, weil sauberes Wasser fehlt und so Krankheiten oder Fluchtbewegungen ausgelöst werden. Sehr viele ernährungsbedingte Krankheiten auf der Welt hängen mit dem Einsatz von unsauberem Wasser bei der Produktion oder Zubereitung zusammen. Mehr als 1,2 Millionen Menschen sterben jährlich daran, zwei Drittel davon an Durchfallerkrankungen.

In den Ozeanen wiederum finden wir das Öl, dass wir andernorts mühevoll aus dem Boden pumpen. Allerdings in veränderter Form, nämlich als Plastikmüll. 75 Prozent des Meeresmülls sind mittlerweile Plastik. 10 Millionen Tonnen kommen jedes Jahr dazu.[28] Tiere ersticken daran oder vergiften sich. Das Plastik sinkt zu Boden, zersetzt sich sehr langsam, gelangt dann aber wieder in den natürlichen Kreislauf. Auf einem Quadratkilometer Meer treiben im Schnitt bis zu 18 000 verschiedene Plastikteile. Ganze Teppiche aus Partikeln sind zu festen Erscheinungen mit eigenen Namen und Koordinaten geworden, wie der »Great Pacific Garbage Patch«, der die Größe des US-Bundesstaates Texas erreicht.

Unsere Produktion und der Verbrauch von Plastik sind das beste Beispiel dafür, wie wir uns langfristig völlig unsinnig verhalten. Wir bauen den Rohstoff Erdöl ab und verwandeln ihn unter gehörigem Energieaufwand in einen oft minderwertig eingesetzten Stoff. Diesen werfen wir dann sehr schnell weg, und er landet im Meer, oder wir verbrennen ihn. Es gibt in dieser Art Verbrauchswirtschaft keinen Weg zurück. Es gibt keinen Kreislauf, innerhalb dessen wir uns in der Natur etwas leihen, was wir zurückgeben könnten, was erneuerbar wäre.

Häufig sind die Gewinnung und die Verarbeitung von Rohstoffen selbst nicht nur problematisch für die Natur, sondern auch für den Menschen: gefährliche Arbeitsbedingungen mit hohem Unfallrisiko und Ausbeutung bis hin zur Kinderarbeit. Der Verbrauch der Natur, er ist auch ein Verbrauch des Menschen an sich selbst. Und zwar nicht nur in den Kobaltminen des Kongo, sondern direkt vor unserer Nase, mit unserer Billigung. Im Sommer des vergangenen Jahres, mitten in der Corona-Pandemie, musste ein deutscher Schlachthofbetreiber wochenlang schließen, weil sich fast ein Viertel seiner osteuropäischen Leiharbeiter mit dem Virus infiziert hatte.

Schreibe ich hier ein Buch über Umweltpolitik? Eigentlich geht es mir um die Frage, wie wir notwendige Veränderungen in unseren Unternehmen und auch in der Gesellschaft bewerkstelligen können. Der Blick in die Firmenkantine zeigt: Donnerstags ist zwischen halb zwölf und zwei durchgängig voll, weil Schnitzel-Tag ist. Ich kann es ja verstehen. Ich esse auch gerne Fleisch. Aber es muss nicht von Tönnies und Ähnlichen sein, vor dem Hintergrund der Produktionsbedingungen. Ist das nicht eine Überlegung, die ein Unternehmen in seiner Kantine genauso anstellen muss? Und warum muss der Salat, den ich mir in der abgerungenen Mittagspause zwischen zwei Terminen schnell hole, unbedingt in einer Plastikschale eingepackt sein? Noch immer sehe ich Einweg-Kaffeebecher auf den Fluren deutscher Unternehmen. Es gibt so viele Stellen, wo man anfangen kann.

Biodiversität und Komplexität

Damit wir uns nicht falsch verstehen: Mir geht es nicht darum, Autofahren, Fleisch und Plastikspielzeug zu verbieten. Selbst wenn es helfen würde, unsere derzeitige Art zu wirtschaften und zu leben würde sehr schnell Umweltprobleme an anderen Stellen auslösen. Wir müssen endlich lernen, die Komplexität der Natur zu akzeptieren und unsere Spielräume innerhalb dieses Systems zu definieren. Boden, Wasser, Luft, Pflanzen, Tiere – bislang zerlegen wir Menschen die Natur gedanklich in ihre Einzelteile und verwerten diese dann als Ressourcen, ganz nach unseren Wünschen. In einem hochkomplexen, über Jahrmillionen gewachsenen System sind wir zum konkurrenzlosen Bedrohungsfaktor des Ganzen mutiert.

Rund eine Million Tier- und Pflanzenarten sind vom Aussterben bedroht. Der Weltbiodiversitätsrat – Gott sei Dank gibt es so etwas – stellt in einer umfassenden Beschreibung des Zustandes unserer Ökosysteme im Jahr 2019 einen erschreckenden Zustand fest. Rund 25 Prozent aller Arten sind in den meisten Tier- und Pflanzengruppen bedroht.[29] Es gibt Leute, die machen sich darüber lustig, wenn eine Baumaßnahme nicht wie geplant umgesetzt werden kann, »weil irgendwo ein Feldhamster gestört wird«. In einigen Bundesländern zählt der Feldhamster schon zu den ausgestorbenen Arten.

»Wenn es darum geht, die Natur zu verstehen, sind wir eigentlich noch denkbar schlecht«[30], sagt Prof. Volker Mosbrugger. Er ist Generaldirektor der Senckenberg Gesellschaft und einer der führenden Naturwissenschaftler Deutschlands. Er warnt seit vielen Jahren vor dem Rückgang der Artenvielfalt und weist auch auf den Zusammenhang von Klimawandel und Biodiversität hin. Einen Grund für unser unzureichendes Engagement zum Schutz von Klima und Vielfalt sieht er darin, dass wir als Menschen gewohnt sind, lineare Entwicklungen zu denken. Ich erlebe das im Management auch. Wir glauben immer, wir hätten alles im Griff, was um uns herum geschieht, und müssten gegebenenfalls halt mal runter vom Gas oder auch ein wenig bremsen. Einen sprunghaften Übergang von einem (für uns akzeptablen) Zustand in einen (nicht mehr akzeptablen) anderen, wie Mosbrugger ihn für komplexe Systeme in der Natur beschreibt, könnten wir uns schlecht vorstellen. Wenn er dann doch kommt, reden wir uns mit dem Schlagwort der Disruption heraus, die ja keiner voraussehen konnte. Oder denken Sie an den Beginn der Corona-Pandemie. Wir hatten Probleme damit, uns das exponentielle Wachstum des Virus vorzustellen. Mittlerweile kennen wir alle die Reproduktionszahl R und vielleicht sogar noch den k-Wert zur Streuung.

So wenig wir uns im Alltag nichtlineare Entwicklungen vorstellen können, so wenig können wir uns auch Kosten oder Erträge von Dingen vorstellen, die wir für gegeben halten, so wie die Natur. Doch der Bericht des Weltdiversitätsrates aus dem Jahr 2019 kann auch hierzu etwas sagen. Das Stichwort lautet »Ökosystemleistungen« oder »Ökosystemdienstleistungen«. Angenommen, wir müssten ökonomisch bewerten, was die Natur, die Ökologie uns vermeintlich kostenlos zur Verfügung stellt – wo würden wir landen? Was sind Rohstoffe, Energie und Nahrung wert? Was sind uns saubere Luft und sauberes Wasser wert? Was die CO_2-Umwandlung und die Klimaregulation? Was ist uns der Waldspaziergang wert, der uns Erholung verschafft und unsere Produktivität regeneriert? Was sind uns beeindruckende Naturschauspiele, Wasserfälle, Geysire oder einfach nur Meerespanoramen und Sonnenuntergänge wert?

»Biodiversität und der Beitrag der Natur für den Menschen sind unser gemeinsames Erbe und das wichtigste, lebenserhaltende Sicherheitsnetz. Aber wir überspannen unser Sicherheitsnetz gerade bis zum Punkt, an dem es reißt«[31], sagt Sandra Myrna Diaz, die Hauptautorin des Berichtes. Und es hat auch einen Wert. 2014 hat ein Wissenschaftsteam um Robert Constanza das globale Volumen an »Ökosystemdienstleistungen« berechnet. Für das Jahr 2011 lag dieser Wert bei 125 Billionen US-Dollar.

Zugleich stellten die Wissenschaftler fest, dass durch den Rückgang der Biodiversität ein jährlicher Verlust von 3 bis 4 Billionen Dollar an diesen »Ökosystemleistungen« entsteht.[32] Mit anderen Worten: an Lebensqualität – und an Sicherheit. Biodiversität ist eine Art von verborgenem Kapital, das bislang noch nicht in unseren Bilanzen auftaucht.

Wachstum am Ende?

Im Jahr 1972 veröffentlichte der »Club of Rome«, ein internationaler Zusammenschluss von Wissenschaftlern, Wissenschaftlerinnen, Expertinnen und Experten, einen aufsehenerregenden Bericht mit dem Titel »Die Grenzen des Wachstums«. Seither steht der Wachstumsbegriff im Mittelpunkt aller Diskussionen. Quantitatives Wachstum wird hinterfragt und versucht, es durch »qualitatives« Wachstum zu ersetzen. Für Umweltschützer ist Wachstum geradezu zum Symbol für Ressourcenverbrauch und Umweltzerstörung geworden. Der Zielkonflikt scheint ausgemacht: Ökologie und Ökonomie gehen nicht zusammen. Haben wir nicht viel zu lange den Planeten ausgebeutet? Im Jahr 2016 veröffentlichte der Club of Rome einen Bericht, in dem er 1 Prozent Wachstum für ausreichend erklärte. Der deutsche Entwicklungshilfeminister nahm dazu Stellung: »Unser westliches Wirtschafts- und Konsummodell ist nicht das Zukunftsmodell für Indien und Afrika.«[33] Steht uns eine solche Aussage zu, nachdem wir Industrialisierung und Massenkonsum, ein sogenanntes »Wirtschaftswunder« und mindestens 50 Jahre in größtem Wohlstand erlebt haben?

Als neue Denkschule tritt gerade auch die »Degrowth«-Bewegung auf den Plan. Hier wird das bei Wirtschaftsleuten ausgemachte Prinzip des Wachstums komplett infrage gestellt und sogar sprachlich in sein Gegenteil verkehrt. Produktion und Konsum werden als eine Art »Metabolismus der Menschheit« dargestellt, dem man eine Schrumpfkur verpassen will, weil er an »planetare Grenzen« stößt. Auch wenn es im ersten Moment merkwürdig klingt, lohnt es sich doch, diesen Gedanken nachzugehen. Ich selbst teile sie nicht. Das liegt auch daran, dass ich Wachstum in einen anderen Kontext einordne. Wachstum ist für mich eine fortlaufende Entwicklung, ein ständiges Weitersetzen der eigenen Ziele, ein quasi natürliches Programm, um ein neues Niveau zu erreichen. Wir alle können wachsen, als lernende Individuen, lernende Organisationen, lernende Gesellschaft.

Ökonomisches und insbesondere auch quantitatives Wachstum lässt sich meiner Meinung nach sehr wohl mit Ökologie verbinden. Sofern wir die Kosten und den Verbrauch von »Ökosystemleistungen« richtig beziffern und in unsere Kalkulationen einbauen, wird es weiter Wachstum geben, und zwar auch gerne mehr als 1 Prozent.

Und weil ich in diesem Kapitel gerade alles im Lichte der Globalisierung betrachte: Nach meinem Verständnis geht es auch nicht darum, Globalisierung zu bekämpfen, sondern bessere Regeln zu finden. Regeln, die fair sind und nachhaltig. Paradoxerweise erlebt die Kritik an der Globalisierung gerade zu einer Zeit Zuspruch, die von so vielen nützlichen Regeln und internationalen Verträgen geprägt ist wie noch nie. Die Globalisierung erscheint vielen mittlerweile als Problem, doch tatsächlich ist sie die Lösung. Dabei muss es doch gerade darum gehen, dass der ganze Planet sich auf gemeinsame Ziele verständigt, wie zum Beispiel im Klimaschutzabkommen von Paris. Selbst wenn die Fortschritte oft klein und manchmal zu klein sind.

Insofern stimme ich auch nicht mit denjenigen überein, die nach jeder Krise, zuletzt bei Corona, wieder von einer »Renationalisierung« träumen. Es ist doch genau diese Kleinstaaterei, die immer wieder zu Problemen führt. Das »Wir« gegen »die«. Die vermeintlich im Vorteil Befindlichen, die ihr Süppchen allein für sich kochen wollen. Aus Angst, etwas abgeben zu müssen, und aus der Arroganz, zu glauben, man sei selbst so viel besser als andere.

Zur Arroganz kommt übrigens die Ignoranz. Was man nicht versteht oder verstehen will, wird ausgeblendet. Insbesondere die Komplexität. So ist die nächste Krise regelrecht programmiert.

Die nächste unbekannte Krise

Eine für die Fachwelt – aber leider nicht darüber hinaus – programmierte Krise war der Ausbruch von Corona Ende 2019. Warnungen vor einer Pandemie gab es schon länger. Im Jahr 2017 gründete sich in einer Mischung aus Regierungen, internationalen Organisationen, Wissenschaft und privaten Sponsoren eine »Koalition für Innovationen in der Epidemievorbeugung«. Einer der Geldgeber war Bill Gates, der seit vielen Jahren intensiven Kontakt zu Forscherinnen und Forschern hat und bereits zwei Jahre zuvor in einem Interview erklärte, für ihn sei eine Pandemie die am wahrscheinlichsten vorhersagbare Katastrophe.[34] 2018 prägte eine Gruppe Forscherinnen und Forscher den Begriff der »Seuche X«, um auf eine sehr wahrscheinlich kommende Pandemie hinzuweisen, verursacht durch ein noch unbekanntes Virus, das aus der Tierwelt auf den Menschen überspringen sollte.[35] Die Beschreibung der Details und Umstände waren relativ präzise und passend auf SARS-CoV-2. Trotzdem hat der Ausbruch von Corona zum Jahreswechsel 2019/2020 auch viele Forscherinnen und Forscher überrascht.

Erinnern wir uns: Wo waren Sie im Februar 2020 im Skiurlaub? Welches Event oder Konzert wollten Sie im März besuchen? Und was haben wir alle gemeinsam in den folgenden Monaten erlebt? Die Rückschau klingt, als ob der Beginn des Ganzen eine Ewigkeit her wäre, und zugleich wirkt es so, als ob viele Entwicklungen voriges Jahr auf der Stelle traten oder rückläufig waren. Die Corona-Pandemie hat der Menschheit auf drastische Weise ihre Grenzen aufgezeigt. Grenzen, die wir in dieser Form heutzutage kaum zu akzeptieren bereit sind, wie auch die Diskussionen um Quarantäne, Lockdowns und Öffnungen gezeigt haben. Wir leben in der Anspruchshaltung, dass die Dinge um uns herum nach unseren Vorstellungen zu funktionieren haben. Tun sie das nicht, dann wissen wir erst einmal nicht weiter. Dann ist Krise.

Mit dem Begriff der Krise sind wir großzügig, und unsere Sprache ist voll davon. »Ich krieg die Krise« entfährt mir auch gelegentlich, wenn etwas nicht nach Plan läuft. Im Privatleben haben wir jugendliche Sinnkrisen, Jobkrisen, die Midlife-Crisis, Ehekrisen oder gar eine späte Lebenskrise. Künstlerinnen und Künstler haben Schaffenskrisen, und ein Fußballverein aus meiner Heimatstadt Hamburg ist in der Dauerkrise. Im Unternehmen erleben wir Absatzkrisen, Managementkrisen und Führungskrisen. Ganze Branchen werden von Krisen durchgerüttelt, von der Automobilindustrie über den Einzelhandel bis zu den Zeitungsverlagen. In der Volkswirtschaft haben wir Währungs- und Finanzkrisen oder Energiekrisen. Der Staat hat eine Haushaltskrise, es gibt Regierungskrisen, das Schulsystem kämpft mit der Bildungskrise. Manchmal reden wir sogar von der ganz großen Systemkrise und der Krise der Demokratie. Im Vereinigten Königreich verläuft diese sogar parallel zur Krise der Monarchie. Weltpolitisch sind uns nach Ländern benannte Krisen von Kuba über das ehemalige Jugoslawien bis Nordkorea vertraut, dazu die Ölkrise, die Golfkrise, die Asienkrise und zahlreiche humanitäre Krisen.

Man könnte mit all den Begriffen rund um die Krise einen Rap-Song schreiben oder beim Poetry Slam teilnehmen; Krisenfall in der Krisenregion, Krisenstimmung am Krisenherd, Krisentreffen des Krisenstabes, Krisensitzung und Krisengespräche, am Ende Krisenreaktion.

Warum ich so darauf herumreite? Krisen gehören dazu. Aber was genau ist eine Krise, wann ist etwas eine Krise? Der großartige Jared Diamond hat ein ganzes Buch zu Krisen von Nationen geschrieben[36] und schon ganz zu Beginn festgestellt, dass ihm eine einheitliche Definition des Begriffs nicht gelingen will. Alles kann Krise sein. Und irgendwo ist immer Krise.

Was passiert in der Krise?

Die Binsenweisheit des Krisenmanagements lautet: »Keine Krise ist wie die andere.« Das ist mir aber zu wenig, denn wir müssen schon über bestimmte Muster nachdenken. Wie kommt es zur Krise, was passiert in der Krise und wie kommen wir wieder heraus? Vor allem aber: Wie verhindern wir, dass uns dies oder etwas Ähnliches nochmals passiert? Oder wie bereiten wir uns zumindest darauf vor, schnell und richtig zu reagieren? Diese Fragen sollten wir uns stellen, im Unternehmen wie in der Gesellschaft.

Das Bemerkenswerte an Krisen ist ja, dass wir alle es hinterher schon vorher gewusst haben. Wir können plötzlich sehr genau sagen, woher die Krise kam. Es lag an mangelnder Sorgfalt, mangelnder Kontrolle, fehlender Hygiene oder schlechter Planung. Nicht zuletzt verursacht durch unvorstellbare Dummheit oder ungeheure kriminelle Energie. So sehr wir es einerseits hinterher genau wissen, so gerne geben wir uns andererseits dem Trugschluss hin, die Krise sei unvorhersehbar oder unvermeidbar gewesen. »Das hätten wir damals so genau gar nicht wissen können.« Zumal die Krise natürlich immer von den anderen kommt, zum Beispiel vom Tiermarkt in Wuhan. Weshalb der US-amerikanische Präsident auch, um vom eigenen Versagen im Krisenmanagement abzulenken, vom »chinesischen Virus« spricht.

Sehr selten höre ich den Satz: »Wir hätten seinerzeit dies oder jenes tun müssen, dann wäre es nicht so weit gekommen.« Natürlich, kalter Kaffee. Besonders im Management schaut man ungern zurück, denn die Vergangenheit kann man eh nicht ändern. Ich bin dennoch dafür, dass wir uns an die eigene Nase fassen. Warum sind wir erst hinterher klüger? Warum haben wir nicht vorausschauender agiert oder früher eingegriffen? Warum haben wir die Probleme nicht gesehen? Denn hier liegt der Beginn jeder Krise: Sie ist die Realisierung eines negativen Potenzials, die Reaktion auf existierende Probleme, die wir vorher eben nicht sehen wollten, nicht sehen konnten oder uns gar nicht vorstellen konnten. Wie reagieren wir auf Krisen? Auch hier erleben wir eine Bandbreite an Verhaltensmustern, von denen nicht alle konstruktiv und produktiv sind. Es gibt Panikmacher, die eine ohnehin vorhandene Grundbesorgnis oder Angst anfachen. Und es gibt Beschwichtiger, die alles herunterspielen und ein falsches Gefühl von Sicherheit wecken wollen. Die meisten Menschen verhalten sich indifferent, ganz einfach, weil sie nicht wissen, was sie tun sollen. Und ein wenig ist Krise immer auch ein Event. Wir haben etwas Gemeinsames, über das wir reden können. Solange man nicht massiv und direkt persönlich betroffen ist, malt man sich gerne zusammen mit anderen aus, was passieren könnte und was man dann täte.

Es sind auch nie alle gleichermaßen von einer Krise betroffen. Zum Höhepunkt der Corona-Pandemie in Deutschland hat der Haufe-Verlag eine Unternehmensstudie[37] veröffentlicht. Dabei hat sich gezeigt, dass sich in der Krise die Auftragslage für 13 Prozent der Unternehmen verbessert hat. Es gibt in Krisen auch Profiteure. Dazu gehören vielleicht ein paar auffällige schwarze Schafe, die plötzlich knappe Waren hamstern und überteuert weiterverkaufen. Aber meist lässt sich der Aufschwung aus ganz realen Bedürfnissen erklären. Und so gönne ich es der Firma, die in Sonderschichten zusätzliche Beatmungsgeräte für Krankenhäuser herstellt, ausdrücklich, genauso gut aber auch dem Hersteller von Unterhaltungselektronik, der eine gesteigerte Nachfrage erlebt. Es muss nämlich nichts Schlechtes sein, von der Krise zu profitieren. Umgekehrt sind nicht alle Opfer der Krise unverschuldet in Not geraten. Manche hatten vorher schon Probleme, die durch die Krise nochmals befeuert wurden oder überhaupt erst zum Vorschein kamen. Das bemerkenswerteste Ergebnis der Haufe-Studie ist für mich aber der Vergleich zweier Gruppen, die nahezu gleich groß sind und zusammen 60 Prozent der Unternehmen ausmachen. Die eine Hälfte von ihnen hatte zwar deutliche Umsatzeinbußen zu verzeichnen, war aber optimistisch, diese im jetzt neuen Jahr 2021 wieder aufzuholen. Die zweite Hälfte hatte nicht ganz so große Umsatzeinbußen, war aber trotz der besseren aktuellen Lage für die Zukunft deutlich skeptischer und auch ein wenig orientierungslos, wie es denn weitergehen könnte. Orientierungslosigkeit ist das, was einem meiner Ansicht nach in einer Krise nicht passieren darf. Dazu später noch ein paar Gedanken.

Was lernen wir aus Krisen?

Erst einmal will ich der Frage nachgehen, was man aus Krisen lernen kann. Ich nehme dazu einfach einmal die vier großen, weltweit bedeutsamen Krisen, die ich selbst aktiv während meiner Berufstätigkeit erlebt habe.

Die erste davon war das Platzen der sogenannten »Dotcom-Blase« im Jahr 2000. Es gab damals weder Facebook und LinkedIn noch Smartphones. Aber es gab die Vorstellung davon, dass mit neuartigen Technologien das Internet und das Telefon eine ungeheure Entwicklung nehmen würden. Und wie immer bei Blasen gab es eine Unmenge »dummes Geld«, wie man in Investorenkreisen sagt. Ich war damals Projektleiterin für internationale Finanzierungen bei ABB und deshalb auch relativ wenig betroffen. Denn wir waren nicht »Dotcom«, wo sehr viele Fantasien und vage Zukunftshoffnungen die Börsenkurse antrieben, sondern klassische »Old Economy«. Der Vorteil: Die Dinge, die wir finanzierten, verkauften und produzierten, gab es wirklich.

Die zweite Krise war die globale Finanzkrise 2007. Ich war zu dieser Zeit gerade im Wechsel von der DG HYP zu EY. Ich hatte bei der Bank mit den Ursachen und bei EY mit den Folgen dieser Krise zu tun, aber dazu später mehr. Festhalten will ich vorerst: Auch hier ging es wieder um eine Blase – diesmal Immobilien. Und wie schon bei der Dotcom-Blase 2000 zeigt sich: Wenn viel Geld in eine Richtung strömt, sind ganz schnell die »Eigenoptimierer« da, und am Rande entsteht sogar ein kriminelles Milieu, das auf den Zug aufspringen will und die Krise nochmals richtig befeuert.

Das Verrückte bei Blasen ist, dass wir selbst sie auslösen. Wir reden uns kollektiv etwas ein, schaukeln uns hoch, übertreffen uns mit einseitigen Prognosen und ignorieren Kritik und Bedenken. Wir lassen uns von Wünschen und Gefühlen leiten, Fakten und Informationen haben wir viele, aber wir beachten sie nicht, solange es für uns persönlich gut aussieht. Als ob die persönliche Intelligenz und die Schwarmintelligenz gerade gemeinsam Pause machen.

Die dritte Krise war anders. Sie kam 2015. Millionen Menschen flohen vor dem Bürgerkrieg in Syrien, der bereits seit vier Jahren im Gange war, mittlerweile aber ein unvorstellbares Ausmaß angenommen hatte. Sie flohen natürlich nach Europa, und natürlich auch nach Deutschland. War es eine Krise aus wirtschaftlicher Sicht? Eigentlich nicht. Der deutschen Wirtschaft ging es gut. Und auch dem Staat ging es gut. Wir hatten nach der Finanzkrise einen unbeschreiblichen Aufschwung hingelegt. Jahr für Jahr Beschäftigungsrekorde und wachsenden Fachkräftemangel. Wenn wir uns heute fragen, wie die sogenannte »Flüchtlingskrise« von 2015 unser wirtschaftliches Leben beeinflusst hat: Haben wir es überhaupt gemerkt? Trotz bester Voraussetzungen aber herrschte Krisenstimmung. Wie konnte das sein? Zum einen waren sicherlich die staatlichen Strukturen kurzfristig überfordert. Ist das schon eine Krise? Zum anderen schwang von Anfang an ein Thema mit, das uns nicht gut zu Gesicht steht: Egoismus und Fremdenfeindlichkeit. Man darf sich in Erinnerung rufen, welche Horrorszenarien an die Wand gemalt wurden. Ganz bewusst wurden die Geflüchteten kollektiv verunglimpft und mit kriminellen Stereotypen überzogen. Ich will das hier gar nicht wiederholen, weil es so schäbig ist.

Erfreulicherweise war dies nicht die Mehrheit. Die große Mehrheit über Parteien und Grundeinstellungen hinweg folgte einer Bundeskanzlerin, die in dieser Situation einen funktionierenden Kompass hatte und von deren Problemlösungskompetenz wir so oft profitiert haben.

Besonders beeindruckt hat mich auch Ingo Kramer, der Präsident der Bundesvereinigung der Arbeitgeberverbände. Auf dem Arbeitgebertag 2015 ließ er keine Zweifel aufkommen: »Die deutschen Unternehmen sind bereit, ihr Möglichstes zu tun.«[38] Ich bin sehr froh, dass sich auch die deutsche Wirtschaft, und zwar nicht nur aus Eigennutz und Kalkül, sondern aufgrund eines tiefer gehenden Verständnisses und einer in Deutschland weit verbreiteten Werteorientierung, so eindeutig engagiert hat.

Im Rückblick kann man sagen, dass wir es geschafft haben. Die Krise, die von außen auf uns eingewirkt hat, ist für mich vor allem eine mentale Krise. Wir hatten alle Mittel, sie zu bewältigen. Wir fühlten uns aber kurzfristig überfordert. Zugleich hat sie uns deutlich gemacht, wie man Krisen am besten meistert: zusammen.

So erleben wir es auch mit der Corona-Pandemie, die für mich die vierte große Krise in meinem Berufsleben darstellt. In diesem Fall konnte ich persönlich mit großer Flexibilität reagieren. Ich war 2019 bei der Allianz aus dem Vorstand ausgeschieden, hatte nach vielen Jahren unter Hochdruck eine ausgiebige Sommerpause gemacht und gegen Ende 2019 begonnen, mich bei zwei Start-ups zu engagieren und vereinzelt Beratungsmandate anzunehmen. Zeit für dieses Buch brauchte ich zudem. Und als Vorstandvorsitzende der Charta der Vielfalt waren wir mitten in den Vorbereitungen für eine große Veranstaltung, die im Mai 2020 stattfinden sollte. Ich hatte also genug zu tun, war aber sehr viel weniger fremdbestimmt, als man es in einer Führungsposition im Unternehmen ist.

Und plötzlich standen gefühlt alle Räder still. Natürlich, es gab Pandemiepläne bei den Regierungen und Behörden, es gab Krisenpläne bei den Unternehmen. Aber mit einer Krise dieser Art hatte niemand Erfahrung, und das Virus nahm uns weitestgehend das Heft des Handelns aus der Hand. Wir waren mehr oder minder zur Passivität verdammt. Großveranstaltungen und Konferenzen wurden abgesagt, der Flugbetrieb wurde eingestellt, in Bussen und Bahnen wurden Limits eingeführt. Viele Menschen konnten nicht mehr zur Arbeit, und der Aufbau von digitalen Ersatzstrukturen kostete Zeit und Nerven. Aber nur so konnten wir eine noch größere Katastrophe verhindern, wie sie anfänglich andere Länder, im späteren Verlauf dann aufgrund präsidialer Ignoranz die USA umso härter ereilte. Ich habe noch den Satz von Prof. Dr. Lothar Wieler präsent, dem Präsidenten des Robert Koch-Instituts: »Wenn wir dem Virus die Chance geben, sich auszubreiten, nimmt es sie.«[39] Es muss uns Menschen geradezu anmaßend vorkommen. Ein Kleinstlebewesen, nur unter dem Mikroskop sichtbar, das nicht einmal einen eigenen Energiehaushalt hat und deshalb als Nomade durch die Natur streifen muss, um sich immer neue Wirte zu suchen. Dieses dämliche Ding soll also die Krone der Schöpfung herumkommandieren? Wir haben es erlebt, und die Corona-Pandemie wird für die allermeisten von uns hoffentlich die größte globale Krise sein, die wir jemals erlebt haben. Sofern wir etwas daraus lernen.

Aus jeder Krise können wir zwei Dinge lernen: wie wir eine Krise (besser) bewältigen und wie wir sie (hoffentlich) in Zukunft vermeiden.

In der Bewältigung von Corona waren wir gar nicht schlecht. Gábor Paál und Dirk Asendorpf vom SWR haben dazu auf der Internetseite tagesschau.de[40] eine sehr schöne Analyse gemacht. Sie nehmen Bezug auf einen von der mittlerweile weltbekannten Johns-Hopkins-Universität erstellten »Global Health Security Index«, der jährlich ermittelt, welche Länder besonders gut auf eine Pandemie vorbereitet sind. Dazu gehörten bis zu Corona die USA und Großbritannien, Deutschland lag im Mittelfeld. Aber Papier ist geduldig. Wichtige Faktoren hatte man bei der Konzeption des Index offenbar übersehen. Oder man war davon ausgegangen, dass bestimmte Institutionen einfach funktionieren, zum Beispiel die Politik.

In Deutschland hat sich eine Kombination von Faktoren bewährt, die im Index keine Rolle gespielt hatten: eine politische Führung, die früh reagiert hat, eine dezentrale Verwaltungsstruktur mit lokalen Handlungsmöglichkeiten und das Vorhandensein sozialstaatlicher Strukturen, die viele Menschen, aber auch Unternehmen kurzfristig aufgefangen und stabilisiert haben. Selbst das medizinische und das Pflegepersonal, das dem Risiko am stärksten ausgesetzt war, kam nicht in eine vergleichbar dramatische Überlastungssituation wie in anderen Ländern. Ich habe in den Medien so viele Fälle mitverfolgt, wie während der ersten Welle in den USA Krankenschwestern aus allen Regionen des Landes nach New York gingen und überdurchschnittlich viele davon ihren Einsatz mit dem Leben bezahlten.

Einen wesentlichen Fehler haben wir in Deutschland dank hervorragender Wissenschaft und Aufmerksamkeit in der Politik nicht gemacht: Wir haben die Krise nicht unterschätzt, sondern früh erkannt, dass ein Problem besonderer Dimension vor uns liegt. In den allermeisten Krisen passiert der Fehler gleich am Anfang. Wir kennen das generelle Risiko einer Materie nur unzureichend, und wir erkennen dann auch nicht die unmittelbare Gefahr, wenn sie auf uns zukommt.

Ich muss es, gerade mit Blick auf den damaligen US-Präsidenten und andere autoritär veranlagte Entscheidungsträger, so deutlich formulieren: Ahnungslosigkeit, Ignoranz und Selbstüberschätzung sind der Nährboden sehr vieler Krisen. Und die daraus resultierenden Verhaltensmuster verstärken Krisen meist noch. Man wird hektisch, aktionistisch und greift angesichts der eigenen Orientierungslosigkeit hastig nach jedem Strohhalm. Gerne wird die Pose des starken Mannes eingenommen, der schnell und kraftvoll handelt. Aber alle Schnelligkeit bringt nichts, wenn sie in die falsche Richtung geht. Ein Mindestmaß an Reflexion muss sein. Die Pandemie breitete sich zwar sehr schnell über den ganzen Globus aus. Andererseits war es auch keine akute Gefahrensituation wie im Straßenverkehr, wo Reflexe und Bruchteile von Sekunden eine Reaktion ausmachen. Krisen sind abstrakte Gefahrensituationen. Sie erfordern Reflexion statt Reflexe.

Wenn wir zusammenfassen: Die Voraussetzung für die Bewältigung von Krisen sind reflektierte, fachkundige Entscheidungen in Kenntnis einer Materie und ihrer Risiken sowie funktionierende Grundlagensysteme, die im Bedarfsfall aktiviert werden können.

Was die Vermeidung von Krisen anbelangt, stellt sich die Sache kaum anders dar. Denn die Vermeidung liegt letztendlich in der Vorausschau, der Früherkennung und der Vorbereitung. Auch das erfordert Kompetenz. Im Vorgriff auf ein paar Punkte später sei hier schon einmal gesagt, dass die Vielfalt der Perspektiven hierbei eine ganz besondere Rolle spielt. Niemand kann alle Aspekte und Eventualitäten einer komplexen Situation abschließend allein beurteilen. Es braucht den interdisziplinären Blick, die Offenheit für Argumente und die Bezugnahme auf Fakten statt Vermutungen und Wunschvorstellungen. Der richtige Ansatz liegt in der Perspektivenvielfalt und der Konsensbildung. Aus diesem Prozess ziehen wir dann auch die Bereitschaft und Fähigkeit zum gemeinsamen Handeln.

Warum befasse ich mich in diesem Kapitel mit dem Thema Krise, wo es doch eigentlich um Globalisierung gehen sollte? Ganz einfach, weil die wirklichen, großen Krisen letztlich immer international, wenn nicht sogar global sind. Sie sind deshalb auch nur auf dieser Ebene zu lösen.

Volker Mosbrugger hatte recht, wenn er inmitten der Coronakrise darauf hinwies, dass der Klimawandel gefährlicher ist als Corona. Auch die Probleme, die von Kriegen, Fluchtbewegungen, sozialer Ungleichheit oder der nächsten Pandemie ausgehen, sind zwischenstaatlicher und überstaatlicher Natur. Es ist daher dringlich, dass wir die Institutionen der Problemlösung stärken und teilweise auch reformieren. Dazu gehören die Vereinten Nationen, genauso aber auch internationale Handelsabkommen. An Letzteren gab es teilweise berechtigte Kritik, ihre grundsätzliche Notwendigkeit sollten wir aber nicht infrage stellen. Die Globalisierung ist ein Prozess, der mit dem Fortschreiten von Technologie und Handel zwangsläufig weiter ausgeführt werden kann.

Haben wir den Anschluss verpasst?

Eine Diskussionslinie stört mich seit Jahren: das Schlechtreden der deutschen Wirtschaft. Getreu der alten Volksweisheit, dass das Gras im Garten des Nachbars immer grüner ist, finden wir ständig irgendwelche Gründe, warum andere Staaten uns angeblich voraus sind und wir uns vor der Zukunft fürchten müssen. Zumeist sind das Momentaufnahmen, wie zuletzt auch die Coronakrise wieder gezeigt hat. Es wurde bejubelt, wie China innerhalb von Wochen neue Krankenhäuser bauen konnte, während wir in Deutschland über Jahrzehnte am Hauptstadtflughafen werkeln. Die Schlagzeilen, welche Länder Corona am erfolgreichsten bewältigen, änderten sich in der Anfangszeit fast täglich. Sogar der schwedische Weg einer sogenannten »Herdenimmunität« durch Nichtstun erfreute sich einer gewissen Beliebtheit. Stand heute, Ende 2020, kann man sagen, dass Deutschland mit einer Hand voll anderer Länder zusammen die Coronakrise am besten bewältigt hat. Die Rahmenbedingungen und die Ansätze dabei waren durchaus unterschiedlich. Deutschland kam die frühe Schaffung von Testkapazitäten zugute, Südkorea führte eine vollumfängliche elektronische unterstützte Fallverfolgung ein, und Neuseeland schaffte es aufgrund seiner Insellage, eine Einschleppung frühzeitig und konsequent zu unterbinden.

Den Anschluss hat Deutschland angeblich in vielen Bereichen verpasst, so zum Beispiel bei der Digitalisierung, künstlicher Intelligenz, E-Mobilität oder dem elektronischen Zahlungsverkehr. Die Bahn ist angeblich schlechter als in Russland, und in internationalen Hochschul-Rankings rangieren deutsche Unis frühestens im Mittelfeld.[41] Die Schuld dafür schiebt man sich gerne gegenseitig zu. Mal sind es Politik und Bürokratie, dann wieder der Mittelstand, ein anderes Mal die trägen Hochschulen oder die faulen und bequemen jungen Leute. Wie um alles in der Welt schaffen wir es trotzdem, eines der wohlhabendsten Länder und eine der erfolgreichsten Volkswirtschaften zu sein? Auch ich bin von Natur aus eher ungeduldig, mir geht vieles zu langsam. Und dass ich im Urlaub einen besseren Handyempfang habe als in Berlin – geschenkt.

Wir kommen nicht weiter, wenn wir uns nur selbst schlechtmachen und statt nach Lösungen nur nach Schuldigen suchen. Vor allem sollten wir nicht Äpfel mit Birnen vergleichen. Das Coronabeispiel hat es gezeigt: Überall herrschen völlig unterschiedliche Rahmenbedingungen und Voraussetzungen. Das politische System, der rechtliche Rahmen, traditionelle wirtschaftliche Stärken und Industrien, aber auch kulturelle Aspekte und nicht zuletzt die Präferenz nationaler Märkte prägen einen Standort. Anders gesagt: Wir müssen die Wirtschaft als System begreifen und im größeren Rahmen denken. Und wir können das auch. Bereits 1988 wurde in Kaiserslautern das Deutsche Forschungszentrum für Künstliche Intelligenz (DFKI) gegründet. Zusammen mit der Deutschen Akademie für Technikwissenschaften (acatech) wurde hier die Industrie 4.0 aus der Taufe gehoben. Deutschland schafft es schon seit Jahrzehnten, seine klassische Stärke des Maschinenbaus mit der Informationstechnologie zu verbinden. Unternehmen wie Siemens und Bosch, aber auch zahlreiche Mittelständler arbeiten an der hochautomatisierten und flexiblen Produktionswelt.

Die Pilgerfahrten ins Silicon Valley, bei denen Top-Manager noch bis vor wenigen Jahren zwanghaft mitmachen mussten, haben stark abgenommen. Ja, wir wissen es jetzt, Digitalisierung ist wichtig. Aber der Wunsch nach dem deutschen Google oder dem deutschen Facebook ist nicht die Lösung. Und auch in den USA gibt es kein zweites oder drittes Google. Es gibt schlicht sehr viele, die es gerne wären und die Welt mit digitalen Produkten überfluten.

Was manchen an der Globalisierung nicht gefällt: Sie ist auch ein kommunikativer Prozess. Globalisierung schafft Transparenz. Wir erfahren Dinge über die Welt, haben Austausch und erwerben Wissen. Und eben nicht alles, was wir dabei lernen, kann uns gefallen. Denn wir erfahren natürlich auch etwas über die Kehrseiten unserer Lebensweise. Über Ausbeutung und Kinderarbeit, über Ressourcenverbrauch und Umweltzerstörung, über Menschenrechtsverletzungen, Hunger, Krieg und Vertreibung. Und ja, teilweise stecken wir da mittendrin, auch wenn wir es nicht wahrhaben wollen. Aber wir wissen es, selbst wenn wir nicht jeder einzelnen Frage in jeder Alltagssituation nachgehen. Wie soll es denn funktionieren, dass Menschen in Bangladesch ein würdevolles Leben führen können, wenn sie unter Lebensgefahr auf Abwrackwerften die Luxusliner verschrotten oder in der Textilfabrik Kleidungsstücke nähen, die bei uns für einen Euro verramscht werden?

Es gibt ein paar Dinge, die werden nie mehr so sein, wie sie einmal waren. Eines davon betrifft die Produktion. Länder mit geringeren Lohnkosten werden bei vergleichsweise einfachen Produkten immer den Standortvorteil haben. Selbst China macht diese Erfahrung. Die Produktion von Koffern und Reisegepäck beispielsweise ist von dort nach Vietnam weitergewandert. Auf dieser Ebene ist das einfach ein Wettbewerb, der völlig in Ordnung ist. Wer ein bestimmtes Produkt in der gewünschten Qualität günstiger produzieren kann, hat den Wettbewerbsvorteil.

Einen Wettbewerb, den wir zu selten im Blick haben, ist der Wettbewerb der Systeme. Denn natürlich haben wir ganz spezielle Vorstellungen davon, wie marktwirtschaftlicher Wettbewerb zu funktionieren hat. Dass beispielsweise der Preisvorteil nicht dadurch entstehen darf, dass Kinderarbeit ausgenutzt wird. Dass Erfinder nicht ausspioniert und Produkte nicht kopiert werden. Auch, dass Unternehmen frei von politischem Druck sind und Menschen Freiheitsrechte genießen.

Für uns in Deutschland können wir das festlegen, aber mit anderen Staaten müssen wir Übereinkünfte finden. Denn es gibt schließlich genügend Unternehmen, denen Produktionsbedingungen in anderen Ländern egal sind, wenn sie dort den Preisvorteil in der Produktion in eine fantastische Marge hier bei uns umsetzen können. Und es gibt Länder, die solche Produktionsbedingungen ermöglichen oder zumindest nicht ernsthaft unterbinden, weil sie sich Vorteile davon versprechen. Als individuelle Konsumenten können wir reagieren. Wir kaufen eben nur fair gehandelten Kaffee, Fisch aus nachhaltiger Aquakultur oder T-Shirts mit Öko-Tex-Siegel. Aber wie reagieren wir als Gesellschaft, als Staat?

Für uns ist vieles selbstverständlich, was es in anderen Ländern der Welt nicht gibt. Der Demokratie-Index der britischen Wirtschaftszeitung *Economist* wertet gerade einmal 22 von 167 untersuchten Ländern als »volle Demokratie« und weitere 54 als »brüchige Demokratien«. Dem stehen 54 autoritäre Regime und 37 sogenannte »hybride Regime« gegenüber. Die USA zählen bereits zu den »brüchigen Demokratien«.[42] Es ist nachvollziehbar, dass man mit Systemen, deren Wertekorsett man ablehnt oder nicht versteht, nichts zu tun haben will. Aber die Unterschiede sind oft gradueller Natur, die Grenzen verschwimmen. Würden wir nur mit vollen Demokratien Geschäfte machen, wären Bananen und Chia-Samen Mangelware in Deutschland. Also, wo wollen wir Grenzen ziehen, ohne uns selbst auszuschließen und handlungsunfähig zu machen? Ich kenne viele, die immer auch die Hoffnung haben, als respektierter und glaubwürdiger Geschäftspartner moderierend eingreifen oder sogar positiven Einfluss nehmen zu können.

Für mich ist Globalisierung der Versuch, der ganzen Welt ein Mindestmaß an Regeln zu geben und diese beständig so zu verbessern, dass sich die Lebensqualität aller weiterentwickelt und wir friedlich und fair miteinander umgehen. Mir ist dabei aber sehr wohl bewusst, dass das unsere westliche Vorstellung eines Gesellschaftsmodells ist. Die Macht, unsere Vorstellungen anderen aufzuzwängen, haben wir in der Geschichte reichlich missbraucht. Solche Macht haben wir heute gar nicht mehr. Wir müssen also mit Angeboten arbeiten. Angeboten, die nicht unseren wichtigsten Grundsätzen widersprechen, die zugleich aber so attraktiv sind, dass wir ins Geschäft kommen. Dabei gibt es durchaus spannende Entwicklungen. Bei Großprojekten war Korruption in Entwicklungsländern früher ein immenses Problem. Was tun, wenn sich der örtliche Bürgermeister »wünscht«, dass nach dem Bau der Kläranlage ein Teil der Baumaschinen als »Sachspende« vor Ort einfach vergessen wird? Dabei ging es oft gar nicht um direkte persönliche Bereicherung, sondern durchaus um einen Beitrag zur Gemeinschaft, der natürlich auch politisches Kapital war.

Die Diskussion in Deutschland um solche Themen kommt mir zu zurückhaltend vor. Was mir fehlt, ist eine deutliche Formulierung unserer Interessen und zugleich der Grenzen dessen, was wir bereit sind, zu tun. Das ist schwierig, ich weiß. Aber mit einer reinen Beschwörung hehrer Prinzipien, die wir bei erstbester Gelegenheit unter den Tisch fallen lassen, betrügen wir uns selbst am meisten. Letztendlich geht es um eine strategische Debatte, wie die deutsche und dann auch die europäische Industrie- und Interessenpolitik aussehen.

Spannend finde ich dabei auch die Frage, wie wir mit mächtigen autoritären Regimen umgehen. Was tun wir, wenn sich Staaten wie Russland oder China beispielsweise globalen Standards bei Menschenrechten oder der Cybersecurity weiter verschließen? Wenn sie kollektive Systeme der Kontrolle unterlaufen, ihre Vetomacht im UN-Sicherheitsrat nur zur Verhinderung von Konsensbildung und Entscheidungen nutzen? Wenn sie sich vielleicht sogar zu Schutzmächten von diktatorischen Systemen machen?

Will Deutschland, will Europa in der Welt Zuschauer oder Gestalter sein? Gehen wir einfach opportunistisch und kurzsichtig auf »Deals« ein, auch wenn wir wissen, dass die genannten Mächte zugleich unser freiheitliches System ablehnen oder sogar bekämpfen? Sind wir in der Lage, die Vorzüge unseres Systems zu verdeutlichen, Menschenrechte und Wirtschaftsinteressen unter einen Hut zu bringen und trotzdem zugleich auch mit diesen Systemen einen Modus Vivendi zu finden? Ich bin keine Freundin von Konfrontation, Machtspielen und Drohungen. Unsere Stärke darf sich nicht aus einem situativen Testosteronüberschuss ergeben, sondern muss systemisch und kohärent aufgebaut sein. Die aktive Gestaltung einer gerechten und sicheren Globalisierung, so kompliziert sie auch sein mag, ist etwas, das uns stärkt.

Wenn ich mir nochmals die ökologischen Probleme vor Augen führe, dann haben wir schlicht gar keine Wahl mehr. Klimawandel und Ressourcenverbrauch sind so weit fortgeschritten, dass es keine nationalen Lösungen mehr gibt und sich auch kein Land als Insel den Folgen entziehen kann.

Kapitel 2

Unternehmen in Veränderung

Warum sich Unternehmen verändern

Wenn wir alles zusammen betrachten, was auf der Welt so geschieht, dann können wir festhalten: Dieser Planet mit uns allen darauf ist ein extrem komplexes und hochdynamisches System. Und irgendwo mittendrin steckt unser kleines Unternehmen, dass sich in diesem Umfeld zurechtfinden, einen Daseinszweck definieren und Wertschöpfung generieren muss. Und wir selbst wiederum befinden uns als ganz kleine Individuen mittendrin im System Unternehmen, dem wir gegen einen gewissen Geldbetrag unsere Arbeitskraft zur Verfügung stellen und wo wir viel Zeit verbringen.

Nur rund 10 Prozent der Erwerbstätigen in Deutschland sind Selbstständige.[1] Sie arbeiten »selbst und ständig«, wie man oft von ihnen hört. Mehr als die Hälfte von ihnen sind Solo-Selbstständige, also »Einzelkämpfer«. Sie sind ihre eigene Produktion, ihr eigener Vertrieb und oft auch noch die eigene Buchhaltung. Sie müssen sich mitunter täglich auf neue Marktsituationen einstellen, die Wendungen von Kunden mitgehen und parallel auch noch das eigene Geschäft in die Zukunft vorausdenken. Für viele bedeutet dies eine große Unsicherheit und nicht selten auch Existenzängste. Das alles erfordert ein hohes Maß an Veränderungsbereitschaft.

Demgegenüber ist uns als fest angestellten Beschäftigten eine Funktion des Unternehmens wichtig: Es schafft Sicherheit und Stabilität. Wir können jeden Tag zur Arbeit gehen, treffen Kolleginnen und Kollegen, sprechen vielleicht mit Kunden und Kundinnen, wir haben einen sozialen Bezugsraum. Das Unternehmen ermöglicht Arbeitsteilung, nicht jeder und jede muss alles machen. Wir haben ein höheres Maß an sozialer Absicherung, können auch mal einen »Durchhänger« kompensieren und werden nicht wegen jedem kleinen Fehler sofort rausgeschmissen. Das Unternehmen ist in gewisser Weise ein Schutzraum, der uns vor bestimmten negativen Veränderungen bewahrt. Wir können ohne Existenzangst arbeiten. Doch was bedeutet das für die Bereitschaft und die Fähigkeit von Unternehmen, sich zu verändern?

Bereits ab einer relativ kleinen Menge an Beschäftigten wird ein Unternehmen zur komplexen Organisation, in der viele Hände ineinandergreifen. Es ist wie beim Mikado-Spiel. Man möchte an einem Stäbchen ziehen, und zehn andere wackeln. Man muss behutsam sein. Das macht Veränderungen immer gleich zu einem Projekt. Und Top-Managerinnen und Top-Manager unruhig, denn ihnen kann Veränderung nie schnell genug gehen. Ihr Daseinszweck liegt geradezu in der Veränderung. Man will die Organisation ständig verbessern, auf eine neue Situation ausrichten, gerne auch mal »antreiben«. Veränderungen im Unternehmen werden deshalb häufig mit »Druck« begründet, mitunter sogar durch die existenzielle Drohung »Wenn jetzt nicht alle mitmachen, haben wir in fünf Jahren keinen Job mehr«. Ist das so?

Wettbewerbsdruck

Die Globalisierung und der Wettbewerbsdruck werden in den meisten Unternehmen als Hauptgründe für eine Notwendigkeit von Veränderungen gesehen. Doch Wettbewerbsdruck ist immer mittelbar. Es gibt ja einen Grund dafür, dass der Wettbewerb uns unter Druck setzen kann. Wir sind offensichtlich nicht so einzigartig und so besonders, dass unsere Produkte und Leistungen wie von allein ihre Abnehmer finden. Die Realität in vielen Bereichen ist: Unsere Produkte und Leistungen haben keine besonderen Merkmale und Qualitäten, sind austauschbar und ersetzbar durch andere. In solchen Fällen regiert der Preis. Und damit landen wir sofort beim Effizienzgedanken. Wir müssen das Produkt billiger herstellen. Anders formuliert, wir müssen Ressourcen aus dem Produktionsprozess herausnehmen, zum Beispiel Material und Arbeitszeit. Zugleich darf unser Produkt seine Beschaffenheit, seine Qualität aber nicht verlieren. Man kann auch tricksen oder darauf spekulieren, dass Kunden und Kundinnen einen Qualitätsverlust nicht bemerken. Aber alles in allem ist das ein unerquickliches Geschäft und nicht nur ein Wettlauf gegen die anderen Kostensenker, sondern auch gegen die Zeit. Denn wann und warum soll sich an dieser Situation jemals wieder etwas ändern? Auch unter Wertschöpfungsgesichtspunkten sind solche Produkte und Leistungen problematisch, denn unter diesen Umständen eine komfortable Gewinnspanne zu halten ist doch äußerst unwahrscheinlich.

Man kann daraus ein paar gedankliche Fragen ableiten. Habe ich eine funktionierende Strategie, und kenne ich meinen Markt wirklich, wenn ich in diese Situation komme? Kenne ich die heutigen und künftigen Bedürfnisse von Menschen, die ich als Unternehmen bedienen könnte? Kann ich vielleicht sogar Bedürfnisse wecken? Sinnvolle, natürlich. Kann ich einen Leistungsprozess aufbauen, der das Kundenbedürfnis besser als andere erfasst und umsetzt?

Ich erinnere mich in diesem Zusammenhang an interessante Gespräche mit Frank Sommerfeld, dem Vorstandsvorsitzenden der Allianz Versicherungs-AG. Er erzählte mir, wie schwierig es für das Unternehmen war, sich einzugestehen, dass auch ein Produkt wie eine Kfz-Versicherung irgendwann austauschbar ist. Er hat es mit seinem Team allerdings geschafft, dieses Produkt neu zu erfinden, indem beispielsweise Telematiktarife eingeführt wurden. Verkehrsteilnehmer, die umsichtig und verantwortungsvoll fahren und sich an die Regeln halten, bekommen einen Teil der Beiträge erstattet. Damit entfällt übrigens auch eine Einstufung nach dem Alter der Fahrenden. Bislang waren jüngere Menschen benachteiligt, weil sie statistisch gesehen häufiger Unfälle haben. Was versicherungstechnisch völlig korrekt ist, wird trotzdem dem Individuum nicht gerecht. Nun steht das tatsächliche Risikoverhalten im Vordergrund. Das ist ein gutes Beispiel dafür, individueller als in der Vergangenheit auf Kunden einzugehen.

Kundenzufriedenheit und Kundenbindung sind meines Erachtens nach wie vor unterschätzte Faktoren zur Differenzierung im Markt. Zu viele ruhen sich noch darauf aus, dass dies ein Automatismus sei, der sich aus einer starken und bekannten Marke ergebe. Egal ob Kaugummi oder Kraftfahrzeug. Das sehe ich nicht so. Die Marke bedeutet gar nichts, wenn das, was sie auf der abstrakten Ebene verspricht, im konkreten Kontakt mit Menschen nicht erfahrbar wird. Weshalb Kaugummihersteller, die ja praktisch keinen direkten Kundenkontakt haben, sogenannte »Communities« aufbauen und »Influencer« auf sozialen Medien bezahlen, um den fehlenden persönlichen Draht auszugleichen.

Innovation und Digitalisierung

Um dem abwärts gerichteten Wettbewerbsdruck (für eine Weile) zu entgehen, müssen wir Neues erfinden. Wir brauchen neue Produkte und Dienstleistungen, wir brauchen Innovationen. Entweder für unseren Prozess, damit wir strukturell einen Kostenvorteil haben und im Preiskampf bestehen können. Oder, was tragfähiger ist, wir finden diejenige Innovation, bei der wir eine neue Technologie an den Markt bringen. Mit Technologie meine ich dabei nicht nur Dinge aus Metall und mit Kabeln, sondern auch soziale Technologien. Ein Grund für den Erfolg von Starbucks war neben einer sehr effizienten Logistik und einer beachtlichen Produktpalette schlicht der Spaßfaktor. Ein zwangloses Umfeld, man wurde freundlich behandelt, und WLAN gab es auch noch. Der Kaffee war weder der billigste noch der beste, aber das Gesamterlebnis war überzeugend.

Die Digitalisierung unterstützt beide Ansätze. Zum einen ist sie die Methode für weitere Automatisierung. Wir lassen diejenigen Arbeiten, die sich massenhaft in gleicher Form wiederholen, von Maschinen machen und streichen den Effizienzgewinn ein. Bisher galt das hauptsächlich für mechanische und administrative Arbeit, in Zukunft immer mehr auch für geistige Arbeit. Zugleich ist die Digitalisierung auch ein technologischer Pfad, der uns eine Fülle an neuen Produkten liefert. Dazu zählen natürlich wieder neue Geräte mit größerem Leistungsvolumen und neuen Funktionalitäten. Auch das macht Spaß! Meine Kinder kennen keine Welt ohne Handy, und ich darf gar nicht an meinen ersten Fernseher denken …

Viel bemerkenswerter ist allerdings, dass immer mehr Wünsche auf digitalem Wege erfüllt werden können. Der Markt für rein »digitale Güter« betrug in Deutschland 2019 mehr als 500 Millionen Euro. Wenn wir von »digitalen Gütern« reden, dann sprechen wir von Dingen, die es eigentlich gar nicht gibt. Meine Jungs haben beide mal für kurze Zeit Pokémon GO gespielt. Ein Spiel fürs Handy, eine Art »Schnitzeljagd«, bei der man virtuelle Figuren an realen Plätzen einfangen muss. Dabei kann man sich virtuelles Zubehör kaufen, das die Jagd einfacher macht. Wie gesagt: Physisch existiert das alles nicht – und trotzdem geben wir Geld dafür aus, weil wir etwas geboten bekommen, das einem Bedürfnis entspricht.

Aber was haben Sie letztlich in der Hand? Bezahlen hier Menschen »für nichts«? So einfach ist es nicht. Denn das Prinzip kennen wir auch aus anderen Zusammenhängen. Wenn Sie ins Konzert gehen, haben Sie danach schließlich auch nichts in der Hand. Der großartige Pianist Igor Levit wäre zu Recht empört, würde ein zu sehr kostenbewusster Mensch mitzählen, wie oft er während eines Konzerts eine Klaviertaste gedrückt hat, um sich später mangels Masse über »fehlende Performance« zu beklagen. Die Leistung liegt eben nicht im rein mechanischen Drücken der Tasten und auch nicht in der Summe der gespielten Töne.

Es bleibt etwas. Es ist für uns ein Mehrwert entstanden, ein kultureller und ein sozialer. Wir haben neue Eindrücke bekommen, wir haben Menschen getroffen, uns vielleicht sogar ausgetauscht, gemeinsam etwas erlebt. Erbauung, hat man früher gesagt. *Recreation* ist im Englischen das Wort, das man für Freizeit häufig benutzt. Wir »erschaffen uns selbst neu«, wenn wir Kultur »konsumieren«.

Und genau hier liegt das nahezu unbegrenzte Potenzial der Digitalisierung. Was wir mit ihr schaffen, sind mehrheitlich neue kulturelle und soziale Dienstleistungen. Ich will dabei ausdrücklich nicht streng werten. Ob sich jemand für das Pokémon Pikachu oder den Künstler Picasso, für Hochkultur oder Alltagskultur entscheidet, ist seine und ihre freie Wahl. Die Digitalisierung kann ein Instrument sein, mit dessen Hilfe wir unseren schlicht vorhandenen materiellen Wohlstand um viele ideelle Aspekte bereichern können.

Disruption

Worüber viele Unternehmen nicht ausreichend nachgedacht haben, ist die Frage, inwieweit die Digitalisierung ihr Geschäftsmodell beeinflusst. Mitunter erlebe ich, dass Menschen gar nicht sagen können, was denn ein Geschäftsmodell, geschweige denn das Geschäftsmodell ihres Unternehmens ist. »Wir stellen XY her« ist kein Geschäftsmodell. Ein Geschäftsmodell geht immer von Kunden und Kundinnen und deren Bedürfnissen aus und versucht diese in bestmöglicher Form zu bedienen. Die reine Existenz eines Produktes oder eine Leistung heute ist nie eine Garantie für den dauerhaften Bedarf desselben.

Ich selbst esse durchaus gerne Fleisch. Mit einem »Presunto curado« können Sie mich glücklich machen. Vor 50 Jahren wäre vermutlich niemand auf den Gedanken gekommen, zu sagen: »Die Menschen werden irgendwann keine Tiere mehr schlachten.« Meine Kinder können sich das durchaus vorstellen. Und Unternehmen forschen daran, »künstliches Fleisch« auf Basis pflanzlicher Eiweißstoffe zu entwickeln. Das Geschäftsmodell Tierhaltung müsste sich dann einen anderen Zweck suchen, als Nahrung zu produzieren.

Falls es so kommt, wäre das natürlich noch lange hin und hätte nicht in erster Linie etwas mit Digitalisierung zu tun. An anderer Stelle kann sie allerdings unerbittlich und schnell zuschlagen und Geschäftsmodelle vom Markt fegen. Zeitungsverlage suchen händeringend und manchmal sogar schon wahllos nach neuen Geschäftsmodellen. Ihr Konzept »Wir bereiten für die Menschen auf, was es Neues in der Welt gibt, und Sie als Unternehmen können dazwischen mit einer Anzeige über ihre Produkte informieren« funktioniert gedruckt kaum noch und auch digital nur begrenzt.

Alexandra Borchardt, die als Journalistin selbst viele Jahre Erfahrung hat und heute als Professorin an der Universität der Künste in Berlin und Co-Leiterin des dortigen Studiengangs Kulturjournalismus lehrt, weist auf das Dilemma der Medien hin. In der Anfangszeit des Internets haben diese ihre qualitativ hochwertigen Inhalte kostenlos verschenkt und damit ihr Geschäftsmodell ruiniert. Aber sie ist auch optimistisch: »Mittlerweile basteln die meisten Medienhäuser mit neuem Selbstbewusstsein digitale Abo-Angebote, die den Kundinnen und Kunden ihr Geld wert sein sollen. Schöner Nebeneffekt: Die Mühe macht den Journalismus besser.«

Jenseits der Branchenkrise macht sich Alexandra Borchardt allerdings Sorgen um die Zivilgesellschaft, in der funktionierende Medien eine wesentliche Rolle spielen. In ihrem neuen Buch *Mehr Wahrheit wagen* ruft sie dazu auf, den Qualitätsjournalismus zu stärken. Als wir während der Coronakrise miteinander sprachen, war sie optimistisch: »Jetzt sehen die Menschen, welchen Wert gute Informationen haben. Das wird eine Weile hängen bleiben, und wir Journalistinnen und Journalisten könnten was draus machen.« Ich teile den Optimismus. Ich glaube, dass in einer komplexen Welt jeder Mensch auf fundierte Informationen angewiesen ist und auch gerne dafür bezahlt. Die Mitnehm-Mentalität der Anfangsjahre im Internet hat den Medien geschadet, sie ist aber auch eine Chance, sich neu zu erfinden.

Plattformökonomie

Das eine Reihe von Geschäftsmodellen nicht mehr oder nicht mehr wie gewohnt funktionieren, liegt auch am Aufkommen der sogenannten Plattformökonomie. Darunter wird ein Geschäftsmodell verstanden, bei dem Anbieter sich zum digitalen Marktplatz und Zentrum eines Netzwerkes machen. Sie versprechen allen Beteiligten einen Mehrwert, zum Beispiel durch verringerte Transaktionskosten und besseres Matching mit den vielfältigen Kundenbedürfnissen. Plattformen sind hauptsächlich Marktplätze oder Makler, die unterhalb ihres direkten Kundenzugangs ein Netzwerk von Leistungen organisieren oder selbst anbieten.

Die Propheten der Plattformökonomie wie zum Beispiel der ehemalige *FAZ*-Redakteur Dr. Holger Schmidt sehen in den Plattformen die Zukunft. Schmidt verweist darauf, dass bereits sieben der zehn wertvollsten Unternehmen (nach Börsenwert betrachtet) Plattformunternehmen seien. Er hat sogar einen eigenen Plattformindex entwickelt, mit dem er die Überlegenheit von Plattformunternehmen demonstrieren will.[2] Das überrascht erst einmal nicht, da Plattformunternehmen naturgemäß aus dem Bereich von Digitalisierungstechnologie kommen.

Ein genauer Blick auf die führenden fünf Plattformunternehmen macht sofort auch eine Reihe von Problemen deutlich. Apple, Google, Microsoft, Amazon und Facebook sind in ihren Kernbereichen allesamt unterwegs in Richtung Monopol. Gleichberechtigte Vertragsverhältnisse sind in einem solchen Umfeld nicht zu erwarten. Kunden werden zwar einerseits ständig mit neuen Angeboten überflutet, andererseits vereinnahmen die Plattformen das Feld der Anbieter und zwingen diesen ihre technischen Standards, mitunter auch Konditionen auf.

Mit Tencent und Alibaba sind darüber hinaus zwei Unternehmen aus China in den weltweiten Top 10 der wertvollsten Unternehmen. Die damit verbundenen geostrategischen, industriepolitischen, aber auch rechtlichen und ethischen Fragen habe ich schon sachte anklingen lassen. Die jahrelange Auseinandersetzung über die Beteiligung von Huawei am G5-Ausbau in Europa oder zuletzt die Diskussion über den Einfluss und die Kontrollierbarkeit der vor allem bei sehr jungen Nutzern und Nutzerinnen beliebten Video-App Tiktok mag ein Vorgeschmack auf künftige Auseinandersetzungen sein.

Eine Grundproblematik im Bereich der Plattformökonomie ist, dass durch die in den Anfangsjahren fehlende (oder nicht angewandte) Regulierung der Internetökonomie in vielen Bereichen eine »The winner takes it all«-Situation entstanden ist. Auf den Konferenzen der Digitalbranche wird seit Jahren von allen die Geschichte erzählt, dass mit Uber das größte Taxi-Unternehmen der Welt kein einziges Taxi und mit airbnb das größte Hotelunternehmen der Welt kein einziges Hotel besitzt. Ich bin an dieser Stelle etwas konservativer in meiner Sichtweise. Wer kein Hotelgebäude besitzt, ist auch kein Hotelunternehmen.

Ich finde zudem eine Diskussion sowohl über die Marktmacht als auch über die Nebenwirkungen dieser Geschäftsmodelle notwendig. Bei Facebook erleben wir beispielsweise eine weitreichende Ignoranz hinsichtlich des Hasses, aber auch der Manipulierbarkeit von Meinungsfindungsprozessen. Bei Google könnten wir die vollumfängliche Ausspähung von gutgläubigen Kunden samt Verhaltensanalysen hinterfragen. Bei Amazon fallen mir aufgrund zahlreicher Medienberichte sogar als Erstes die Arbeitsbedingungen ein. Bei Apple frage ich mich, ob ich ewig dabei bleiben muss oder meine gekaufte – oder doch nur gemietete – Musik auch zu einem anderen Anbieter mitnehmen kann. Mit CD oder Schallplatte hat das alles mir gehört, ich konnte damit machen, was ich wollte, und den alten Kram notfalls weiterverkaufen. Bei Microsoft könnten wir über die Frage reden, inwieweit und welche Sicherheitsbehörden Zugriff auf sensible Unternehmensdaten haben oder ob Microsoft gar selbst Zugriff auf den PC beim Bundesnachrichtendienst hat. Bei Uber reden wir über Scheinselbstständigkeit und soziale Absicherung, bei airbnb über Verödung der Innenstädte in Tourismushochburgen und teilweise auch über Steuerbetrug.

Bei all diesen Unternehmen bin oder war ich schon einmal Kundin oder Nutzerin und kann mich kaum dem Einfluss entziehen. Die Plattformen sind nie verantwortlich für die beschriebenen Probleme, da sie selbst ja nicht die Akteure sind. Doch gesellschaftliche und regulatorische Antworten können gar nicht ausbleiben, wenn Plattformanbieter ihrer systemischen Verantwortung nicht gerecht werden. Selbst begeisterte Anhänger des Plattformgedankens wie Marshall van Alstyne, MIT-Professor für Informationsökonomie in Boston, erwarten eine solche Entwicklung.[3]

Dennoch wird das disruptive Element von Plattformanbietern erst einmal noch einigen Branchen zu schaffen machen. Die Mechanik dabei ist oft simpel. Man schiebt sich mit dem Nutzenversprechen zwischen Kunden und Anbieter, umwirbt die einen mit aggressiven Angeboten und standardisiert die anderen, um möglichst schnell Volumen aufzubauen. Das ist für viele Jahre zwar nicht wirtschaftlich, dafür winkt der überlebenden Plattform der Hauptgewinn. Delivery Hero hat es nach nur neun Jahren – in der Folge der Wirecard-Pleite – in den Dax geschafft.[4] 2019 hatte das Unternehmen nur deshalb einen Gewinn erzielt, weil es sein Deutschland-Geschäft verkaufte. Zu Beginn des Jahres 2020 hat es zudem nochmals 2,3 Milliarden Euro Investorengeld erhalten. Es wirkt alles wie ein großes Spiel. Wer finanziell den längsten Atem hat und die meisten Kunden einsammelt, sammelt auf dieser Basis neues Investorengeld, verdrängt alle Wettbewerber und wird am Ende als alleiniger Sieger dastehen.

Ohne weiter in die Tiefe gehen zu wollen, sehe ich mit meiner Risiko-Ader noch ein weiteres, systemimmanentes Problem der Plattformen: die Skalierung. Sie ist ein Kernelement des Geschäftsmodells. Aber alles, was skaliert. kann auch Probleme skalieren. Denken Sie beispielsweise an Rückrufaktionen bei Autobauern. Da stimmt einmal die Qualität eines Bauteils im Wert von 5 Euro nicht, das Teil ist aber sicherheitsrelevant, und schon müssen Hunderttausende von Fahrzeugen zurück in die Werkstatt. Reparatur. Schadenersatz. Versicherung. Rückversicherung. Eine Dominokette an wirtschaftlichen Schäden. Was passiert, wenn eine Plattform gehackt oder missbraucht wird oder einfach nur ausfällt? Die Skalierungsmöglichkeit von Problemen ist die Kehrseite der Medaille.

Trotzdem: Die Plattformökonomie wird sicher weiterwachsen. Spannend ist die Frage, inwieweit das Geschäftsmodell auch für das B2B-Geschäft jenseits der Endkunden und Verbraucher tatsächlich geeignet ist. Ob ein Wert von 40 bis 50 Prozent des globalen Bruttoinlandsproduktes realistisch ist, wie Holger Schmidt unter Bezug auf das MIT angibt, bezweifle ich. Zumal sich das Modell auch stetig verändert. Schon jetzt bemüht sich die Szene, verstärkt von Ökosystemen anstatt von Netzwerken oder Marktplätzen zu sprechen. Ökosysteme zeichnen sich allerdings durch ein Gleichgewicht und viele Symbiosen aus. Für die Plattformökonomie könnte dies beispielsweise bedeuten, sich demokratischer und dezentraler auszugestalten. Ist es denkbar, dass sich Google oder Amazon angesichts des US-amerikanischen Kartellrechts in 20 Jahren in eine Art Genossenschaft aller Nutzer verwandelt, um einer Zerschlagung zu entgehen?

Strukturwandel

Wenn selbst die aufstrebenden Plattformunternehmen mitten im Wachstum schon solch strukturelle Überlegungen anstellen müssen, wie dann erst diejenigen, die eher ängstlich auf das Neue blicken? Wie man es dreht und wendet: In vielen Bereichen der Wirtschaft stehen wir vor einem Strukturwandel, der wiederum die Transformation von Unternehmen notwendig macht.

Der Begriff Strukturwandel sollte uns weit weniger erschrecken, als er es tut, denn wir haben durchaus eine Fülle an Erfahrungen damit. In vielen Bundesländern musste nach dem Fall des Eisernen Vorhangs in den 1990er-Jahren Rüstungskonversion betrieben werden. Der Abbau von Militärkapazitäten verlangte nach neuen Nutzungsmöglichkeiten für die Flächen sowie nach neuen Beschäftigungsmöglichkeiten in den jeweiligen Regionen. Und auch die Unternehmen der Rüstungsindustrie mussten sich der neuen Marktlage anpassen und für ihre technologische Kompetenz neue Einsatzgebiete finden.

Nordrhein-Westfalen, das man mit dem Begriff sicher am häufigsten in Verbindung bringt, hat für seine einstmals stolze Schwerindustrie aus Kohle und Stahl Ersatz finden müssen. Der Strukturwandel im Steinkohlebergbau beispielsweise zog sich über mehr als ein halbes Jahrhundert hin und wurde von der Gesellschaft oft kontrovers diskutiert, aber auch solidarisch getragen. Bereits in den 1960er-Jahren war der deutsche Steinkohlebergbau nicht mehr wirtschaftlich und wurde in der Folge subventioniert. Selbst das Argument der Versorgungssicherheit und Unabhängigkeit konnte am Abbau der Subventionen nichts ändern. Ich erinnere mich an eine Besichtigung und den Einstieg in den Kohleabbau in Ibbenbüren 1992, als Teil einer Trainee-Gruppe bei Preussag. Die Leute dort waren unglaublich stolz auf ihre moderne Fördertechnik. Aber ihnen war auch damals schon bewusst, dass das Geschäft endlich ist. 2007 wurde schließlich der endgültige Ausstieg beschlossen, und im Dezember 2018 wurde mit der Zeche Prosper-Haniel in Bottrop das letzte deutsche Steinkohlebergwerk geschlossen. Im Lauf des Jahres 2020 wurde sie mit Beton verfüllt, rund 100 Objekte aus der Anlage wurden ins Deutsche Historische Museum nach Berlin gebracht. Der Steinkohlebergbau in Deutschland ist Geschichte, die Welt des Tatort-Kommissars Horst Schimanski gibt es nicht mehr.

Ein weniger gelungenes Beispiel für den Strukturwandel ist aus meiner Sicht die Werftindustrie, für die ich als gebürtige Hamburgerin naturgemäß zwar Sympathie habe, deren schleichenden Niedergang ich aber länger beruflich mitverfolgt habe. Der Technologieexport nach Fernost in den frühen Jahren und die in schlichte Produktionskapazität geleitete Subventionierung der späten Jahre hat eine weltweite Überkapazität an Frachtschiffen mit aufgebaut, deren Folgen jetzt auf den Abwrackwerften Indiens und Bangladeschs zu beobachten sind. Wir haben mit schlechter und wenig zukunftsweisender Arbeit enorme Ressourcen verbraucht und an anderer Stelle zugleich eine kleine ökologische und gesundheitliche Katastrophe erschaffen. Am wenigsten dafür können die Menschen hier wie dort, die einfach nur nach einer Möglichkeit suchen, ihr Leben zu führen und ihre Arbeitskraft in den Dienst von Unternehmen stellen, auf deren Zukunftsversprechen sie vertrauen.

Den Strukturwandel der Zukunft geben uns mit großer Sicherheit ökologische Themen vor. Ein Auslöser: unsere Gewohnheit, Rohstoffe zu verbrennen und dadurch mehr CO_2 zu produzieren, als der Planet ertragen kann. Das Potsdam-Institut für Klimaforschung beschreibt 16 sogenannte »Kippelemente des Erdsystems«[5], wo selbst bei Einhaltung der Klimaziele von Paris noch immer die Gefahr besteht, dass gravierende Umwelteffekte die Lebensgrundlage zahlreicher Menschen weltweit gefährden. Jedes dieser »Kippelemente« stelle ich mir als ein lebenswichtiges Organ unseres globalen Körpers vor, auf das wir nicht verzichten können. Und bei Ausfall des ersten Organs droht zudem eine Kettenreaktion, also eine Art Multiorganversagen. Das soll durchaus alarmistisch klingen, zugleich bin ich jedoch auch optimistisch. Denn wir wissen, was kommen kann, und wir wissen auch, was wir tun können. Wir haben es in der Hand. Mein Sohn Jacob studiert Umwelt- und Energie-Ingenieurwesen. Er denkt nicht zuerst daran, etwas politisch verbieten zu wollen. Er denkt in Form von technischen Lösungen, die unsere Probleme entweder vermeiden oder auf ein erträgliches Maß reduzieren. Das wäre Strukturwandel, der allen hilft.

Die deutsche Automobilindustrie trifft ihr anstehender Strukturwandel schlecht vorbereitet. Der Skandal um die Abschalteinrichtungen bei den Dieselmotoren zeigt, dass man das Problem branchenweit nicht verstanden hat. Parallel dann noch zu erleben, wie man vom branchenfremden Herausforderer Elon Musk und Tesla in der Elektromobilität überholt wird, tut doppelt weh. Und wenn dann zu Coronazeiten die Autolobby bei den Hilfspaketen mit dem Wunsch nach einer neuerlichen Abwrackprämie an die Regierung scheitert und zehntausende Stellen in der deutschen Schlüsselindustrie – natürlich nicht nur wegen Corona – abgebaut werden, während Tesla mit viel Pomp seine Gigafactory vor den Toren Berlins plant, dann schwindet selbst dem selbstbewusstesten schwäbischen Ingenieur die Zuversicht. Doch das Produkt Automobil, wie es meine Generation kennt, hat seinen Zenit schon länger überschritten. Die Zuwächse in den Verkäufen der vergangenen Jahre stammen hauptsächlich aus China. Und für nachwachsende Generationen im Heimatmarkt sind Führerschein und Auto nicht mehr so wichtig wie noch vor zehn Jahren.

Ich will einen Gedanken wagen, warum das so ist. Die Mobilität, die das Auto für uns alle hergestellt hat, war eine örtliche Mobilität. Aber wollten wir wirklich hauptsächlich Orte besuchen? Natürlich, einmal an den Bodensee oder die Ostsee. Aber waren wir allein? Und wo wollten wir hauptsächlich hin? Immer zu anderen. Zwei Drittel des Pkw-Verkehrs sind nicht Berufs-, sondern Privat- und Freizeitverkehr.[6] Das Automobil war unser Vehikel, sozialen Kontakt über Entfernung herzustellen. Mit einer zunehmenden Urbanisierung und den digitalen Kommunikationsmöglichkeiten entfällt für einen Teil der Menschen schlicht die Notwendigkeit, die kommunikative Mobilität mit dem Auto herzustellen. Der Automobilexperte Prof. Dr. Ferdinand Dudenhöffer ist der Überzeugung, dass das Interesse am Eigentum von Fahrzeugen sinkt, und er erwartet für die Zukunft eine Zunahme der Abo-Modelle. Automobilbauer werden also zu Vermietern.[7] Das ist nur eine von vielen Veränderungen in der Branche.

Gunnar Kilian, Personalvorstand bei Volkswagen, steckt in dieser Hinsicht in einer Zwickmühle, denn er muss gleich einen doppelten Strukturwandel managen, Dekarbonisierung und Digitalisierung unter einen Hut bekommen. Er verbindet deshalb beide Themen und sagt: »Es geht darum, für den Industriestandort Deutschland die Risiken zu erkennen und die Chancen zu nutzen, die sich aus Digitalisierung und Elektromobilität ergeben.«[8]

Doch schnelle Erfolge dürfen wir nicht erwarten. Strukturwandel ist immer dann besonders schmerzhaft, wenn man zu spät damit anfängt. Hätten wir diesen mehrfach bedingten Strukturwandel nicht früher akzeptieren und uns neue Szenarien für das zweifellos vorhandene technologische Know-how überlegen sollen? Oder braucht es immer erst die Krise?

Krisen und Risiken

Reden wir einmal kurz über Krisen. Sie sind der Moment, wo wir uns um Veränderungen nicht mehr herumdrücken können. Wir treffen uns nach dem Bandscheibenvorfall oder dem Herzinfarkt im Fitnessstudio. Und wir ärgern uns, dass es so weit gekommen ist. Denn eigentlich wussten wir vorher schon, dass wir etwas ändern müssen. In der Krise sind uns allerdings die Gestaltungs- und Planungsmöglichkeiten, manchmal sogar die Handlungsmöglichkeiten selbst, abhandengekommen.

Auch in Unternehmen werden Krisen gerne als akute Ereignisse angesehen, mit denen man nicht rechnen konnte. Dabei sollte doch das Rechnen, das Einberechnen vieler Faktoren, das Ausrechnen von Alternativen eigentlich zum Kern jedes Unternehmens gehören. Krisen sind das Ergebnis von Risiken, die wir nicht kannten oder ignoriert haben. Sie sind somit der programmierte Ablauf, wenn wir Veränderungen oder auch die Komplexität unserer Umwelt nicht verstehen. Jetzt bin ich bei einem meiner Lieblingsthemen: Wie gehen wir eigentlich generell mit Risiken um?

Wer zu viel über Risiken redet, gilt schnell als übervorsichtig oder sogar ängstlich. Umgekehrt steckt im landläufigen Gebrauch des Wortes »Risiko« durchaus eine positive Komponente. Von Unternehmern erwartet man per Definition geradezu, dass sie Risiken eingehen. Und risikofreudige Manager versprechen satte Gewinne. Ich habe einen äußerst nüchternen Blick auf das Thema und betrachte es geschäftsmäßig. Risiko ist im Grunde nichts anderes als ein negatives Potenzial. Es ist die Wahrscheinlichkeit, mit der etwas passiert, was wir nicht wollen, oder die Wahrscheinlichkeit, mit der unsere Ziele gefährdet sind. So aufbereitet liebe ich das Risiko, denn so hat meine berufliche Entwicklung angefangen. Ich war im Projektmanagement verantwortlich für die Risikoeinschätzung großer Infrastrukturprojekte, bei denen es um sehr viel Geld ging. Risiken aller Art möchte man dort kennen, damit man sie vermeiden kann. Bei einer Kläranlage in der Türkei haben wir viel Hirnschmalz in die Absicherung gegen Flugzeugabstürze investiert. Kurz nach Inbetriebnahme gab es ein Erdbeben, und die ganze Anlage wurde vom Erdboden verschlungen. Das ist natürlich ein Extrembeispiel, aber das Risiko ist ja auch die Bandbreite zwischen unwahrscheinlichem Ereignis auf der einen Seite und außerordentlichem Wagnis auf der anderen Seite.

Meine Sichtweise auf das Risiko ist dementsprechend einfach. Ich mag keine Glücksspiele. Wenn ich ein Risiko eingehe, dann will ich nicht nur wissen, was ich gewinnen und was ich verlieren kann und wie hoch die jeweilige Wahrscheinlichkeit ist. Ich überlege auch, ob ich das Risiko in irgendeiner Form absichern oder verantworten kann. Wenn mir ein Geldspielautomat 70 Prozent staatlich garantierte Gewinnsumme in Aussicht stellt, dann weiß ich: Für jeden Euro, den ich hineinwerfe, kommen 70 Cent wieder heraus. Üblicherweise verliere ich also. Den Fall, dass ich gewinne, kann ich mit meinen Mitteln nicht beeinflussen. Und wenn ich jeden Tag spiele, ist die Wahrscheinlichkeit, dauerhaft zu verlieren, fast unendlich. Sollte ich doch gewinnen, dann ist das die Ausnahme. Ich habe spekuliert und gewonnen.

Auch Spekulation gehört zum Wirtschaftsleben. Die Frage ist, worauf und womit man spekuliert. Habe ich Risikokapital erhalten, um ein großes Wagnis einzugehen, das aber auch einen großen Ertrag verspricht? Auch das kann durchaus plausibel sein. Den Unterschied macht aus, ob eine informierte Entscheidung vorliegt, ob Chancen und Risiken sorgfältig gegeneinander abgewogen wurden, ob nach bestem Wissen und Gewissen gehandelt wurde.

Davon zu unterscheiden ist die launische Spekulation aus Faulheit oder aus falschem Ehrgeiz heraus. Ich habe sehr häufig und in allen geschäftlichen Umfeldern beobachtet, dass dies eine Eigenschaft von Karrieristen ist, denen es nicht schnell genug geht. Sich auf regulärem Wege mit Ideen und Projekten zu bewähren reicht ihnen nicht. Sie suchen die Abkürzung, den schnellen Erfolg, auch den internen Wettbewerbsvorsprung durch Dreistigkeit. Wenn es schiefgeht, müssen andere die Scherben zusammenkehren oder leiden mit. Aber selbst wenn das Spekulieren für diese Leute einmal erfolgreich ist, ein besonders guter Deal gelingt, dann hat das Unternehmen zwar einen netten Einmaleffekt davon, aber weil dieser sich nicht gleichermaßen wiederholen lässt, ist der Wert relativ. Zumal ein im Kern schlechtes Verhalten auch noch belohnt wird.

Der Umgang mit Risiken ist für mich eine Schlüsselfrage für verantwortliches Management und gute Entscheidungen. Denn jede risikobehaftete Entscheidung hat Folgen. Für das Unternehmen, die Beschäftigten, die Kunden, die Investoren. Die perfekte Entscheidung, die absolute Sicherheit gibt es nie. Das entbindet uns jedoch nicht davon, die wichtigen Fragen zu stellen. Wie weit sind wir bereit, im Unternehmen Risiken einzugehen, und welche? Was können wir verantworten, und wie können wir Risiken absichern? Wenn angestellte Manager von den Investoren Geld anvertraut bekommen, dann in aller Regel nicht, um zu spekulieren. Wer investiert, möchte Wertschöpfung auf der Basis kalkulierbarer Prozesse. Immer häufiger auch langfristig.

Ausgegangen waren wir vom Thema Veränderung. Ursachen, Gründe, Anlässe hierfür gibt es viele. Doch wo Veränderungen anstehen, gibt es auch starke Gegengewichte. Das Scheitern notwendiger Veränderung wiederum ist ein Risiko und führt möglicherweise erst richtig tief in die Krise. Umso wichtiger ist es, dass wir auch die Grenzen der Veränderbarkeit in den Blick nehmen.

Widerstände und Kritik

Warum fällt es uns trotz offensichtlicher Notwenigkeit manchmal so schwer, Dinge zu verändern? Und warum erreichen so viele Veränderungsprozesse in Unternehmen nicht ihre Ziele?

Landläufig sagt man, der Mensch sei eben träge und wolle sich gar nicht verändern. Das ist schon objektiv nicht richtig. Eine Verbesserung ist auch eine Veränderung. Und an Verbesserungen, die uns betreffen, sind wir natürlich interessiert. Es kommt also auf die Umstände der Veränderung an, ob wir dazu bereit sind. Die fehlende Bereitschaft oder Fähigkeit zur Veränderung als charakterliche Schwäche oder persönliche Unzulänglichkeit von Beteiligten darzustellen ist deshalb meist einseitig und falsch. Natürlich kann es im Einzelfall so sein, aber macht man es sich damit zu einfach, die Probleme von Veränderungsprozessen so simplifiziert darzustellen.

»It's the Economy, stupid«, schrieb Bill Clintons Wahlkampfmanager James Carville dem ganzen Team 1992 an die Wand. Er wollte eine Priorität klarmachen. Es ist ein geflügeltes Wort daraus geworden.

Erst einmal kümmern sich die Menschen völlig berechtigt um ihr eigenes Auskommen. Jeder Anstoß zur Veränderung ist ein Eingriff in den Modus Vivendi. Wir verlangen von anderen, etwas Altes aufzugeben, und versprechen dafür etwas Neues. Aber es könnte eben durchaus ein ungedeckter Scheck sein, mit dem wir da wedeln. Und alle fragen sich, was sie lieber haben: den Spatz in der Hand oder die Taube auf dem Dach. Veränderung bedeutet für viele Menschen erst einmal Ungewissheit.

Selbst dort, wo wir die Notwendigkeit zur Veränderung eigentlich rational greifen können, ziehen wir sie plötzlich wieder in Zweifel. »Natürlich habe ich Übergewicht«, mag sich der gestresste Manager denken. »Natürlich ist das ein Risikofaktor für den Herzinfarkt. Aber wer sagt denn, dass ausgerechnet ich der bin, der ihn bekommt? Und wer garantiert mir, dass ich ihn nicht bekomme, wenn ich von nun auf viele Dinge verzichte, die mir lieb und teuer sind?«

Aller Anfang ist schwer, denn viele Handlungen, die wir bei Veränderungen umstellen wollen, sind längst Verhaltensmuster geworden. Deshalb gibt es auch keine Veränderung auf Knopfdruck. Man muss Sachverhalte einsehen und verstehen können, man braucht möglicherweise Unterstützung, Anleitung und Begleitung beim Einstieg und bei der Umsetzung. Und man braucht auch kleine Erfolge. Eine Veränderung vorschreiben zu wollen ist ein sehr sicherer Weg, nicht das gewünschte Ergebnis zu erreichen. »Mach es einfach«, ist keine gute Ansage, sondern in höchstem Maße Zwang. Wir wissen, dass Menschen darauf nicht positiv reagieren. Wenn uns jemand zu etwas zwingen will, dann suchen wir nach Auswegen und Umwegen. Wir stellen uns dumm oder spielen zum Schein oberflächlich mit. Wir ziehen uns mit merkwürdigen Gründen aus der Situation heraus oder fangen sogar eine Konfrontation an, bauen Widerstand auf.

Widerstände

Sonja Würtemberger, eine langjährige Mitarbeiterin und Freundin, hat mich immer wieder daran erinnert: »Es geht auch um Macht. Die Leute müssen aus ihrer Sicht abwägen, auf welche Veränderung sie sich einlassen. Wenn es mächtige Widerstände gibt, will man sich nicht mit denen anlegen.« Das macht es nicht leichter. Dass in Veränderungsprozessen Widerstände auftreten, versteht sich fast von selbst. Am Anfang sind diese Widerstände selten offen, und sie sind auch nicht einheitlich, sondern bestehen aus vielen verschiedenen Einzelinteressen, die bedroht sind. Es gibt die unterschiedlichsten Gründe, Konstellationen und Gemengelagen. Widerstände können nachvollziehbar und sogar berechtigt sein, sie sind oft unverständlich, und sie können gelegentlich sogar unverschämt sein. Es ist völlig normal und sicher kalkulierbar, dass Menschen mit unterschiedlichen Motiven sich im Widerstand vereinen, da die Verhinderung der Veränderung ein gemeinsames Interesse ist.

Entgegen gängiger Meinung gehen die Widerstände bei Veränderungsprozessen in Unternehmen nicht hauptsächlich von der Basis der Beschäftigten aus, sondern ziehen sich durch die ganze Organisation. Meiner Erfahrung nach haben die größten Widerstände bei Veränderungsprozessen ihren Ursprung im Management und manchmal sogar im Top-Management.

Denn wer wirkungsvoll Widerstand leisten will, benötigt eine gewisse Verhinderungsmacht. Die unterschiedlichen Motivlagen der »kleinen« Veränderungsgegner zusammenzubringen ist ein organisatorischer Aufwand. Im Management liegt von vornherein mehr Macht und oft auch der Vorteil, über umfassendere Informationen zu verfügen und auch Schwachstellen zu kennen. Die Widerstände im Management können ihren Ursprung in den Eigeninteressen eines Bereiches gegenüber einem anderen haben oder mit ganz persönlichen materiellen Interessen verknüpft sein, beispielsweise aufgrund falscher Bonus- und Anreizsysteme.

Ich erinnere mich sehr gut an eine Szene bei EY. Ich hatte im Kreis der Partner von EY darauf bestanden, dass wir auch in der Wirtschaftsprüfung sehr wohl flexible Arbeitszeitmodelle einführen können. Ein Partner-Kollege kam abends in der Tiefgarage auf mich zu. »Sie sind doch irre, da werde ich jetzt vors Arbeitsgericht gezogen, weil eine Kollegin ihre Teilzeit einklagen will.« Er war stinksauer. Und er dachte ernsthaft darüber nach, vor Gericht eine eidesstattliche Versicherung abzugeben, dass Teilzeit in seinem Bereich nicht möglich wäre. Ich war gleichermaßen wütend, dass er nicht einsehen wollte, welche gesetzlichen Rahmenbedingungen wir nicht aushebeln können und wie überhaupt moderne Personalpolitik funktioniert. Wenn wir heute daran zurückdenken, müssen wir beide lächeln. Und ich bin dem Kollegen sehr dankbar. Er hat mir geholfen, denn ich hatte die Ängste und Irritationen derjenigen nicht verstanden, die sich auf diese Veränderungen einlassen mussten. Für sie gab es einfach viele Hürden und Unwägbarkeiten. Erst einmal bedeutet Teilzeit weniger Kontrolle und einen höheren Koordinationsaufwand. In einem Geschäft, in dem alles an abrechenbaren Beratungsstunden gemessen wird, ist das ein Drama. Man nimmt an, dass die Wirtschaftlichkeit runtergeht. Zudem sah man die Kundenzufriedenheit in Gefahr, die damals schon ein messbares Kriterium für die Leistung der Teams und ihrer Verantwortlichen war. Was, wenn eine Kollegin oder ein Kollege plötzlich nicht mehr ständig persönlich zur Verfügung stand?

Ich war einfach überzeugt, dass Flexibilität die Zukunft war und wir sie umsetzen mussten, auch, um als Arbeitgeber attraktiv zu sein und im Wettbewerb um gute Leute vorn mit dabei zu sein.

Damals hatte ich einen tollen Chef, Georg Graf Waldersee. Wir hatten uns anfänglich durchaus häufiger gestritten und im Laufe der Zeit auch immer wieder lebendige Diskussionen. »Muss das unbedingt sein, warum wollen Sie das so und so machen?« Er war hartnäckig. Aber gute Argumente ließ er gelten, und er hatte darüber hinaus einen unglaublichen Instinkt für Entwicklungen. Nachdem wir etwas ausdiskutiert und eine Basis hatten, stand er hinter mir und hat mir vor den anderen Partnern aktiv den Rücken gestärkt. Die Flexibilisierung von Arbeitsort und Arbeitszeit, die wir vor vielen anderen umgesetzt bekamen, wurde ein Wettbewerbsvorteil.

Mir hatten damals bestimmte Erfahrungen und auch der Perspektivenwechsel gefehlt. Nicht zuletzt auch aufgrund des Streits in der Tiefgarage und mit zwei großen Transformationsprozessen hinter mir sehe ich heute mehr und mehr die Ängste vor Verlusten bei der Wirtschaftlichkeit, aber vor allem Macht- oder Qualitätsverlust, denen man nur mit umfassender Transparenz und offener Diskussion begegnen kann. Man muss die Widerstände im System kennen und in die Transparenz bringen. Dann kann man konstruktiv diskutieren und auch die berechtigten Aspekte einer Lösung zuführen. Zugleich muss man Hilfestellungen bei der Umsetzung anbieten. Denn sonst reagieren insbesondere Führungskräfte mit Vermeidungstaktiken. Man tut so, als ob man eine Maßnahme umsetzen würde, verschiebt in der Abarbeitung dann die Prioritäten und macht ein anderes Projekt wichtiger. Dadurch geht einem gesamten Veränderungsprozess die Glaubwürdigkeit verloren.

Eine andere Front des Widerstandes, regelrechte Widerstandsnester, sind aus Sicht mancher im Top-Management die Betriebsräte. Natürlich gibt es dafür Beispiele. Ich empfinde das Freund-Feind-Denken in dieser Hinsicht allerdings von beiden Seiten als extrem unmodern. Und es führt zu ganz merkwürdigen Spielchen. Sie schlagen morgens die Zeitung auf und lesen, dass Tausende von Stellen abgebaut werden sollen. Woher wissen die Medien das nun schon wieder? Hat ein Betriebsrat oder ein

Gewerkschaftsfunktionär seine Verschwiegenheitspflicht gebrochen und geplaudert? Das Motiv wäre klar: die Belegschaft aufrütteln oder sogar »aufwiegeln«, Widerstand organisieren, um sich selbst als Interessenvertreter und Retter zu inszenieren. Aber es könnte auch anders sein. Ein CEO selbst hat einem Journalisten die Information gesteckt. Will er dem Betriebsrat den schwarzen Peter zuspielen? Oder gibt es noch eine ganz andere Dimension? Eine dritte Variante wäre, dass der Vorstandsrivale seinem CEO in die Suppe spucken und dessen Umbaupläne torpedieren will. Oder, oder, oder. Alles Unterstellungen, Möglichkeiten. Mikropolitik vom Feinsten. Sie verstehen, was mich daran manchmal an die Geduldsgrenzen gebracht hat? Egal, welche Variante stattgefunden hat, keine der möglichen Varianten ist schön, nichts davon hilft dem Unternehmen und den Menschen. Alle Stakeholder tragen Schaden davon.

Aber so ist Management eben auch manchmal. Es ist Bestandteil des Geschäfts und seiner Komplexität, die verschiedensten Motive, Interessen und taktischen Manöver zu erkennen, zu verstehen und ihnen im Interesse einer gemeinsamen Lösung erst einmal ein Stück weit auch Verständnis entgegenbringen zu wollen. Denn anders können wir dasjenige Kapital nicht heben, das wir für Veränderungen benötigen: Vertrauen.

Vertrauen

Gehen wir gedanklich nochmals kurz zurück: Veränderung bedeutet, den Spatzen in der Hand fliegen zu lassen, um die Taube auf dem Dach einfangen zu können. Wir geben etwas Sicheres im Hinblick auf einen ungewissen Erfolg auf. Denjenigen, die von uns verlangen, dieses Risiko einzugehen, müssen wir vertrauen. Der Hauptgrund für – aktive oder passive – Widerstände ist fehlendes Vertrauen. Das hat auch mit gemachten Erfahrungen zu tun. Fragen Sie sich ganz einfach einmal selbst: Wie viele Transformationsprozesse habe ich die vergangenen fünf oder zehn Jahre in meinem Unternehmen erlebt? Wie viele davon waren gut gedacht und gut gemacht? Was haben sie gebracht? »Change, we can believe in« war einer der Wahlkampfslogans von Barack Obama. Wer Veränderung will, muss glaubwürdig sein.

Was kein Vertrauen schafft, ist der Motivationsversuch mit der Angst. Entwicklungen wie die Globalisierung und der Wettbewerbsdruck werden oft als Begründung für Veränderungen angeführt. Das ist auch richtig, was die grundsätzliche Notwendigkeit von Veränderungen angeht. Es begründet aber damit nicht zwangsläufig auch den eingeschlagenen Pfad und die gewählten Maßnahmen. Als Argument gegenüber Belegschaften reicht es nicht aus zu sagen, man würde Arbeitsplätze sichern. Insbesondere dann nicht, wenn im Rahmen von Stellenabbauprogrammen die einen abgeschafft werden, damit die anderen bleiben können. Wie will ich denn bei einer solchen Argumentation noch eine konstruktive Gesprächsbasis haben, wenn ich Gewinner und Verlierer von vornherein schon definiere?

Das Argument lautet immer, eine Veränderung sei zum Wohl des Ganzen. Das ist natürlich besonders problematisch für diejenigen, deren Interessen nicht ganz so stark berücksichtigt werden können oder die definitiv etwas verlieren oder abgeben müssen. Auf eine solche Situation kann ich mich doch nur einlassen, wenn ich sicher bin, dass mit dem Ganzen, zu dessen Wohl etwas geschieht, auch tatsächlich ich in Zukunft noch mitgemeint bin. Es bedeutet, dass ich als Betroffene oder Betroffener nicht das Gefühl haben darf, beim nächsten Veränderungsprozess, der unweigerlich kommt, der- oder diejenige zu sein, auf den oder die man nun verzichten kann. Wenn ich etwas zum Wohl des Ganzen aufgeben soll, dann muss ich auch integrierter Teil dieses Ganzen sein.

Wer Veränderungen umsetzen will, darf nicht mit der Angst vor der Welt »da draußen« arbeiten, sondern muss die Zuversicht darin stärken, dass in einem gemeinsamen Kraftakt ein besserer Zustand erreicht werden kann – der tatsächlich besser für alle ist. Und das Bessere darf nicht in der lapidaren Aussage bestehen: »Dein Arbeitsplatz ist wieder sicher.«

Kritik, Offenheit, Transparenz

Unsere Glaubwürdigkeit hängt auch davon ab, wie wir mit Kritik umgehen. Der erste Fehler dabei ist schon, Kritik nicht als sachlichen Hinweis zu verstehen, sondern sofort als Widerstand einzuordnen. Kritik sollte uns willkommen sein, schon allein deshalb, weil sie Feedback ist. Sie liefert uns Informationen. Das können Sachinformationen sein, die wir noch nicht kannten. Das können aber auch Informationen über eine bestimmte Wahrnehmung der vorhandenen Informationen sein. Sprich:

eine andere Perspektive. Diese andere Perspektive gibt es immer. Mir sind Situationen suspekt, in denen Veränderungen angekündigt werden, und niemand widerspricht. Meine Erfahrung ist einfach, dass es immer Widerspruch, die andere Perspektiven oder auch einfach nur den Umstand gibt, dass sich Leute am Tisch noch gar keine Meinung gebildet haben und vielleicht auch noch etwas Zeit brauchen, nachzudenken. Schweigen als Zustimmung vorauszusetzen ist eine schlechte Taktik im Veränderungsprozess.

Wir sollten auch nicht abwarten, bis dann doch irgendwann jemand aus den Büschen kommt, sondern Kritik aktiv einfordern und Raum dafür schaffen. Es ist schlicht unwahrscheinlich, dass das, was sich eine Hand voll Menschen im stillen Kämmerlein ausgedacht haben, schon die optimale Lösung ist.

»Betroffene zu Beteiligten machen« ist so ein schöner Satz aus dem Change-Management. Ich würde gerne schon einen Schritt weiter vorn anfangen, mir gefällt der Begriff der »Betroffenen« nicht so gut. Denn er hat einen Unterton der Art, dass etwas über Menschen hereinbricht wie ein Unwetter. Wie kann es überhaupt sein, dass jemand im Unternehmen von etwas betroffen ist, ohne vorher beteiligt gewesen zu sein? Welches Organisationsprinzip steckt dahinter? Muss man nicht gleich im ersten Moment, in dem man merkt, dass etwas jemand anderen betrifft, diesen prinzipiell informieren und ins Boot holen?

Offenheit ist ein wesentlicher Erfolgsfaktor in Veränderungsprozessen. Sie hat zwei Richtungen. Die erste ist die – von uns aus gesehen – nach außen gerichtete Transparenz. Die Offenheit, mit der man die eigenen Beweggründe und Argumente auf den Tisch legt. Wir setzen uns nicht dem Verdacht aus, eine »hidden agenda« zu haben, geheime Ziele, die andere nicht im Blick haben und nicht bedenken. Wir beschleunigen die Lösungsfindung, weil wir die andere Seite nicht zwingen, sich über unsere möglichen Hintergedanken ihrerseits einen Kopf zu machen und selbst eine Scharade zu spielen. Durch Transparenz verhindern wir destruktives Taktieren. Zugleich schafft Transparenz Vertrauen.

Die zweite Richtung ist die Offenheit für die Argumente und Perspektiven der anderen. Wenn es uns gelingt, umfangreiche Offenheit herzustellen, dann haben wir die ideale Basis für sachliche Lösungen. Denn dann kommen alle Fakten, Motive, Perspektiven und Beweggründe auf den Tisch. Dann trauen sich Menschen, Kritik zu äußern, ohne dafür benachteiligt zu werden. Wenn Informationen und Perspektiven nicht ignoriert, sondern erkennbar aufgenommen werden, dann werden sie auch kommen. Transparenz und Offenheit helfen uns umgekehrt auch im Umgang mit denjenigen, die diese Werte nicht teilen. Wer in einer Situation, in der alle Karten auf dem Tisch liegen, plötzlich meint, ein Ass aus dem Ärmel ziehen zu können, ist direkt als Falschspieler entlarvt. Die Konsequenz ist klar: Aufhören, falsch zu spielen, oder man fliegt eben aus dem Spiel heraus.

Interessenausgleich

Wenn wir ein grundsätzliches Vertrauen haben, auch weil wir Transparenz und Offenheit praktizieren, dann zählen am Ende die besseren Argumente, und wir erzielen die besseren Lösungen. In diesem Kontext gelingt uns dann auch ein Interessenausgleich. Ich meine das nicht im Sinne des engen Begriffs vom Interessenausgleich, wie er im Betriebsverfassungsgesetz definiert ist. Ich meine das im Sinne der Wortbedeutung und des Prozesses, wie wir dahin kommen. Und zwar als grundsätzliches Prinzip unserer Unternehmenskultur. Bereits in den 1970er-Jahren wurde die später als »Harvard-Prinzip« bekannte »Win-win-Strategie« für Verhandlungen entwickelt. Sie hat bis heute nichts von ihrer Aktualität verloren. Im Gegenteil.[9]

Wenn wir in Verhandlungssituationen Verlierer produzieren, zum Beispiel aufgrund eines Machtgefälles, das wir ausnutzen, dann schaffen wir damit ein unnötiges Risiko. Wir verringern die Motivation und Bereitschaft, mit uns zu kooperieren. Ob das im Vertrieb, im Einkauf oder im Veränderungsprozess ist – völlig egal. Wir untergraben das Vertrauen in den Prozess, in die Lauterkeit unserer Motive oder die Zuverlässigkeit unserer Zahlen und Fakten. Wir legen möglicherweise den Grundstein für einen lang anhaltenden Konflikt, einen dauerhaften Vertrauensverlust oder Gegeninitiativen, die uns an anderer Stelle zwingen, Ressourcen aufzubringen, die wir lieber produktiv einsetzen würden. Wir stellen uns dabei meist gar nicht die Frage, was wir tatsächlich gewinnen. Aus meiner Erfahrung sind es nämlich meist Arroganz, Ungeduld oder Bequemlichkeit und nicht tatsächliche wirtschaftliche Motive, die zu einer destruktiven Verhandlungsstrategie führen.

Doch auch diese Situation kann es geben. Beispielsweise, wenn Menschen eine Machtposition ausnutzen, um notwendige Veränderungen zu verhindern. In aller Regel geht es dann darum, sich einen persönlichen Vorteil in Form einer Kompensation zu verschaffen. Muss man sich von Leuten erpressen lassen, denen es um diese Form der Vorteilsnahme geht? In der Realität ist mir das schon ein paarmal passiert. Es ist eine der typischen Grauzonen, die einem im Geschäftsleben immer wieder einmal begegnen. Aber auch hier schützen Transparenz und Offenheit. Vieles kann man dadurch schon im Vorfeld verhindern, denn persönliche Interessen lassen sich in der Regel nicht sachlich begründen. Und dort, wo man aus machtpolitischen Gründen jemandem nachgeben muss, der persönliche Interessen verfolgt, kann man zumindest die eigene Sachlichkeit dokumentieren und klarmachen, dass man selbst keine unlauteren Machenschaften unterstützt hat.

Transparenz ist auch nicht ohne Risiko. Sie macht einen angreifbar für diejenigen, die Machtspiele spielen wollen. Man sollte sich die tatsächlichen Machtverhältnisse also vorher genau anschauen und klar taxieren, wie viel Unterstützung man braucht, um diese Spiele durchzustehen. Dieses Spiel habe ich nicht immer durchschaut.

Zugleich ist die Transparenz über Ziele und Motive einer der bedeutendsten Faktoren, Mitstreiter für Veränderungen zu gewinnen. Denn sie schließt nicht nur diejenigen Aspekte aus, die Misstrauen verursachen. Sie ermöglicht zugleich auch allen, im definierten Bild der Zukunft, dem »großen Ganzen«, den eigenen Anteil und Nutzen zu entdecken. Mit Transparenz kann man Unentschlossene zu Unterstützern machen.

Vom Shareholder zum Stakeholder

Deutschlands Marktkapitalisierung schwankt – je nach Konjunktur – um die 50 Prozent. Das bedeutet, dass der Wert aller an der deutschen Börse ungefähr der Hälfte des deutschen Bruttoinlandsproduktes entspricht. Ungefähr 15 Prozent der Deutschen besitzen direkt Aktien. Auch ich habe einen Teil meiner Altersvorsorge in Aktien und Fonds angelegt. Aber auch wer keine Aktien hat, sondern Geld in irgendeiner anderen Form anlegt, gibt es einer Bank oder einem Finanzunternehmen, das seinerseits »mit dem Geld arbeitet«. Sehr viele von uns sind also direkt oder indirekt das, was man im Englischen *shareholder* nennt. Wir sparen, wir legen Geld zur Seite, wir investieren, weil wir vielleicht einen ganz konkreten Wunsch, vielleicht auch nur eine ungefähre Vorstellung von etwas haben, das wir uns in Zukunft leisten wollen.

Aktien können unsere Investition durch die Dividende und die Kurssteigerung vermehren. Der Wert unserer Aktien ist unser »Shareholder Value«. Dass dieser Begriff vielfach in Verruf geraten ist, hat mit den unterschiedlichen Motiven und Anlagestrategien zu tun, die es gibt. Die zwei diametralen Gegensätze lauten: Will ich kurzfristige Gewinne realisieren, »das schnelle Geld machen«, oder möchte ich einen langfristigen, stetigen Vermögenszuwachs herstellen? Dem klassischen Shareholder-Value-Denken wird vorgeworfen, über den Berichtszeitraum eines Quartals an der Börse nicht hinauszudenken. Nicht selten gibt es einen fundamentalen Zielkonflikt zur langfristigen Perspektive. Wer nachhaltig investiert, verzichtet in einem Krisenjahr auch gerne einmal auf die Dividende, damit das Unternehmen besser durch eine schwierige Zeit kommt. Wem es ums schnelle Geld geht, der drängt vielleicht gerade dann besonders darauf, Kasse zu machen.

Aber nicht nur wegen der unterschiedlichen Motive von Anlegern kann es zu Konflikten kommen. In der Coronakrise haben sehr viele Unternehmen staatliche Unterstützung und Zuschüsse bekommen, allen voran das Kurzarbeitergeld. Ein Instrument, um das uns viele andere Länder beneiden. Was machen wir Besonderes? Der Staat, also wir alle, bezahlt den Unternehmen einen großen Teil der Löhne und Gehälter der Beschäftigten, damit diese nicht entlassen werden. Was aber, wenn in dieser Situation Unternehmen plötzlich trotzdem eine Dividende ausschütten wollen, wie es einige vorhatten?

Das Argument zur Verteidigung lautet: Die Dividende wurde im letzten Jahr vor der Krise erwirtschaftet, sie steht den Shareholdern deshalb zu. Ich teile diese Argumentation nicht, denn sie spiegelt eine einseitige Betrachtungsweise wider. Man möchte jeden Vorteil mitnehmen, die Risiken aber möglichst auf andere abwälzen. Es geht eben nicht um den Zeitraum, in dem die Dividende erwirtschaftet wurde, sondern um die ganz konkrete Situation in dem Moment, in dem sie ausbezahlt werden soll. Und es geht um die Frage, was in diesem Moment die richtige Entscheidung ist, um das Unternehmen erfolgreich weiterzuführen. Dieses Beispiel ruft uns nochmals in Erinnerung, wozu das Instrument der Aktie eigentlich da ist: die Ausstattung von Unternehmen mit Kapital, das dann eingesetzt wird, um Wachstum und Wertschöpfung zu finanzieren. Der Grundgedanke der Aktie ist ein eher langfristiger. Die Praxis scheint vielfach eine andere geworden zu sein.

Finanzmarkt

Als ich noch sehr jung war und noch nichts mit Wirtschaft zu tun hatte, da habe ich die seitenlangen Börsenkurse in der Zeitung nicht verstanden. Diese Zahlen sollten jeden Tag erneut so wichtig sein? Später habe ich Kollegen erlebt, die stündlich ihre privaten Portfolios geprüft haben oder den Handywecker für Transaktionen gestellt haben. In dieser Form ist das nicht mein Ding.

Mittlerweile leben wir in Zeiten des Hochfrequenzhandels, wo automatisierte Systeme in Sekundenbruchteilen aberwitzige Milliardenbeträge einmal um den ganzen Globus jagen. Wir müssen uns fragen: Welchem Zweck dient das noch? Der Finanzmarkt ist ein eigenes, teilweise nicht mehr mit der Realwirtschaft in Einklang stehendes System geworden. Dort wird »Geld gekauft und verkauft«, daraus abgeleitet entstehen eigene »Finanzprodukte«. Wenn man einmal versucht, die Funktion einer Put- oder Call-Option in einen Aussagesatz zu fassen, wird es schon schwierig. Und bestimmte Finanzprodukte sind nichts weiter als mathematische Formeln mit manchmal zweifelhaften Parametern. Wäre der Finanzmarkt ein in sich abgeschlossenen System, wir könnten ihn entspannt von außen betrachten. Aber der Finanzmarkt ist eine Art Über-Markt, und alles, was hier geschieht, hat natürlich starke Auswirkungen auf das reale Wirtschaftsleben.

Einer der merkwürdigsten Geschäftsvorgänge ist der Aktienrückkauf, bei denen die Unternehmen selbst aktiv werden. Ich will einmal versuchen, das Prinzip in einem weniger finanzlastigen Kontext zu beschreiben. Stellen wir uns vor, Sie gäben einem Handwerksunternehmen Geld, Sie beteiligen sich beispielsweise an einem Dachdeckerunternehmen. »Handwerk hat goldenen Boden«, sagt der Volksmund. Und die Baubranche boomt, also eine feine Sache. Das Dachdeckerunternehmen verspricht Ihnen einen festgelegten Anteil des jährlichen Gewinns, eine Dividende also. Nach zwei Jahren steht der Inhaber plötzlich da und sagt: »Ich möchte meinen Firmenanteil doch lieber wieder zurückhaben. Sie bekommen sogar mehr Geld dafür, als Sie mir bezahlt haben.« Man wundert sich. Hat er damals schlecht geplant? Befürchtet er, mir zu viel vom Gewinn abgeben zu müsse? Welche Gründe könnte es sonst noch für diesen Rückkauf der Anteile geben?

Bei börsennotierten Unternehmen ist es manchmal ein ganz banaler Grund: die Vergütung der Vorstände. Anlegerschützer und Investmentgesellschaften kritisieren das Instrument schon länger. Wenn ein Unternehmen aus seinen freien Mitteln eigene Aktien zurückkauft, dann verringert sich die Anzahl der verfügbaren Aktien, sodass der Kurs steigt. Wenn die Kursentwicklung gleichzeitig aber eine Grundlage für die Vergütung von Vorständen ist, entsteht eine Interessenkollision. Angestellte Manager und Managerinnen verwenden das Geld der Firma nicht für weiteres Wachstum oder für höhere Dividenden, sondern erzeugen künstlich eine höhere Bewertung der Firma, die ihnen eine höhere Vergütung beschert. Mit dem eigentlichen Geschäft hat das alles nicht mehr viel zu tun. Wenn dann noch die kurzfristigen Anleger ihre sogenannte »Gewinnmitnahme« realisieren, sind diejenigen die Dummen, die aus langfristigen Überlegungen heraus Anteile am Unternehmen erworben haben. Auch diese Anteile sind zwar kurzfristig mehr wert. Aber bringen diese Manöver etwas im Hinblick auf die Zukunft des Unternehmens, auf Innovation, auf Geschäftsentwicklung und Wachstum? Oder verknappen sie nicht eher freie Mittel, die man besser hätte einsetzen können? Ich will nicht infrage stellen, dass es tatsächlich sinnvolle Situationen für Aktienrückkäufe gibt. Aber solange die Interessenkollision nicht vermieden wird, besteht immer die Gefahr sachfremder Entscheidungen.

Ich bin generell der Auffassung, dass die Regeln am Finanzmarkt wieder etwas mehr auf den ursprünglichen Grundgedanken fokussiert werden müssen, Unternehmen mit Kapital auszustatten. Zudem sollte in Finanzprodukten ein Mindestmaß an direktem realwirtschaftlichem Bezug nachweislich vorhanden sein. Ein Finanzmarkt, der aus turbulenten oder gar chaotischen Vorgängen auch noch seine eigenen, meist abgeschwächten Regeln fördert, ist nicht im Interesse der übrigen Wirtschaft und auch nicht der Gesellschaft.

Shareholder Value

In dieser Hinsicht verändert sich gerade auch etwas im Finanzsektor. Stellen wir die Frage: Wem gegenüber ist ein Unternehmen, ist eine Unternehmensführung verantwortlich? Für das klassische Shareholder-Value-Denken lautet die Antwort: nur dem, der Geld gibt. So ganz hat das ohnehin noch nie gestimmt. Aber mittlerweile stimmt es praktisch nicht mehr. Denn es gibt natürlich noch eine Reihe anderer Akteure, die etwas hineingeben ins Unternehmen, das auch einen Wert hat: Beschäftigte, Lieferanten, Kunden und auch die Gesellschaft selbst. Das Argument bei jeder dieser Gruppen lautet: Sie bekommen ja auch etwas dafür, womit der jeweilige Handel abgeschlossen ist. Kunden bekommen Produkte und Leistungen für ihr Geld, Beschäftigte und Lieferanten bekommen Geld für ihre Leistung, und der Staat bekommt seinen Anteil an den Steuern. Das ist richtig, aber es gibt dann wiederum gar keinen großen Unterschied zu einem Shareholder, denn der bekommt ja auch seine Dividende. (In dem Moment, wo er den Kursgewinn realisiert, ist er sogar raus.)

Der Shareholder alter Prägung würde weiter argumentieren, dass er seine Investition im Hinblick auf eine bestimmte Geschäftspolitik getätigt hat und diese gegebenenfalls über seine Stimmrechte ja auch mitbestimmt. Man möchte den bunten Kreis der Shareholder gerne als fiktiven einheitlichen Eigentümer sehen, der nach Belieben schalten und walten kann und das Unternehmen steuert. Aber bestimmen die anderen Gruppen, Stakeholder, wie man sie betriebswirtschaftlich nennt, nicht auch auf ihre Art mit über das Schicksal des Unternehmens?

Zu oft gehen wir davon aus, dass nur mit dem Geld allein die Macht verbunden ist. Wenn aber beispielsweise hoch qualifizierte Menschen für das Unternehmen nicht arbeiten wollen, weil es gerade in der Branche in Verruf geraten ist oder grundsätzlich nicht der Wertehaltung von Zielgruppen entspricht, dann hilft das Geld nur begrenzt weiter. In größeren Unternehmen haben wir aus gutem Grund eine Mitbestimmung der Beschäftigten. Ich habe sehr gute und auch sehr anstrengende Erlebnisse in dieser Hinsicht gehabt. Der Punkt ist: Die Allmachtsfantasie von Shareholder Value, die sich sogar aufs Management übertragen kann, entspricht nicht der Realität. Auch mit Lieferanten können wir nicht nur auf der Basis eines Machtgefälles arbeiten und davon ausgehen, dass sie um jeden Preis unsere Aufträge wollen. Viele von ihnen sind im Laufe der Zeit zu Entwicklungspartnern geworden, die für bestimmte Fragen vielleicht sogar mehr Know-how zu unseren Themen haben als wir selbst. Wir sind auch abhängig von ihnen. Und schließlich ist da noch die Gesellschaft, verkörpert durch Gesetzgebung und Verwaltung. Auch sie gibt etwas, nämlich die Grundordnung, die uns absichert und es uns erst ermöglicht, unsere Geschäfte zu machen. Ein freier, fairer Markt ist nicht ohne, sondern nur mit Staat möglich. Wie viel genau und wie, darüber muss man immer diskutieren.

Die Finanzkrise 2008/2009 hat gezeigt, wie Fehlentwicklungen des Finanzmarkts die gesamte Wirtschaft ins Straucheln bringen können. Und sie hat gezeigt, dass die Gesellschaft in solchen Fällen die Spielregeln verändert. Noch besser wäre es natürlich, die Spielregeln könnten Katastrophen dieser Art vorwegnehmen und verhindern. Noch immer ist das System, wenngleich nicht mehr so stark, anfällig für Spekulationsblasen und sich selbst erfüllende Prophezeiungen, die keinen realwirtschaftlichen Bezug haben.

Stakeholder Value

Zaghafte Ansätze gab es schon vor der Finanzkrise, aber in den vergangenen Jahren erleben wir im Bereich der großen Investoren eine Veränderung, ein Umdenken. Gerade langfristige Investoren haben an den undurchsichtigen Zuständen kein Interesse. Sie müssen sich aktiv dagegen verwahren, dass die Unternehmen, in die sie investieren, zu Spekulationsobjekten werden. Eine ganze Menge aussichtsreicher Unternehmen und Start-ups werden deshalb beispielsweise gar nicht an die Börse gebracht, sondern nur im Kreis institutioneller Investoren gemeinsam finanziert.

Eine der bemerkenswertesten Stellungnahmen der jüngsten Vergangenheit kommt von Larry Fink, dem Gründer und Vorstandsvorsitzenden des weltgrößten Vermögensverwalters BlackRock. In seinem jährlichen Brief an die Vorstandsvorsitzenden der Unternehmen, an denen BlackRock beteiligt ist, ruft Fink im Jahr 2020 erstaunlicherweise zu mehr Engagement für den Klimaschutz auf.[10] Ausdrücklich betont er dabei, seinen Brief nicht als Umweltschützer, sondern als Kapitalist geschrieben zu haben.[11] Und er erläutert seine Sorge tatsächlich anhand häufiger Fälle von Investitionsentscheidungen. Wie werden sich zum Beispiel langfristige Immobilienkredite entwickeln, wenn aufgrund des Klimawandels die Kosten für Feuer- und Flutschädenversicherungen aus dem Ruder laufen? Wie soll Wachstum in Entwicklungsländern entstehen, wenn durch den Klimawandel die Produktivität wieder zurückgeht? Klimarisiken, so seine Aussage, sind zu Investitionsrisiken geworden. Zugleich sieht er auch die Perspektiven und ist überzeugt: Diejenigen Investitionen, die die Risiken des Klimawandel bewusst berücksichtigen, sind langfristig sicherer und ertragreicher.

Parallel dazu erklärt Fink zudem, dass der Daseinszweck von Unternehmen und die Bandbreite der Interessen unterschiedlicher Stakeholder notwendige Kriterien für einen langfristigen wirtschaftlichen Erfolg sind. Für sein Unternehmen BlackRock verspricht er zudem, die Transparenz der Aktivitäten auszubauen und weitere gesellschaftspolitische Themen künftig stärker mit einzubeziehen, die von Arbeitsbedingungen über den Datenschutz bis zu ethischem Verhalten reichen.

Ausgehend vom Klimaschutz, aber nicht begrenzt darauf, macht sich bei Investoren eine weitere Dimension der Nachhaltigkeit breit, die in der Vergangenheit bei vielen Unternehmen eher ein wohlklingendes und abstraktes Lippenbekenntnis war: die gesamtgesellschaftliche Verantwortung. Eine Erkenntnis, die in diesem Zusammenhang in den zurückliegenden Jahren ebenfalls gewachsen ist, lautet: Wirtschaft und Gesellschaft sind keine zwei getrennten Bereiche, in denen die einen irgendetwas machen und die anderen Geld verdienen. Wirtschaft ist, wozu sich jeder und jede Einzelne jeden Tag entscheidet. Und Unternehmen können nur Geschäfte machen, wenn die Gesellschaft insgesamt im Gleichgewicht ist. In den USA hat in den vergangenen Jahren eine ganze Reihe Bücher für Unruhe gesorgt, die sich mit dem Ende des »American Dream« beschäftigen. Das Land, das man so gerne als Musterland des Kapitalismus bezeichnet, scheint sein Grundversprechen plötzlich nicht mehr erfüllen zu können: Du kannst es zu etwas bringen und Wohlstand erreichen, wenn du nur hart genug arbeitest.

Aber nicht nur in den USA, auch in vielen anderen Ländern der Welt haben Menschen das Gefühl, etwas laufe an ihnen vorbei. Insbesondere die soziale Ungleichheit schält sich dabei als ein Systemproblem heraus. International hat sich hierfür der sogenannte Gini-Koeffizient als Maßstab etabliert. Die Vereinten Nationen haben den Kampf gegen die Ungleichheit zwischen Ländern und in den Ländern offiziell zu einem ihrer

Ziele für die nachhaltige Entwicklung gemacht. Und auch in der Wirtschaft haben all diese Aspekte zum Nachdenken und zur Gründung von Initiativen wie beispielsweise einer globalen »Koalition für inklusiven Kapitalismus« geführt. Aber dazu später mehr.

Zahlen und Werte

Ich will hier nochmals kurz eine kleine Schleife ziehen und mit Ihnen darüber nachdenken, welche Bedeutung Zahlen für uns haben. Keine Angst, es artet nicht in höhere Mathematik aus.

Die ganze Unternehmenswelt ist voll von Zahlen, den Shareholder Value haben wir ja gerade hinter uns. Viele Shareholder sind der Meinung, ihre Anteile spiegeln nicht wirklich einen tatsächlichen Wert wider. Und in der Tat kann es zu kuriosen Konstellationen kommen, wenn wir den Börsenwert von Unternehmen als Maßstab für deren Wert zugrunde legen. Die Lufthansa stieg coronabedingt aus dem DAX ab, der Börsenwert des gesamten Unternehmens »mit allem Drum und Dran« lag zwischenzeitlich bei gerade einmal 3,6 Milliarden Euro. Der Pleitefall Wirecard hatte Mitte des Jahres 2020 noch eine Marktkapitalisierung von 250 000 Euro – ungefähr der Preis eines neuwertigen Mähdreschers. Man erinnert sich an diverse Fälle der Vergangenheit, wo Unternehmen für einen symbolischen Euro den Besitzer wechselten, weil sie hoch verschuldet waren. Man kann die gesamte Annahme des Börsenwertes hinterfragen: Ist Tesla tatsächlich das wertvollste Automobilunternehmen der Welt? Ist Apple wirklich wertvoller als der gesamte DAX zusammengenommen?

Schon den tatsächlichen Wert eines Gutes, einer Ware, einer Leistung zu erfassen ist eines der schwierigsten Unterfangen überhaupt. Wir können es uns einfach machen und sagen: Der Wert ist das, was jemand als Preis bezahlt. Das mag uns bei sehr einfachen Produkten oder Marktsituationen noch gelingen. Aber den Wert eines Unternehmens zu bestimmen scheint vor dem Hintergrund der oben gemachten Überlegungen fast unmöglich. Eine Anlageentscheidung kann also ganz schön komplex sein. Wer mit Börsen-Freaks spricht, bekommt nicht nur eine Menge Kennzahlen, wie zum Beispiel das Kurs-Gewinn-Verhältnis, hingeworfen, sondern auch ganze Modelle zur Bewertung von Aktien.

Chart-Analysten lesen Dinge aus dem Verlauf von Kurven heraus, andere bilden Indices oder entwickeln komplexe Formeln.

Was macht eine gute Kennzahl aus? Wenn ich mein Körpergewicht wissen will, stelle ich mich auf die Waage. Sie liefert mir eine genaue Kennzahl. Ich kann mich auch mit Hut und Socken draufstellen, dann bekomme ich eine weitere Kennzahl. Was bringt sie mir? Welche Kennzahlen brauchen wir, um ein Unternehmen im jetzigen Zustand zu bewerten? Welche Kennzahlen sind in der Lage, einen Ausblick auf die Zukunft zu geben, der ja wichtig für eine Investitionsentscheidung ist? Mein Körpergewicht heute sagt gar nichts über die Entwicklung aus, ich brauche die Zahlen von gestern und von vorgestern. Und dann kann ich trotzdem (Gott sei Dank) nicht sagen, wie es morgen sein wird.

Im idealen Fall schaffen Zahlen Transparenz. Die richtigen Zahlen sind die beste Basis für Entscheidungen. Erinnern wir uns an den Handwerker, bei dem wir einsteigen wollen. Wir würden eine Menge Zahlen bei ihm erfragen. Liegt Geld auf den Konten, sind Kredite da, wie viele Aufträge gibt es? Das sind sehr klassische Fragen, doch reichen diese Zahlen allein aus, um eine gute Entscheidung zu begründen? Haben wir alle Zahlen? Haben wir die richtigen Zahlen? Welche Sachverhalte sind in unseren Zahlen abgebildet? Die richtigen Fragen zu stellen, die wichtigen Zahlen zu finden kann eine Meisterleistung von unschätzbarem Wert sein. Die entscheidenden Fragen nicht zu stellen kann in die Katastrophe führen.

Kennzahlen im Unternehmen

Unternehmen lieben ihre Kennzahlen und haben eine Fülle davon. Natürlich diejenigen für den externen Leistungsnachweis gegenüber Investoren. Noch mehr aber diejenigen, die der internen Steuerung dienen. Am meisten die Schlüsselkennzahlen, die »Key Performance Indicators (KPI)«. Ein häufig zu hörender Satz in Unternehmen lautet »You can't manage, what you can't measure«. Was man nicht messen kann, kann man auch nicht managen – also organisieren und umsetzen. Ich habe diesen Satz so oft gehört, in einer solchen Selbstverständlichkeit vorgetragen. Als Gesetzmäßigkeit, als habe ihn Gott persönlich als elftes Gebot nachträglich noch auf die Steintafel gemeißelt. Der Satz wird dem großen Management-Vordenker William Edwards Deming zugeschrieben. Und er dient in aller Regel dazu, sich um die Lösung komplexer Probleme herumzudrücken. Doch Deming wollte genau das Gegenteil erreichen und formulierte auch so: »It is wrong to suppose that if you can't measure it, you can't manage ist«. Er nannte diese Annahme eine »teure Fiktion«.[12]

Es gibt für mich zwei unmittelbare Schlussfolgerungen daraus. Erstens: Wir sollten immer versuchen, Daten und Fakten in die Hand zu bekommen, also eben zu messen. Zweitens: Wenn wir etwas tatsächlich nicht messen können, sollten wir nicht so tun, als wäre das Phänomen, über das wir uns Gedanken machen, nicht existent. Wir müssen uns dann sogar noch mehr Gedanken machen, wie wir mit einem Problem umgehen und zu welchen Entscheidungen wir kommen.

Mit den KPIs ist das so eine Sache. Ohnehin gibt es bessere und schlechtere Kennzahlen. Aber bei manchen hat man es im Lauf der Zeit schlicht vergessen, warum man sie überhaupt erfasst und bewertet. Wir betreiben einerseits einen gehörigen Aufwand, uns mithilfe von Zahlen auf Effizienz zu trimmen. Andererseits hinterfragen wir zu selten unser Set an Kennzahlen. Etablierte Systeme arbeiten natürlich selbst erhaltend, und einen Prozess, an den sich alle gewöhnt haben, wirft man nicht gerne um. Das kann sogar zu Fehlsteuerung führen. Ein Klassiker in den meisten Unternehmen ist die Budget-Rally. Gegen Ende des Geschäftsjahres bittet einen der Chef, doch einmal die wirtschaftlichen Ziele für das Folgejahr zu benennen. Gerne darf es mehr sein. Zugleich soll man das dafür benötigte Budget beziffern. Gerne darf es schmaler sein. Alle, die das System verstanden haben, dichten sich natürlich etwas zusammen. Genau das Gegenteil dessen, was der Chef will: Budget rauf und Ziele runter. Man weiß ja, dass der Chef wiederum beide Zahlen in die jeweils andere Richtung »korrigiert«.

Besonders absurd wird es, wenn gesagt wird, dass die Kennzahlen zu einem bestimmten Stichtag mit aller Gewalt zu erreichen sind, »koste es, was es wolle«, und sie am nächsten Tag schon wieder völlig egal sind. Häufig wird auf den letzten Drücker zum 31.12. noch ein riesiger Aufwand betrieben, obwohl am Tag darauf sowieso alle Rechenkünste neu beginnen.

Der Umgang mit Kennzahlen spielt sich zwischen zwei Polen ab: einerseits möglichst viele Daten sammeln und aufbereiten, andererseits »weniger ist mehr«. Dort, wo wir Komplexität vorfinden, müssen wir häufig mit abgeleiteten Kennzahlen und Korrelationen arbeiten. Um Wechselwirkungen deutlich zu machen, habe ich mit meinen Teams Dashboards entwickelt, die unterschiedlichste Zahlen auch über Zeiträume darstellen, und so Veränderungen und Tendenzen sichtbar machen können. Es ist dann die Managementaufgabe, die in den Zahlen auftretenden Effekte zu diskutieren und den realen Sachverhalt herauszubekommen, der sich hinter der Veränderung von Zahlen verbirgt.

Umgekehrt können Kennzahlen, die wir nicht benötigen oder die falsch aufgesetzt sind, zur Selbsttäuschung oder im schlimmsten Fall auch zur Verschleierung von untauglichen Prozessen führen. Ich erlaube mir bei Zahlen, deren Nutzen mir nicht klar ist, gerne eine Nachfrage, wie ich es auch bei Finanzprodukten mache: Welcher tatsächliche Lebenssachverhalt, welcher Leistungsprozess ist hier abgebildet? Denn: Ohne Performance kein Indikator, und schon gar kein Key.

Besser messen

Bemerkenswert ist nicht nur, was wir alles messen können und wie komplex wir manchmal den Messvorgang anlegen müssen, sondern auch, was wir nicht messen. Viele Unternehmen in Deutschland messen zum Beispiel noch gar nicht so lange ihre Kundenzufriedenheit. Eine der interessantesten Kennzahlen, die sich in den vergangenen Jahren immer weiter etabliert hat, ist der sogenannte Net Promotor Score, der ein eigenes Produkt und fast schon eine Marke geworden ist. Man misst damit die Kundenloyalität auf einer Zehnerskala, und zwar mit einer einzigen Frage, nämlich ob Kundinnen und Kunden ein Unternehmen weiterempfehlen würden, und bittet die Kunden, den Skalenwert zu begründen. Mir gefällt diese Idee, die ursprünglich von Fred Reichheld kommt und die Elke Benning-Rohnke als eine der Ersten nach Deutschland gebracht hat. (Elke war übrigens eine der ersten Frauen im Vorstand eines DAX-Unternehmens, aber dazu später mehr.) Natürlich werden Sie sagen, das Thema Kundenzufriedenheit ist komplexer, als dass man es mit einer einzigen Frage abschließend behandeln könnte. Sie haben vollkommen recht. Aber diese eine Frage ist eindeutig beantwortbar und erlaubt mit der offenen Begründung, genau das zu erfahren, was den

Kunden wirklich bewegt. Sie bildet eine gute Voraussetzung dafür, zu reflektieren, in die sich daran entfaltende Komplexität einzusteigen und den Ursachen auf den Grund zu gehen und konkrete Veränderungen einzuleiten. Wie genau das geht, ist in ihrem Buch *Kundenorientierte Unternehmensführung* beschrieben.[13]

Eine andere Zahl, besser ein Set von Kennzahlen, das Unternehmen in den zurückliegenden Jahren für sich entwickeln oder anwenden, sind Indikatoren zu Mitarbeitermotivation und Engagement. Ich will beide Begriffe hier erst einmal synonym verwenden, weil es im Kern darum geht, ob Menschen ihre Arbeit gerne machen und sich dabei wohlfühlen. Dass wir die Notwendigkeit dessen nicht infrage stellen, setze ich an dieser Stelle einmal voraus. Ich habe schon häufiger überlegt, ob es für die Mitarbeiterzufriedenheit nicht auch so eine einfache Kennzahl geben könnte. Ich denke allerdings, die Beziehung ist deutlich vielschichtiger und komplexer als die durchschnittliche Kundenbeziehung.

Die Allianz hatte bereits 2010 unter Michael Diekmann eingeführt, dass neben anderen Faktoren auch die Mitarbeiterzufriedenheit mit darüber entscheidet, wie hoch der Bonus des Top-Managements ausfällt. Das fand ich damals schon einen wichtigen symbolischen Schritt. Bei diesem darf es allerdings nicht bleiben. Während meiner Zeit bei der Allianz Deutschland entstand kurzzeitig einmal mediale Unruhe, als interne Daten über die Mitarbeiterzufriedenheit an die Presse herausgegeben wurden. Die gut informierte Branchen-Nachrichtenseite Versicherungsbote stellte dabei 2018 heraus, dass weniger als die Hälfte der Beschäftigten der Allianz in Deutschland glaubte, die Strategie von Oliver Bäte sichere den dauerhaften Erfolg. Ich bin anderer Meinung, und nicht zuletzt aufgrund der sehr klaren strategischen Überlegungen des CEO bin ich seinerzeit zur Allianz gegangen. Aber was man aus diesen Daten herauslesen kann, ist sicherlich, dass es Defizite darin gab, die Belegschaft in geeigneter Form in einen groß angelegten und langfristigen Veränderungsprozess umfangreich einzubinden.

Zugleich weisen die Zahlen allerdings auch noch eine andere Problematik auf, die man zum Beispiel auch von der Sonntagsfrage in der Politik kennt. Es ist eine Art Schönheitswettbewerb, der eine momentane Stimmungslage wiedergibt. Woran genau macht sich eine Unzufriedenheit tatsächlich fest? Lassen sich die Sachverhalte schnell verändern, oder dauert es Jahre, bis Ergebnisse zu sehen sind? Es mag Sie überraschen, aber im Bereich der Mitarbeiterzufriedenheit schaue ich erst einmal nach ganz anderen, handfesten Zahlen. Ich denke eher wie eine Investorin, ich suche nach Daten und Fakten.

Beschäftigtenkennzahlen

Von Zeit zu Zeit schaue ich nach meiner Altersvorsorge und überlege mir, ob ich neue Aktien hinzunehme. Ich investiere langfristig, und als Grundlage für meine Entscheidung dienen mir dabei erst einmal Informationen allgemeiner Natur, wie beispielsweise der Blick auf Branchen und Märkte. Aber ich schaue auch nach Personalkennzahlen. Leider veröffentlichen nicht alle Unternehmen die Zahlen, die ich für wichtig halte. Mich interessiert zum Beispiel der Krankenstand. Warum? Weil ein hoher Krankenstand einen Produktivitätsverlust bedeutet und anzeigt, dass in der Organisation etwas nicht stimmt. Genauso die Fluktuation von Beschäftigten. Es gibt Branchen, in denen sie höher ist als anderswo, und das kann völlig normal sein. Aber was sagt es über ein Unternehmen aus, wenn die eigenen Mitarbeiter und Mitarbeiterinnen dort keine Zukunft sehen und häufiger weggehen als im Branchenvergleich? Was könnte uns der Aufwand sagen, den Unternehmen jedes Jahr in Weiterbildung investieren?

Ich bin immer wieder erstaunt, wie wenig Personalkennzahlen genutzt werden. Teilweise kennen Unternehmen die Zahlen gar nicht, die mir durchaus wichtig erscheinen. Zum Beispiel die eigene Alterspyramide, die damit einhergehende Zahl der Verrentungen und den daraus resultierenden Nachbesetzungsbedarf in bestimmten Berufsbildern. Oder man schenkt Zahlen keine Beachtung und verliert so ein wichtiges Frühwarnsystem aus dem Blick. Wenn beispielsweise die Einstellungsquote von Frauen sinkt, dann verschärft sich mein Problem, Führungspositionen ausgewogen zu besetzen, deutlich. Ohne relevante Personalkennzahlen haben wir nicht das ganze Bild vor uns, wenn wir Entscheidungen im Unternehmen treffen.

Mit Personalkennzahlen lässt sich die Situation eines Unternehmens aus einer ganz anderen Perspektive beleuchten. Denn sie sind Kennzahlen, mit denen ich sehr reale Verhaltensweisen und konkrete Folgen im Unternehmen in Verbindung bringen kann. Ich möchte Ihnen nachher dazu ein Modell vorstellen, von dem ich für die Zukunft einiges erwarte. Im Personal-Controlling (unangenehmer Begriff, aber wichtige Sache) stecken für mich eine Menge Daten, die uns helfen, eine Organisation zu einem zukunftsfähigen System umzugestalten. Wenn wir im betriebswirtschaftlichen Sinn von Produktionsfaktoren des Unternehmens reden, sind das Boden, Kapital und Arbeit. Diese Definition stammt aus der Frühphase der Ökonomie. Diese Faktoren beinhalten noch nicht die eigentlichen Potenziale und Wertschöpfungsfaktoren, die für Unternehmen in der Zukunft eine Rolle spielen werden und um die es mir in diesem Buch geht.

Das verborgene Kapital

Ganzheitlich denken

Mir geht es darum, das ganze Bild im Kopf zu haben, wenn wir Entscheidungen im Unternehmen treffen. Und mir geht es dabei ein wenig wie Larry Fink. Ich betrachte das Unternehmen nicht zuerst aus einer humanistischen Perspektive, sondern unter dem Gesichtspunkt der Wertschöpfung. Ich frage mich, welche Ressourcen und Potenziale wir erschließen müssen, um langfristig wettbewerbsfähig und ertragreich für alle zu sein. Ich suche das verborgene Kapital, das in unserem Unternehmen oder irgendwo in der Welt schlummert und das wir für die Zukunft aktivieren können.

Den Begriff »Kapital« verwende ich dabei in einem sehr weit gefassten Sinn. Dem französischen Soziologen Pierre Bourdieu verdanken wir auf der Ebene einer Einzelperson eine Unterscheidung in das soziale, das kulturelle, ökonomische und symbolische Kapital. Während sich das ökonomische Kapital begrifflich selbst erklärt, sind die anderen nicht so geläufig. Unter sozialem Kapital versteht Bourdieu im Wesentlichen das persönliche Beziehungsgefüge eines Menschen. Also wie viele Leute und welche Leute kenne ich? Kulturelles Kapital ist für ihn das Wissen, die Bildung, aber auch die Erfahrung, die ein Mensch hat. Die jeweiligen Kapitalsorten stehen in unterschiedlichen Abhängigkeiten zueinander. Das symbolische Kapital wiederum wird aus den anderen Kapitalsorten aufgebaut und drückt sich am deutlichsten im Faktor Vertrauen aus, das wir einsetzen können, um andere Menschen zu etwas zu bewegen.

Was passiert nun, wenn wir dieses Modell auf ein Unternehmen übertragen? Wenn wir nicht nur Immobilien und Kontostände oder Maschinenparks als Assets betrachten? Wenn wir den – durchaus auch materiell einsetzbaren – Wert von Parametern erkennen, die wir bisher nicht auf der Rechnung hatten? Ansatzweise tun wir das bereits. Wir betrachten zum Beispiel Patente, Lizenzen oder andere Rechtsansprüche als Wert. Wir wissen oder gehen zumindest davon aus, dass wir diese Formen des kulturellen Kapitals über kurz oder lang entweder direkt in Geld oder zumindest in Produktivität verwandeln können. Müssten wir nicht weitersuchen, weiter blicken, wenn wir die Chance haben, plötzlich mehr Kapital finden zu können, als bislang in unserer Bilanz steht?

Welche Aspekte unseres kleinen Ökosystems Unternehmen könnten weitere Kapitalsorten beinhalten? Die Einbettung in eine gesellschaftliche Gruppe ist soziales Kapital. Haben wir darüber nachgedacht, welchen Wert Netzwerke haben, vom Arbeitgeberverband über diverse Charity-Engagements und Hochschulkooperationsprojekt bis hin zur Zusatzversorgungskasse? Was bedeutet ein örtlicher Betriebsstandort für uns als Unternehmen, und was bedeutet uns der Heimatstandort, an dem wir unseren Hauptsitz haben? Die deutsche Wirtschaft profitiert bei internationalen Geschäften massiv von einem funktionierenden Gesellschaftssystem sowie von der ökonomischen Einbindung in die Europäische Union. Und auch andere internationale Organisationen wie die NATO, die OSZE oder die Weltgesundheitsorganisation WHO haben einen Wert.

Kulturelles Kapital haben wir schon angerissen. Im Unternehmen zählen dazu auch Patente, Lizenzen oder Rechte. Aber das ist lange noch nicht alles. Was ist mit dem vielen, manchmal sogar überzähligen Wissen, das wir in Forschung und Entwicklung erwerben und das in unserem Unternehmen erhalten bleibt? Oder haben wir nicht Kunden, die sich aufgrund unserer umfassenden und jahrelangen Erfahrung für uns entscheiden? Wir verwenden diese Form des Kapitals wie selbstverständlich in unserer Selbstdarstellung und im Marketing. Aber wissen wir tatsächlich selbst, auf welchen Schätzen wir möglicherweise sitzen?

Sind nicht auch die Geschichte und Tradition eines Unternehmens eine solche Form kulturellen Kapitals? Profitieren wir nicht von der Kombination, an bestimmten Standorten seit vielen Jahren einen Bezug zur Gemeinschaft und zu anderen Institutionen und Organisationen aufgebaut zu haben? Hängt nicht auf dem Flur das Zertifikat als guter Ausbildungsbetrieb, familienfreundliches Unternehmen oder »Great Place to Work«?

Und natürlich unsere Kultur selbst. Haufenweise Bücher wurden über Unternehmenskultur geschrieben. Es gibt sogar Ideen, sie zu messen, wenngleich das sehr schwierig sein mag. Aber zu unserem jeweiligen Unternehmen könnten wir schon sagen, was Besonderheiten der jeweiligen Kultur sind. Daimler und BMW, beide bauen Autos. Die Kulturen unterscheiden sich massiv. Unsere Kultur beinhaltet die Wertemuster und Leitbilder, denen wir zustreben. Sie sagt etwas darüber aus, wie wir uns im Alltag verhalten und wie wir miteinander umgehen. Eine Unternehmenskultur verändern zu wollen ist praktisch immer das Ziel in Transformationsprozessen. Es klingt meist leider so, als ob es vorher keine oder eine schlechte Kultur gegeben hätte. Und manche, die den Kulturwandel einfordern, werden ihm selbst nicht gerecht.

Schließlich wäre da noch der Daseinszweck unseres Unternehmens. Der Begriff »Purpose« hat sich dafür auch in Deutschland verbreitet. Ein Begriff und ein Konzept, über das sich vor allem Menschen lustig machen, die oft keinen Einblick in die Gestaltung eines groß angelegten Veränderungsprozesses haben. Es kommt auch Verlegenheit dazu. Denn mit der Frage »Was ist euer Daseinszweck?« kann man sehr viele Top-Manager und -Managerinnen irritieren, und außer »Geld verdienen« fällt ihnen spontan nicht viel ein. »Purpose« wird massiv unterschätzt und oft als »Schnickschnack« abgetan. Ich greife bei solchen Äußerungen gelegentlich und ausnahmsweise zu einem Totschlagargument, nämlich den 7,4 Billionen Euro, die Larry Fink mit BlackRock repräsentiert: »Ultimately, purpose is the engine of long-term profitability« – der Daseinszweck ist Motor der langfristigen Profitabilität.

Der Mensch im Mittelpunkt

Wir haben gerade das Konzept der Kapitalsorten auf ein Unternehmen als Ganzes, als Einheit, als Rechtsperson angewandt. Doch ein Unternehmen besteht natürlich aus vielen verschiedenen Menschen. Und so tut sich unterhalb dieses juristischen Gebildes, das wie ein Baum in der

Landschaft steht, ein weit verzweigtes Wurzelwerk an Individuen auf, die allesamt auch über ihre ganz persönlichen Assets in Form von kulturellem, sozialem und symbolischem Kapital verfügen.

Wenn ich sage, dass der Mensch im Mittelpunkt stehen soll, dann meine ich das auch so. Mein Verständnis von Vielfalt ist der Grund dafür. Denn die Vielfalt der Individuen in einem Unternehmen ist das eigentliche Kapital, das wir oft nicht in seinem ökonomischen Potenzial voll zur Geltung bringen. Mir gefällt der englische Begriff der *richness* in diesem Zusammenhang sehr, die Reichhaltigkeit, die Fülle. Es geht um die geballte Intelligenz der vielen, das Wissen und die Erfahrung in den unterschiedlichsten Lebenszusammenhängen, die sozialen Beziehungen und Netzwerke, die Ideen, Vorstellungen, Visionen, Wünsche und Träume.

Im Unternehmen haben wir einen verkürzten Blick auf Menschen. Wir rechnen in erster Linie mit ihrer Arbeitskraft, am besten in einer Form, die wir uns ausgedacht haben. Wir erwarten, dass Menschen in ein System passen. Wir verschenken damit das verborgene Kapital. Wir nutzen es nicht, und wir verhindern auch, dass die Menschen selbst es nutzen und sich damit weiterentwickeln. Umgekehrt sind wir genervt, wenn Menschen ihre Leistungsziele nicht erfüllen, Probleme mit zur Arbeit bringen oder krank werden. Wir nehmen das in Kauf, wo wir nicht anders können, und versuchen ansonsten, es zu unterbinden. In Summe nivellieren wir den einzelnen Menschen im Unternehmen und generieren so für die Organisation bestenfalls eine planbare Mittelmäßigkeit.

Nur an einer Stelle steht der Mensch tatsächlich im Mittelpunkt, nämlich bei der Bewertung als Arbeitskraft. Fast in allen Unternehmen, die ich bisher gesehen habe, sprechen die Führungskräfte von einer »Performance-Kultur«, die unbedingt implementiert werden müsse. Ja, sage ich dann immer, aber was verstehen Sie unter Performance? Ich höre dann »am Erfolg orientiert«, worauf ich erneut nachfragen muss: »Was ist für Sie Erfolg?« Es kommt dann die ganze Klaviatur: »Börsenwert, Wachstum, Marge, Kundenzufriedenheit und Mitarbeiterzufriedenheit« – eine gelernte Antwort. Nur: Wie will man das denn auf einzelne Mitarbeiterinnen und Mitarbeiter herunterbrechen und in individuelle Ziele fassen?

Was könnten wir für ein Leben haben, wenn wir uns die Freiheit nehmen würden, uns in den Unternehmen von denjenigen Dingen freizumachen, die uns an der Entfaltung des Potenzials hindern!

Ich bin überzeugt: Wir können das besser, als wir es bislang tun. Und schon den Versuch, uns als Unternehmen besser zu machen, können wir auf der Vielfalt der Potenziale und Perspektiven, diesem ungeheuren Kapitalstock aufbauen. Denn diese Vielfalt ist ein Asset der Veränderung.

Wer über die sichere Seite gerne zuerst nachdenkt: Vielfalt schützt davor, Fehler zu machen. Wie viele unternehmerische Fehlentscheidungen hätten sich wohl verhindert lassen, wenn nicht alle Anwesenden gleich gedacht oder sich selbst gleich gemacht hätten.

Nach vorn gedacht: Die Vielfalt der Individuen ist die Basis für Kreativität und Innovation. Sie liefert ein Umfeld, das inspiriert, anregt, unterstützt. Wir leben in einer weit entwickelten Wissensgesellschaft. Innovationen sind längst nicht mehr Erfindungen, die in einfache Produkte münden und vom einsamen Tüftler im Keller bei Kerzenschein ausgeheckt werden. Innovation ist Teamwork von Individuen. Sie entstehen aus der Vernetzung unterschiedlichster Disziplinen, Fachbereiche, sogar über das eigene Unternehmen hinaus, beispielsweise in Forschungsverbünden oder sogar in Co-Creation-Prozessen mit Partnern, Lieferanten und Kunden.

Das Schöne ist übrigens, dass sich die wirtschaftliche Dimension, der Nutzen dieser Vielfalt im Unternehmen sogar nachvollziehen und messen lässt. Ich will darauf später noch einmal zurückkommen.

Ich habe schon mehrfach anklingen lassen, welche besondere Rolle Vertrauen für mich spielt. Vertrauen ist das symbolische Kapital, über das wir verfügen. Wenn Menschen uns vertrauen, dann sind sie bereit, mit uns gemeinsam etwas zu unternehmen. Und wenn Menschen im Unternehmen sich gegenseitig vertrauen und auch dem Unternehmen als Ganzes vertrauen, dann hätten wir doch schon die beste Kapitalausstattung für jeden Veränderungsprozess und für eine ertragreiche Zukunft. Ich will Sie mit dem, was ich hier schreibe, dazu einladen, das verborgene Kapital zu entdecken. Ich wünsche mir, dass Sie investieren und profitieren.

Kapitel 3

Die falschen Muster

Führung und Entscheidung

Um eine Einordnung zu ermöglichen, an welchen Mechanismen wir im Unternehmen arbeiten müssen, komme ich um eine Reihe kritischer Punkte nicht herum. Ich möchte dazu Erfahrungen und Beobachtungen aus den vergangenen rund 30 Jahre teilen, die mich nachdenklich, manchmal auch zornig gemacht haben, aber die mir auch geholfen haben, besser zu verstehen. Eindrücke, die mich schrittweise dazu gebracht haben, die Wertschöpfungsprozesse im Unternehmen neu zu durchdenken, weil so oft Ressourcen vergeudet werden. Insbesondere die Motivation, das Engagement und die Tatkraft von Menschen.

Ich war noch recht jung, als ich die Sitzung eines Leitungskreises bei meinem damaligen Unternehmen vorbereiten durfte. Es ging um eine komplette strategische Neuausrichtung. Ich hatte bei zahlreichen Kollegen und Kolleginnen Wissen und Daten zusammengetragen und tief gehende Analysen angefertigt. Meine Präsentation, die ich an die Teilnehmenden verschickt hatte, war 60 Seiten lang. 10 Seiten waren die eigentliche Diskussionsgrundlage, 50 Seiten die Datensammlung mit Beispielen aus den unterschiedlichen Geschäftsbereichen. Keiner sollte sagen können, er sei nicht berücksichtigt worden. Aber auch keiner sollte sagen können, das alles betreffe ihn nicht. Ich war stolz auf meine Leistung, bis mich die Realität einholte. Niemand hatte im Vorfeld auch nur einen Blick auf die Präsentation geworfen. Und nach drei Minuten Vortrag wurde ich in grenzwertigem Tonfall unterbrochen. Eine Präsentation dieser Länge sei eine Zumutung. Ich war perplex. Eine Zumutung, obwohl es sich niemand zugemutet hatte, vorab überhaupt reinzuschauen? Der Ton blieb ruppig: »Was wollen Sie von uns jetzt genau? Sagen Sie uns einfach die drei Sachen, die Sie jetzt machen werden, damit das alles läuft.« Niemand wollte die Daten kennen, die unterschiedlichen Argumente hören, eigene Erfahrungen beisteuern und diskutieren, vielleicht sogar Bedenken äußern. Niemand hatte Interesse, diese drei Dinge gemeinsam herauszufinden und gemeinsam zu beschließen. Ich habe dann verstanden, wie naiv ich war. Ich hatte keine Politik betrieben. Ich hatte nicht vorher diejenigen Stimmen eingesammelt, die ich unbedingt brauchte. Ich hatte nicht alles so vorbereitet, dass es nur noch abgenickt werden musste. Trotzdem ist mir dieser Fehler noch einige Male im Laufe meiner Karriere passiert: dass ich versucht habe, zielführende Diskussionen und einen möglichst breiten Konsens herzustellen, und damit gescheitert bin. Aber man lernt immer etwas dazu. Jedes Unternehmen, jede Kultur, jedes System hat seine Art, Entscheidungen vorzubereiten und zu finden.

Wenn wir in die Zukunft denken, werden allerdings manche dieser Systeme nicht mehr besonders erfolgreich sein können. Sie verschwenden zu viel Zeit in die heimliche politische Vorbereitung und später dann in die zwangsweise Implementierung von Entscheidungen. Wir müssen das Prinzip wieder normalisieren. Wir brauchen viel mehr Teamorientierung, orchestriert durch vorausschauende Führung. In beiden Fragen gibt es ein wenig Nachholbedarf.

Macht und Hierarchie

Es gab eine Zeit in Deutschland, da konnte man die Bedeutung eines Managers an seinem Büro erkennen. Oberstes Stockwerk, Vorstandsetage war natürlich wichtig. Gerne mit einem direkten Aufzug aus der Eingangshalle, der sonst nirgendwo hielt. Das habe ich sogar neulich noch erlebt bei einem Unternehmen, das mitten in der Restrukturierung steckt. Wem so etwas nicht auffällt, der wird zwar im Fahrstuhl oben ankommen, mit der Restrukturierung aber stecken bleiben.

Ein weiteres Privileg: Eckbüro. Und die wichtigen Details? Einfacher Bürostuhl oder dicker Ledersessel? Armlehne oder nicht? Beistelltisch oder nicht? Werthaltiger Teppich auf dem Boden, Kunstwerke aus dem Unternehmensfundus an der Wand? Und das Fräulein Soundso bringt den Morgenkaffee? Zu all diesen Privilegien gibt es natürlich die passenden Begründungen. Und manchmal ist ein Teil der Begründung sogar zutreffend und berechtigt. Ist es nicht so, dass man als Top-Manager rund um die Uhr im Einsatz und 24 Stunden im Dienst ist? Hilft es da nicht, wenn man auf dem Weg von Aachen nach Berlin oder Hamburg nach München bequem fliegt oder im Auto noch Akten bearbeiten kann? Muss man nicht Geschäftspartnern ein gewisses Ambiente bieten und sie auch ein wenig beeindrucken? Doch von den vielen Statussymbolen ist heute kaum etwas übrig geblieben. Das Vorstandscasino ist geschlossen, man sitzt jetzt mit allen in der Betriebskantine. First Class wird nicht mehr geflogen. Selbst die Limousinen werden kleiner, und den Fahrer muss man sich im Pool mit anderen Managern teilen.

Im Ergebnis sind diese Äußerlichkeiten die Begleiterscheinungen eines Verständnisses von Führung, das sich überlebt hat. Was wurde an Managern geschätzt? Sie mussten zupackend und durchsetzungsstark sein, Entscheidungen treffen und klare Ansagen machen. Diese Art Führungskraft entspricht eher dem romantisierten Bild eines Husaren-Hauptmanns des 17. Jahrhunderts, wo Nachdenklichkeit, Besonnenheit und Ausgewogenheit als Schwächen galten. Wer sich als Draufgänger bewährte und das Risiko nicht scheute, wurde eines Tages General. Noch immer gibt es Menschen in Führungspositionen, deren Skill-Set sich nicht deutlich davon unterscheidet.

In vielen Unternehmen haben wir ein Problem mit Macht. Sie ist noch zu oft definiert als die Möglichkeit, anderen Menschen den eigenen Willen aufzuzwingen. Ich habe eine ganze Menge Leute gesehen, die nicht von der Überzeugungskraft, sondern nur von der Macht ihrer Rolle lebten und zu allem Überfluss auch noch das Gefühl des Überlegenen ausspielen mussten. Sie haben vergessen: Ihre Macht ist geliehen, sie soll Mittel zum Zweck sein. Wenn sie Selbstzweck ist, wird Herrschaft daraus. Die Herrschaft einer Person ist aber kein ökonomisches Ziel einer Organisation. Wachstum und Wertschöpfung lauten die Ziele. Der Kern meiner Kritik an diesem Führungsstil und seinen Organisationsmethoden ist also gerade keine ästhetische »Stilfrage«, sondern eine Frage nach der ökonomischen Plausibilität und Sinnhaftigkeit. Macht, Zwang und Gewalt wirken lähmend und demotivierend. Sie schaffen es nicht, dauerhaftes Engagement zu gewährleisten. Einsame Entscheidungen von Menschen, die sich selbst als »Macher« sehen, sind selten breit reflektiert, und der Drang nach Dominanz und Überlegenheit lenkt die Aufmerksamkeit ab von der Sache. Macht und Hierarchie sind statische Prinzipien. Wo sie flexibel sein wollen, sind sie lediglich launisch und unkalkulierbar. Und wo sie großzügig und freundlich sein wollen, werden sie gönnerhaft, subjektiv und unfair. Viele können es nicht ändern, weil sie es gar nicht merken. Das Schlimmste aber ist: Wer in dieser altertümlichen Form von Macht denkt, kann gar nicht zulassen, dass sich das verborgene Kapital der vielen in irgendeiner Form offenbart und entfaltet. Denn daraus könnte ja Konkurrenz erwachsen. Die vorherrschende Einstellung gegenüber anderen in einem solchen System ist Misstrauen. Wer nur in der Dimension von Macht denkt, unterstellt auch anderen immer zuerst dieses Motiv. Das führt zu einem destruktiven internen Wettbewerb. Wissen wird nicht geteilt, man gibt keine Informationen weiter und setzt die eigenen Ressourcen nur dort ein, wo sie einen unmittelbaren persönlichen Nutzen generieren.

Bürokratie, Kontrolle, Motivation, Engagement

Zu jedem Führungsstil gibt es Organisationsprinzipien. Macht und Hierarchie gehen einher mit Bürokratie und Kontrolle. Dabei ist die Bürokratie ursprünglich eine gute Erfindung gewesen. Es war der Ansatz, Machtmissbrauch zu unterbinden. Es ging darum, dass staatliche Stellen nicht willkürlich handeln, sondern sich zugunsten der Bürgerinnen und Bürger an Regeln halten. Zudem musste das Handeln noch dokumentiert werden, damit es überprüft und nachvollzogen werden konnte. Mit der Übernahme und Bewahrung dieser Organisationsprinzipien haben sich Unternehmen allerdings keinen Gefallen getan. Und teilweise haben sie diese sogar in ihr Gegenteil verkehrt. Wer im Unternehmen auf der Basis von Macht und Hierarchie agiert, der setzt Bürokratie zur Kontrolle seiner Nachgeordneten ein, weil sie auf Distanz gehalten werden sollen.

Oft werden die administrativen Funktionen im Unternehmen, zum Beispiel die Personalabteilung, als unnötige Bürokratie angesehen. Da sitzen Leute, so ein häufiges Vorurteil, die sich ständig irgendetwas Kompliziertes ausdenken, um andere von der Arbeit abzuhalten. Meine Erfahrung ist, dass die dort »erschaffene« Bürokratie meist Wünschen aus der Organisation, genauer gesagt aus den Führungsbereichen, entspricht. Denken Sie an Jahresgespräche und Reportings oder Ratings von Mitarbeiterinnen und Mitarbeitern. Was davon brauchen wir denn wirklich? Personalabteilungen sind durchzogen von administrativen Anforderungen: Arbeitszeit, Reisekosten und Spesen kontrollieren. Komplizierte Vergütungsmodelle umsetzen, mit tausend Sonderregeln, die oft Privilegien für den Einzelfall sind, der so wichtig ist und sonst weggeht oder nicht ins Unternehmen kommt. Wo wir doch alle wissen: Wer für Geld kommt, geht auch wieder für Geld.

Diese Fälle sind maximal arbeitsintensiv und minimal transparent. Warum also machen wir so was? Vieles könnte man vereinfachen und automatisieren. Mit der frei werdenden Zeit könnten wir uns dem Kerngedanken widmen, der für mich eine Personalabteilung ausmacht: Wertschöpfung steigern.

Ein anderes Beispiel für Unternehmensbürokratie, das vielleicht nicht so naheliegend ist: der Einkauf. Bei allem berechtigten Wunsch nach Transparenz und Kontrolle sollten wir trotzdem reflektieren, welche Effekte wir auslösen. Ich war selbst ein paar Jahre Beraterin. Wenn Prozesse beim Aufsetzen eines Projekts seitens des einkaufenden Unternehmens bürokratisch und umständlich waren, mussten wir das natürlich in irgendeiner Form mit einkalkulieren. Auch hier: Bürokratie kostet Geld. Im Gegenzug versucht der Einkauf dann oft wieder, den Preis zu drücken. Man nimmt daher natürlich wieder irgendwo Leistung raus, die Qualität sinkt, und am Ende muss doch wieder für teures Geld Nacharbeit geleistet werden. Qualität, Wissen, Fähigkeiten und Potenzial einzuschätzen sowie eine Perspektivvielfalt sicherzustellen ist hingegen gerade im Einkauf von Dienstleistungen noch nicht sehr weit entwickelt.

Die Bürokratie begünstigt zudem die Entstehung von Zuständigkeitsdenken und Silodenken. Alle kritisieren das. Aber der Kontrollzwang von Führungskräften lässt eine destruktive Fehlerkultur entstehen, bei der es nur darum geht, selbst »in nichts reinzukommen«. Eine kleinteilige und kleingeistige Kontrolle provoziert es förmlich, dass Menschen nur das Nötigste tun und sich dazu noch ständig absichern. Denn wer will schon in einem solchen Umfeld schwierige oder unangenehme Entscheidungen treffen, bei denen etwas schiefgehen kann? Die Machtpolitik im Unternehmen, die auf Bürokratie und Kontrolle aufbaut, untergräbt Verantwortlichkeit und Selbstverantwortung.

Ich habe eine Menge Führungskräfte erlebt, die sich immer beschwert haben, dass ihre Mitarbeiter und Mitarbeiterinnen wegen jedem »Kleinkram« zu ihnen kamen und um eine Entscheidung baten. Kurios. »Warum machen die das?«, frage ich in solchen Situationen. Die Antworten fallen nicht respektvoll aus und lassen eher Rückschlüsse auf die Führungskraft zu. Man möchte gefragt werden, damit man sich als Chef und Entscheider fühlen kann. Hier liegt das Problem. Ich denke, wer seine Aufgabe im Unternehmen kennt, der muss nicht ständig nachfragen. Und den muss man auch nicht zwingen, ständig »anzutanzen«.

Es liegt auf der Hand: Motivation und Engagement sind in einem solchen Umfeld Fremdwörter. Es lohnt sich schlicht nicht, sich für eine Sache oder die Kolleginnen und Kollegen einzusetzen. Motiviert sind ein paar Idealisten für eine gewisse Zeit, ansonsten die Karrieristen mit Eigeninteresse. In hierarchischen Systemen sind sie bei Führungskräften trotzdem beliebt. Insbesondere für Tugenden wie Fleiß und Hingabe, idealerweise Selbstaufgabe im Dienste der Führungskraft. Diese Selbstausbeutung wiederum legitimiert die Führungskraft, auch von den anderen Beschäftigten die berühmte »Extrameile« zu verlangen. Die Zahl der Überstunden in Deutschland lag im Jahr 2019 bei rund einer Milliarde, die Hälfte davon unbezahlt.[1] Ein Wert, der übrigens seit vielen Jahren schon gleichbleibend hoch ist und nur in Krisenjahren um ungefähr ein Viertel absinkt. Auch der Staat selbst ist dabei kein gutes Vorbild. Die Polizei in Deutschland schiebt beispielsweise 20 Millionen Überstunden vor sich her.[2]

Die »Überstundenkultur« gefällt mir aus zwei Gründen nicht. Zum einen führt sie den Leistungsgedanken ad absurdum. Darauf will ich später ausführlich eingehen. Zum anderen ist sie kurzsichtig. In einem bürokratischen und hierarchischen System ohne Wachstum über Effizienz immer weiteren Output generieren zu wollen erzeugt Verschleiß. In Kennzahlen formuliert: Motivationsverlust, Produktivitätsverlust, auch Krankheit und Ausfälle. Das Mantra vom »Höher, schneller, weiter« produziert am Ende immer mehr vom Gleichen. In einer dynamischen und diversen Welt ist dieses Konzept längst an seine Grenzen gestoßen, weil es ein Konzept ist, in dem schlechte Eigenschaften wachsen und schlechte »Nebenwirkungen« zunehmen.

Manches mag sehr hart und kritisch klingen, was ich hier beschrieben habe. Aber es ist noch zu oft Realität. Und nach vielen Jahren im Personalmanagement gibt es wenig, was man an menschlichen Unzulänglichkeiten und systemischen Schwächen im Arbeitsumfeld noch nicht erlebt hat.

Für die Jüngeren mag manches hier unglaublich klingen. Sie sind vielleicht bei einem Unternehmen gelandet, wo man im Open Space zusammensitzt, sich alle duzen und selbst die Vorstände ohne Krawatte, dafür mit Turnschuhen zwischen den Beschäftigt gar nicht mehr herausstechen. Oder sie sind bei einem mittelständischen Unternehmen gelandet, wo vielleicht etwas mehr Förmlichkeit, dafür jedoch nicht weniger Wertschätzung durch die Inhaberin oder den Inhaber verkörpert wird.

Genau deshalb würden sie es auch nicht mehr akzeptieren, in eine alte Welt zurückgeworfen zu werden. Transparenz und Vertrauen, Flexibilität und Eigenverantwortung, Offenheit und Wertschätzung, sie machen Identifikation und Engagement möglich.

Für unseren Umgang mit Macht bedeutet das: Kontrollmacht kann immer nur mittelmäßige Ergebnisse erzielen. Wir müssen lernen, Gestaltungsmacht einzusetzen. Das gelingt nur mit Kooperation, und die wiederum kann ich nur in sehr begrenztem Rahmen erzwingen. Das Paradoxon lautet: Macht (in Sinne von Kontrolle) abzugeben, um Macht für Gestaltung (im Sinne von Wachstum) zu erhalten.

Boni – die falschen Anreize für das Management

Ein Wendepunkt in meiner beruflichen Entwicklung war die internationale Finanzkrise, die 2007 ausbrach. Nach einigen Jahren in der Projektfinanzierung mit tollen und spannenden Cross-Border-Transaktionen, aber auch einer hohen Reisebelastung hatte sich mein Leben bereits 1998 und 2000 entscheidend verändert. Ich hatte meinen ersten Sohn und meine Tochter bekommen. Das ließ sich nicht mehr so gut vereinbaren mit den beruflichen Anforderungen, mit tagelangen Reisen und langen Abendterminen. Es war anstrengend, die sprichwörtliche Doppelbelastung. Ich wollte mehr Zeit für die Familie, ich wollte aber auch weiterarbeiten. Und ein wenig hatte ich auch Lust auf einen beruflichen Tapetenwechsel.

Ich musste mich also umschauen und suchte relativ offen nach einer neuen Aufgabe, bei der ich Beruf und Familie besser unter einen Hut bekommen und trotzdem etwas Neues lernen konnte. Und so verschlug es mich 2003 in den Bankensektor, wo ich den Beginn der Krise wenige Jahre später aus der Innenansicht erleben konnte.

Mein Arbeitgeber wurde die damalige DG HYP, die Immobilienbank der genossenschaftlichen Finanzgruppe, oder vereinfacht gesagt, der

Volks- und Raiffeisenbanken. Die Bankenwelt kannte ich bis dahin als Geschäftspartner und Gegenüber. Jetzt gehörte ich plötzlich selbst dazu. Man baute damals gerade eine neue Abteilung auf. Mein neuer Jobtitel lautete Structured Finance Manager. Zusammen mit den Sparkassen bilden die Volks- und Raiffeisenbanken eine Art Rückgrat der dezentralen deutschen Infrastruktur, und das im privaten wie im öffentlichen Bereich. Sowohl der »kleine Häuslebauer« als auch das mittelständische Unternehmen bekommen hier zu einem großen Teil ihre Immobilienkredite. Dazu natürlich auch die Kommunen, wenn sie ihre neue Kläranlage oder einen kleinen Windpark finanzieren wollen. Da waren sie wieder, die Projekte, die ich kannte. Nur diesmal aus einer anderen Perspektive.

Ich mag diese Struktur der Genossenschaftsbanken sehr, gerade weil sie dezentral ist, weil es vor Ort trotz hohem Wettbewerbsdruck in der Finanzbranche und unvermeidlicher Filialschließungen immer noch sehr großen persönlichen Bezug und sehr viel Flexibilität gibt. Und weil hier stärker als in klassischen Geschäftsbanken auf die gesellschaftlichen Auswirkungen des eigenen Handels geachtet wird, auch geachtet werden muss. Denn gerade bei den Volksbanken ist es ja so, dass sie als Genossenschaften letztendlich ihren Kunden gehören.

Diese idyllische Perspektive darf allerdings den Blick nicht darauf verstellen, dass Bankgeschäft höchste Professionalität erfordert. Denn was vor Ort noch überschaubare und vorstellbare Beträge sind, wächst sich deutschlandweit zu einer enormen Summe aus. Als Sammelbecken für die deutschen Volks- und Raiffeisenbanken verwaltete die DZ-Bank, zu der die DG HYP gehörte, im Jahr 2006 fast 300 Milliarden Euro Kreditvolumen.

Das führte auch dazu, dass sich eine Vielzahl unterschiedlicher Leute an unterschiedlichen Stellen mit den gleichen Themen beschäftigten. Meine Aufgabe war es, erst einmal einen Überblick für einen großen Teil des Immobiliengeschäfts zu schaffen und zu sortieren. Und auch, eine Einschätzung zu finden, wie die Bank mit dieser Menge unterschiedlichster Verträge grundsätzlich umgehen wollte. Denn nicht jede Art Geschäft war gleich wichtig für die Zukunftsausrichtung und die Strategie der Bank. Und natürlich gab es auch Kreditverträge, bei denen die Vertragspartner ihre Rückzahlungen nicht mehr so leisten konnten wie einst geplant. Das Risiko, das für beide Seiten in jedem Geschäft steckt. Konnte man für diese Verträge neue Lösungen finden und verhandeln?

Was war mit denen, die definitiv nicht mehr bezahlen konnten? Wie konnte man die eigenen Risiken dabei grundsätzlich absichern? Es hat sich gezeigt: Die Problemlagen waren sehr unterschiedlich, und insbesondere für die problematischen Kredite benötigten wir ein hoch spezialisiertes Team, das wusste, wie man mit Risiken umgeht.

Hinter dem Wort Risiko verbarg sich für Investoren eine gewisse Wahrscheinlichkeit, dass das eingesetzte Geld nicht den erwarteten Ertrag brachte. Also in aller Regel kein totaler Verlust, sondern einfach nur eine geringere Rendite. Finanzmanager sehen das naturgemäß anders, für sie sind auch das Verluste.

Vor der Finanzkrise war es ein ganz übliches und normales Geschäft, solche Verluste als Risiken abzusichern oder zu verkaufen. Der Gedanke war einfach: Man nahm diejenigen Ansprüche aus Verträgen, deren Rendite nicht mehr groß genug war, und veräußerte sie zu einem bestimmten Preis weiter. Bezogen auf das eigentliche Geschäft entstand dadurch ein Verlust, den man in der Bilanz neu bewertet oder wertberichtigt hatte. Dabei waren sogenannte »außerordentliche Erträge« möglich, wenn man die Forderungen schon einmal werteberichtigt hatte und dann trotzdem noch mehr Geld herausholen konnte. Zugleich bekam man mit der Veräußerung der Forderungen neues Geld in die Hand, mit dem man wieder investieren konnte, also zum Beispiel neue Kredite ausgeben, die rentabler und vielleicht auch zukunftsorientierter waren. Das war zu diesem Zeitpunkt ein ganz normaler Markt, auf dem Banken, Versicherungen und Investoren untereinander handelten. Welche Komplikationen daraus entstehen könnten – und dann auch tatsächlich entstanden –, das konnten sich die meisten gar nicht vorstellen.

Bei der DG HYP hatten wir aufgrund der Kundenstruktur der Volks- und Raiffeisenbanken in weiten Bereichen ein sehr geringes Risiko. In der privaten Baufinanzierung zum Beispiel ist nicht mit besonderen negativen Überraschungen zu rechnen. Das führte auch dazu, dass viele unserer Finanzprodukte, die wir Investoren anbieten konnten, immer gute Ratings hatten. Dass also die Spezialisten der Ratingagenturen als eine Art Gutachter ihre Dreifach-A-Bewertung gerne an uns vergaben.

Das wiederum machte uns attraktiv für große Kapitalgeber und Investorengesellschaften, zum Beispiel aus den USA. Deren Geschäftsmodell bestand darin, ihren amerikanischen Kunden beispielsweise eine private Rente zu finanzieren. Grob vereinfacht also: Ein amerikanischer

Arbeitnehmer, der sich für das Alter absichern wollte, bezahlte an eine Kapitalanlagegesellschaft. Diese wiederum gab einer deutschen Hypothekenbank Geld, damit hier eine Volksbank einem deutschen Bauherrn einen Kredit geben konnte. Der wiederum wollte sich ein Haus bauen, damit er fürs Alter eine zusätzliche Absicherung hatte. Die Menschen auf der ganzen Welt haben am Ende doch immer sehr nachvollziehbare und praktische Interessen.

Aber im Laufe der Zeit begann sich das eigentlich solide Bankengeschäft in Deutschland und international immer stärker auf die Marktverhältnisse in den USA zu fokussieren. Weil die Wirtschaft brummte, hatten viele Menschen in Amerika in der Zeit vor der Finanzkrise besonders viel Geld in der Tasche. Den Fondsgesellschaften floss dieses Geld fast automatisch zu. Und dieses Geld wollte angelegt werden. Unsere Kreditverträge – obwohl mit einem Risiko behaftet – wurden plötzlich immer mehr wert, die Kaufpreise der Amerikaner immer wilder. Mit der Zeit wunderten wir uns natürlich und fragten uns, wie die das machen.

Aber es gab noch viel größere Merkwürdigkeiten. Auch wer sich überhaupt nicht für solche Finanzangelegenheiten interessiert, der wird zu Zeiten der Krise doch vom US-amerikanischen Subprime-Markt gehört haben. Dort wurden Immobilienkredite an Menschen ausgegeben, von denen man damals schon annehmen konnte, dass sie ihre Raten dauerhaft nicht zahlen konnten, zum Beispiel auch, weil der Arbeitsmarkt in den USA deutlich weniger Sicherheit bietet und damit oft kein langfristig gesichertes Einkommen. Ein Hochrisikogeschäft also.

Die genossenschaftliche Kultur bei der DG HYP hat uns seinerzeit davor bewahrt, mit in den großen Abwärtsstrudel gerissen zu werden. Uns half auch die Rückbesinnung auf die Kunden. War es wirklich unsere Aufgabe, die »ganz großen Räder zu drehen«? Was sollte falsch daran sein, sich als Bank auf den Daseinszweck zu beschränken und ganz normalen Menschen die Bildung von Wohneigentum zu ermöglichen? Die sogenannten »notleidenden Kredite« aus unserem Geschäft gaben wir unseren Spezialistenteams, damit sie direkt mit den Kunden ins Gespräch gingen und ganz im Sinne des genossenschaftlichen Gedankens gemeinsam eine Lösung erarbeiteten.

Aber viele andere verkauften natürlich weiter. Einfach deshalb, weil es funktionierte. Wenn man beispielsweise ein Bündel an Kreditverträgen identifizieren konnte, die man längst abgeschrieben hatte, weil man selbst nicht mehr glaubte, dass diese zurückbezahlt würden, so fand sich trotzdem immer wieder ein Hegefonds-Manager, der das Risiko einfach anders bewertete und glaubte, daraus noch Geld zurückgewinnen zu können.

Als ob jemand für einen alten Blumentopf mit einem Sprung, der keinen Wert mehr hatte, plötzlich noch ein Drittel des Neupreises bezahlen würde. Nach einer ausführlichen Begründung fragt man in einer solchen Situation als Verkäufer natürlich nicht. Die Verkäufer konnten ihr Glück kaum fassen, für sie waren das sogenannte außerordentliche Erträge – Geld, mit dem niemand mehr gerechnet hatte und das der Bilanz der Bank zugutekam.

Entsprechend machten sich natürlich viele Gedanken, wie man noch mehr solcher »Werte« im Portfolio identifizieren und damit »Produkte« erschaffen konnte, denn es gab ja eine Nachfrage. Einer der Dreh- und Angelpunkte der Szene war damals die Messe ExpoReal in München, auf der sich alle tummelten, die Geld eingesammelt hatten und anlegen wollten. Man erlebte aufgekratzte Investoren, mit gigantischen Zahlen wurde nur so um sich geworfen, eine regelrechte Euphorie hatte sich aufgeschaukelt. Die Verkäufer waren »Queens and Kings of the Market«, wenn sie diese Nachfrage bedienen konnten. Und sie wurden entsprechend umworben.

Ich glaubte damals schon auch, ich sei einigermaßen gut in dem, was ich tat. Doch man vergleicht sich dennoch mit anderen und denkt in einem solchen Umfeld irgendwann: »Ich mache etwas falsch.« Mein Gehalt war ganz in Ordnung, aber es war eben ein klassisches Angestelltengehalt. Zugleich erlebt man Hedgefonds-Manager, die mit einer einzelnen Transaktion über 500 Millionen Euro innerhalb von ein paar Monaten gleich eine Provision von 5 Millionen Euro erzielen.

Eine innere Stimme sagt einem in solchen Situationen, dass das alles nicht ganz real sein kann. Es musste platzen. Insbesondere, weil es an einer Schlüsselstelle massive Fehlanreize gab: bei den Käufern. Denn wenn sich der Bonus eines Finanzmanagers – grob vereinfacht – nach der Menge an Geld richtet, die er investiert oder besser gesagt ausgibt, und nicht nach der Höhe des Risikos, dann kann dabei nichts Sinnvolles herauskommen.

Die US-amerikanischen Käufer, aber auch viele andere haben das System bis an seine Grenzen und noch weit darüber hinaus ausgereizt. Sie kauften einfach alles, solange sie Geld hatten. Sie schufen mit ihrem Geld eine Nachfrage, die wiederum Produkte schuf, die es gar nicht geben kann. Ich denke etwa an die Masse spanischer Anlegerimmobilien, die zu 100 Prozent kreditfinanziert waren oder sogar noch mehr Kredit bekamen, als das Projekt an Sicherheit oder Gegenwert darstellen konnte. Minusgeschäfte, die manche am Kapitalmarkt noch in Produkte verwandeln haben. Zum Teil bis heute Bauruinen. Die sozialen und ökologischen Folgen treten einem bildlich vor Augen. Aber eine Zeit lang war das so etwas wie eine Lizenz, Geld zu drucken.

Diese Mechanismen der fehlenden oder falschen Bewertung von Risiken lösten in der ganzen Fehlkonstruktion schließlich aus, dass sich auch die Bewertungsmaßstäbe insgesamt verschoben. Fast wie in der Schulklasse: Wenn niemand mehr eine Eins schreibt, ist irgendwann die Zwei die beste Note. In dieser Art Investmentgeschäft gab es irgendwann nicht einmal mehr die Vier für »ausreichend«, sondern nur noch »mangelhaft« und »ungenügend«.

Rückblickend reibt man sich heute noch die Augen, was alles veranstaltet wurde. In den USA wurden beispielsweise massenhaft völlig aussichtslose Kredite vergeben, den Leuten geradezu aufgeschwatzt, zum Beispiel für Studiengebühren. Alles nur, um Kredite im Portfolio zu haben, die man verkaufen konnte. Man wusste also schon bei Abschluss, dass diese Kredite nie zurückgezahlt werden würden. Man schuf ein Produkt, dass allen nur schaden konnte. Absurd.

Zum zehnten Jahrestag im Jahr 2017 veröffentlichte die *Financial Times* eine Aufstellung der Verurteilungen und Strafen im Zusammenhang mit der Finanzkrise. Die US-Behörden hatten in dieser Zeit Bußgelder und Wiedergutmachungen in Höhe von 150 Milliarden US-Dollar angeordnet. Insgesamt 324 Bänker, Immobilienfinanzierer, Makler und Projektentwickler wurden in den USA verurteilt. Allerdings stellte das Blatt auch verwundert fest, dass kein einziger Vorstand der Wall Street darunter war. Der höchstrangige Verurteilte war Lee Farkas, der Vorstand eines Immobilienfinanzierers in Florida.

Man sollte meinen, die Anleger in diesen Märkten hätten es früher merken müssen. Aber auch hier habe ich zahlreiche Leute bis hin zu Vorständen von Investmentfirmen erlebt, die sich immer noch mit ihren Bewertungen wohlfühlten, als die Krise längst schon am Hochkochen war: »Ich habe nur AAA-Bewertungen, mir kann nichts passieren.« Der Stempel einer Ratingagentur ersetzte das Wissen, die Erfahrung und die eigene Vorsicht.

Man fragt sich, ob nicht die vermeintlich erfolgreichen Investmentbanker tatsächlich einen besseren Gesamtüberblick über die Entwicklungen hatten. Doch wenn es so gewesen wäre, dann hätten sich sicher viele vor Ausbruch der Krise einen neuen Job gesucht. Nein, ganz im Gegenteil: Sie glaubten vielmehr, es würde immer so weitergehen.

Ich denke, viele professionelle Anleger hätten die Fehlentwicklungen früher bemerken können, wenn sie intensiv mit Kreditanalysten zusammengearbeitet hätten, um sich selbst ein realistisches Bild von den Risiken zu machen. Viele Kreditanalysten haben mir später gleichlautende Einschätzungen gegeben: »Bei uns wären diese Bewertungen nicht durchgegangen, wir hätten diese Anlage nicht als sicher eingestuft.«

Zu einem frühen Zeitpunkt der Krise gab es ein paar Juristen bei uns, die eine Analyse über Probleme im US-amerikanischen Immobilien-Finanzierungsmarkt auf der Ebene der Abteilungsleiter verschickten. Aber zu diesem Zeitpunkt waren diese Märkte für die meisten von uns in Deutschland noch weit entfernt, erst später wurde deutlich, wie sehr sich hier schon ein von der Realwirtschaft entkoppeltes globales Finanzsystem entwickelt hatte.

Erst als es richtig brannte, fragte ich mich: Wie kann es sein, dass im Unternehmen dieses wichtige Wissen nicht an der richtigen Stelle in einem Team gebündelt war, obwohl es vorhanden war? Wie kommt es, dass vorhandenes Wissen ignoriert, belächelt und nicht ernst genommen wird? Wie kann es sein, dass Leute nicht miteinander reden? Ich dachte: Das muss auch anders gehen.

Doch vor der Frage, wie es auch anders gehen könnte, standen damals in der Branche eine Reihe von Aspekten, die mit einer schlechten Führungskultur, Machtpolitik und Eigeninteressen zu tun haben. Allen voran die Motivation, persönlich schnell viel Geld zu machen. Denn nicht nur die Käufer wurden mit Boni überhäuft, auch Vorstände und Führungskräfte in den Banken wurden an den Volumina und den außerordentlichen Erträgen gemessen, die sie bewegten.

Nachhaltigkeit war damals in der Branche ein Fremdwort, und die Risikoüberlegungen endeten quasi pünktlich zum Stichtag 31.12. mit dem Geschäftsjahr. Wer in einer Bank einen Vorstandsvertrag hatte, der noch ein oder zwei Jahre lief, dem waren 20 Prozent in der Gegenwart wichtiger als ein stabiles Geschäft in fünf Jahren, an dem er nicht mehr beteiligt sein würde. Zumal auch die Aufsichtsräte Vertragsverlängerungen von den kurzfristigen Ergebnissen abhängig machten. Denn ihnen saßen wiederum die Aktionäre und Investoren im Nacken.

In vielen Banken herrschte zudem eine hierarchische Kultur, die Widerspruch nicht zulassen wollte. Man durfte kein Spielverderber sein. Vorstände umgeben sich ohnehin gerne mit loyalen Leuten, die funktionieren und nicht zu viele Fragen stellen und zu viele Probleme machen. Entsprechend schwach sind Fähigkeit und Wille ausgeprägt, kritische Aspekte systematisch zu untersuchen. Man schiebt sie lieber beiseite. Oder jemand anderem in die Schuhe.

Zahlreiche Banken, wie etwa Lehmann Brothers oder die Dresdner Bank, verschwanden in der Folge von der Bildfläche. Die Hypo Real Estate musste gar verstaatlicht werden, die Risiken wurden in eine »Bad Bank« ausgelagert. Ich persönlich war in einer eher komfortableren Situation. Da die Volksbanken von ihrem Auftrag her damals schon nachhaltiger aufgestellt waren, sind die schlimmsten Exzesse an mir und meinem Arbeitgeber vorbeigegangen.

Dazu kam, dass ich gerade zum Ausbruch der Krise ohnehin eine neue Aufgabe übernommen hatte. Man hatte mich gefragt, ob ich nicht in das Beratungsgeschäft wechseln wolle. Natürlich wollte ich, schon allein deshalb, weil mich der neuerliche Perspektivwechsel reizte. Und so übernahm ich als Partnerin bei Ernst & Young (heute EY) die Aufgabe, Banken und Finanzunternehmen dabei zu helfen, inmitten des ganzen Schlamassels wieder etwas Übersichtlichkeit zu schaffen.

Was sich aber aus dieser Zeit tief eingeprägt hat bei mir, ist die Abneigung gegen den Egoismus, der diese weltweite Krise ausgelöst hat. Das Verlangen nach dem schnellen Geld und der außergewöhnlichen Rendite, nach immer mehr, im wahrsten Sinne des Wortes, ohne Rücksicht auf Verluste.

Was mich besorgt macht: Nicht alle Lehren aus der Krise wurden beherzigt. Natürlich hat man das Thema der Boni aufgearbeitet und dabei gesehen, welche fatale Wirkung allein schon dieser eine Mechanismus auslösen kann. Dennoch sind wir bei den Vergütungssystemen noch nicht so weit, dass wirkliche Nachhaltigkeit der entscheidende Faktor ist. Man hat versucht, aus der Falle der Kurzfristigkeit etwas herauszukommen, indem man zum Beispiel Midterm-Boni eingeführt hat. Der sogenannte »Leistungsanreiz« sollte nicht mehr auf ein Jahr, sondern auf eine längere Zeitspanne, wie zum Beispiel zwei oder drei Jahre bezogen sein. Aber mit dieser Maßnahme ist man auf halbem Wege stehen geblieben. Denn natürlich sind auch zwei oder drei Jahre schnell vergangen. Ein Fall macht das ganz besonders deutlich. Im Krisenjahr 2007 trat bei der Volkswagen AG Martin Winterkorn sein Amt als Vorstandsvorsitzender an. Er eilte von Rekordergebnis zu Rekordergebnis, und auch seine Boni erreichten Rekordwerte. Acht Jahre später musste er infolge des Manipulationsskandals zurücktreten, heute steht er in Deutschland und den USA unter Anklage. Was er für das Unternehmen, die Kunden, die Beschäftigten und die Investoren tatsächlich geleistet hat – wer will das überhaupt noch sinnvoll beurteilen können?

Der individuelle Bonus, der in vielen Unternehmen auch heute noch und nicht nur in der Vorstandsetage ein Gehaltsbestandteil ist – er ist überholt. In Lehrbüchern wird er gepriesen als »sinnvolle und vielseitig einsetzbare Methode der Personalpolitik«, mit der man angeblich »besondere Leistungen« oder ganz allgemein den »Unternehmenserfolg« honorieren könne. Aber gerade der individuelle Bonus beruht oft auf völlig untauglichen Kennzahlen, er setzt falsche Anreize, und er setzt überdies auch ein falsches Signal. Das Beratungsunternehmen Fehr Advice formuliert in seiner »Pay for Perfomace-Studie« noch höflich: »Es konnte keine systematische Verbindung zwischen der Vergütung des Top-Managements und der Management-Performance aufgezeigt werden.«[3] Margit Osterloh, Katja Rost und Keyhan Philip Madjdpour weisen in ihrer Studie »Pay without Performance« darauf hin, dass „die Management-Boni in Aktiengesellschaften Interessenkonflikte zwischen Shareholdern und Management verstärken.[4] Und Prof. Dr. Niels Van Quaquebeke, Daniel Gläser und Dr. Suzanne van Gils kommen in einer gemeinsamen Studie zu dem Schluss, dass durch individualisierte Bonussysteme »ein aggressiver Wettbewerb zwischen den Kollegen das Arbeitsklima vergiftet«[5]. Ich sehe das genauso. Gegenüber den Beschäftigten erzeugt die individuelle »Belohnung« eine unnötige Vergleichsdimension, die nie wirklich gerecht sein kann. Die Berechnungssysteme und die Nachweisführung sind künstlich verkompliziert. Die konkrete Bewertung von Leistung erfolgt zu oft nur nach Gusto der Vorgesetzten.

Die erste wichtige Veränderung an diesem System wäre es, Boni nur noch an Teams zu geben, für gemeinschaftlich erbrachte Leistungen. Das Individuum ist wichtig. Aber nicht als Einzelkämpfer im Eigeninteresse und somit im Wettbewerb gegen die anderen, wer mehr vom Kuchen abbekommt, sondern als Teil einer Gemeinschaft, die den Kuchen so groß macht, dass alle etwas davon haben. Der nächste Schritt ist übrigens, dass Teams ihren Beitrag auch selbst definieren und messen.

Kosten, Kosten, Kosten

Nicht erst, wenn Unternehmen Probleme bekommen, meist schon viel früher verfallen sie in ein gleichermaßen weitverbreitetes wie unreflektiertes Verhaltensmuster: Kostenoptimierung. Es ist ein Euphemismus, der sich schon an der sprachlichen Verrenkung zeigt. Denn Kosten sind dann optimiert, wenn sie sich verringern, also weniger werden.

Die Kosten sind im Laufe der Zeit zu einer regelrechten Obsession in fast allen Unternehmen im Management und sogar in Teilen des Unternehmertums geworden. In der betriebswirtschaftlichen Grundausbildung, die ich wie viele Hunderttausende auch durchlaufen habe, ist eine bestimmte Sichtweise auf Kostenmanagement fester Bestandteil.

So gut ich als Zahlenmensch diesen Ansatz fachlich beherrsche, so sehr hat mich die bedingungslose einseitige Fixierung auf Kosten schon immer irritiert und gestört. Wir schauen auf eine Zahl oder ein Bündel von Zahlen, die angeblich Aussagekraft haben. Haben sie aber nicht. Denn Kosten sind keine Kennzahl für irgendetwas, solange sie nicht einem Ergebnis gegenüberstehen und im Kontext betrachtet werden.

Ein einfaches Beispiel aus der Käuferperspektive: Was darf eine Tasse Kaffee kosten? Die hartleibigen Kostenkürzer würden sagen: So wenig wie möglich. Das klingt nur im ersten Moment vernünftig, ist aber tatsächlich nicht hilfreich. Bei den meisten Leuten würde die Antwort vermutlich lauten: Kommt drauf an – auf die Sorte, auf die Qualität, auf die Zubereitungsart, auf Zeit und Ort, auf vieles mehr. Was darf ein Kaffee am Domplatz in Erfurt kosten, was im Hotel Baur en Ville in Zürich, was an der Tankstelle in Portugal? Die Zahl allein hat keine Aussagekraft, wenn wir nicht auf das ganze Paket schauen, das wir dafür bekommen.

Mit dem Faktor Kosten im Unternehmen verhält es sich ganz genauso. Sie sind der interne Preis, zu dem wir in einem mehr oder weniger komplexen Prozess ein bestimmtes Ergebnis herstellen. In dem Moment, wo wir diese Zahl verändern, verändern wir sowohl den Prozess als auch das Ergebnis. Der häufigste Trugschluss dabei ist, dass man glaubt, nur den Prozess ändern zu können, ohne dass dies Auswirkungen auf das Ergebnis hat.

Die klassische Veränderung des Prozesses – und das positive Idealbeispiel – ist der Abbau von Komplexität und Kompliziertheit, man kann auch Bürokratie sagen. In vielen Unternehmen haben sich Regeln und Routinen etabliert, die zur Gewohnheit werden und die alltäglichen Prozesse bestimmen. Sie werden ab einem bestimmten Zeitpunkt nicht mehr hinterfragt. Das geflügelte Wort dazu lautet: »Das haben wir schon immer so gemacht«. Das ist keine gute Begründung. Sie erinnert mich immer an kleine Kinder, die eine Frage nach dem »Warum« mit einem »Weil« beantworten, ohne einen tatsächlichen Grund nennen zu können. Wer Kosten senken will, freut sich über solche Antworten. Sie sind ein Indiz dafür, dass ein Prozess unnötige Kosten beinhaltet. Doch diese Annahme macht den gleichen Fehler wie die Prozessbefürworter. Wo die einen keine gute Begründung für ihren Prozess liefern können, übersehen die anderen, dass es trotzdem gute Gründe geben könnte. Und sie übersehen oft, dass eine Veränderung an einem Prozess auch ihrerseits Kosten verursacht und sogar mögliche Risiken beinhaltet.

Zulasten von Lieferanten

Wenn wir einseitige Kostensenkungen veranstalten, tun wir genau das. Dabei ist klar: Irgendwo nehmen wir irgendjemandem etwas weg. Woher also kommt die Ersparnis? Sie geht häufig zulasten derer, die in einer schlechteren Verhandlungsposition sind. Zum Beispiel Lieferanten. Die Einkäufer in den Unternehmen werden regelrecht darauf gedrillt, Lieferanten im Preis zu drücken. »So viel, wie Sie mit uns umsetzen, da können Sie uns doch sicher entgegenkommen.« »Sie wollen doch sicher weiter mit uns erfolgreich Geschäfte machen.« Manche Unternehmen sind sich mittlerweile auch nicht zu schade, zum Jahresende Briefe an Lieferanten zu schicken und sich darin eigenmächtig »aufgrund der guten Geschäftszahlen« kurzerhand selbst einen Bonus einzuräumen und von der nächsten Rechnung abzuziehen oder sogar eine Gutschrift zu verlangen. Man muss sich das mal für eine Alltagssituation vorstellen: Sie gehen jeden Morgen zum Bäcker, um sich zwei belegte Brötchen zu kaufen.

Und Ende Dezember spazieren Sie bei diesem Bäcker rein, schnappen sich einen kompletten Korb Brötchen und verlassen den Laden mit den Worten: »Weil ich ja immer so viel bei Ihnen eingekauft habe.« Ist das Professionalität oder Unverschämtheit? Ist das unser Verständnis von Partnerschaft? Zu allem Überfluss reden sich Unternehmen dabei auch noch ein, dass ein solches Verhalten keine negativen Folgen hätte. Doch die gibt es reichlich, sie werden nur nicht gemessen beziehungsweise sind kurzfristig nicht sichtbar. Für mich ist eine der schlimmsten Folgen der Vertrauensverlust, der hieraus zwangsläufig entstehen muss.

Ein Teil des Problems ist es, wenn Einkäufer in Unternehmen mit eindimensionalen Leistungszielen geführt werden. Wenn es also einen Anreiz gibt, Einkaufskosten in großem Stil zu senken, um einen persönlichen Bonus zu erzielen. Das provoziert förmlich Fehlhandlungen. Lieferanten werden gegeneinander ausgespielt. In den vergangenen Jahren geschah das vermehrt auch über Online-Auktionen, bei denen die verbliebenen Anbieter in einer geradezu entwürdigenden Situation unter maximalem Zeitdruck immer neue Rabatte geben müssen und dabei noch zusehen können, vom Wettbewerber erneut unterboten zu werden. Wer sind wir, dass wir so mit denjenigen umgehen, deren Produkte und Leistungen Bestandteil unseres eigenen Leistungsprozesses sind? Auf deren Zuverlässigkeit, Loyalität und Kooperation wir angewiesen sind? Sind wir wirklich sicher, dass Lieferanten so unwichtig, so vergleichbar und so austauschbar sind, wie wir sie machen? Und wie können wir sicher sein, dass diese Lieferanten nicht ihrerseits nach Wegen suchen, Kosten zu senken – zulasten der Qualität und damit zulasten von uns selbst?

Zulasten der Kunden

Kostensenkungen gehen häufig auch zulasten von Kunden. Wenn wir als Unternehmen die Einkäufer sind, lösen wir sie oft mit aus. Wir übersehen dabei, dass wir selbst die Kunden sind, und wundern uns mit einiger Zeitverzögerung darüber, dass die Dinge bei uns plötzlich auch nicht mehr so rundlaufen. Der langjährige Vorstandvorsitzende der Deutschen Bahn musste sich 2010 in einem Interview mit der *Frankfurter Allgemeinen Zeitung* wehren und den Vorwurf zurückweisen, er habe die Bahn »kaputtgespart«.[6] Vorausgegangen waren massenhafte Zugausfälle im

Winter 2009. Für den Vorstandsvorsitzenden, der bis dahin rund zehn Jahre lang amtierte, war das Wetter schuld. Das Winterwetter, das so wild war und so überraschend kam. Das war ein schwacher Trost für Fahrgäste, Beschäftigte und die Eigentümer. Im gleichen Interview erklärt der Mann, an der chaotischen Situation der Berliner S-Bahn seien die Zulieferer schuld. Also immer die anderen. Er rühmt sich dafür, dass die Bahn in seiner Amtszeit einen Gewinn von 2,4 Milliarden Euro gemacht habe, und beklagt zugleich, dass die Bahninfrastruktur unterfinanziert sei. Ich bin in meinem Berufsleben sehr viel Bahn gefahren, auch damals. Es war nicht immer eine Freude.

Kostensenkungen haben unterschiedliche Erscheinungsformen, aber am Ende immer die gleichen Nebenwirkungen. Sie gehen sehr oft zulasten der Quantität und der Qualität von Produkten und Leistungen. Die Kunden bekommen weniger oder schlechtere Ergebnisse für ihr Geld. Das Merkwürdige ist, dass Unternehmen so tun, als würde das niemand merken. Wenn Sie in meinem Alter sind und Kinder haben, dann erinnern Sie sich vielleicht auch daran, dass die Kinder-Milchschnitte irgendwann deutlich kleiner wurde. Der Preis blieb gleich, aber die Größe schrumpfte. Weniger Materialeinsatz, weniger Kosten. Und sicher hat noch jemand ausgerechnet, dass durch die geringere Größe auch 2 Prozent Verpackung eingespart werden können. Nicht aus Umweltschutzgründen, sondern auch der Kosten wegen.

Aus der Kundenperspektive fühlte ich mich betrogen durch eine versteckte Preiserhöhung. Dabei ging es mir nicht einmal in erster Linie um das Geld. Mich ärgerte mehr, dass ich das Gefühl hatte, man würde mich reinlegen. Dass man darauf hoffte, dass ich es nicht merken würde. Dass ich trotzdem kaufen würde, weil ich es gewohnt war. Ich weiß nicht, wie vielen Leuten es noch so ging, aber das merkwürdige Gefühl verschwand nicht mehr, sondern blieb. Es war ein Vertrauensverlust, und mein Kaufverhalten änderte sich von da an. Ich bin mir nicht sicher, wie gut die Rechnung des Herstellers am Ende wirklich aufgegangen ist.

Zulasten der Mitarbeiter

Gleich auf zwei Arten gehen Kostensenkungen auch zulasten der Beschäftigten. Wenn es die Einsparungen bei Qualität und Quantität der Produkte und Leistungen sind, dann sind es die Beschäftigten, die das gegenüber den Kunden im Alltag erklären müssen. Oft mit dem hilflosen Nicht-Argument, die Qualität würde nicht leiden, der Kunde würde es nicht merken, er würde dieselben Ergebnisse bekommen. Frei nach dem Motto »Die kleinere Milchschnitte ist doch trotzdem lecker«. Man bringt die Mitarbeiterinnen und Mitarbeiter in eine sehr unglückliche Situation. Zugleich macht man sie zum Prellbock und zwingt sie dazu, die Verärgerung der Kunden aushalten zu müssen. Bei einer Süßware im Handel mag sich das in Grenzen halten, doch ein Großteil der Beschäftigten stehen mehr oder weniger in Dienstleistungsprozessen mit Kunden. Kostensenkungen bedeuten dort oft: Weniger Zeit für die Kunden. Und damit mehr Druck. Dieser Druck lässt sich nur auflösen, wenn wir den Mitarbeitern und Mitarbeiterinnen auch tatsächlich Möglichkeiten geben, ihre Arbeitsprozesse schneller und besser zu erledigen. Wenn wir das nicht tun, bedeutet Kostensenkung schlicht: mehr arbeiten oder schneller arbeiten.

Nach den Kunden greifen wir auch den Beschäftigten in die Tasche. Gerne wird dies zum Beispiel auch durch eine schon automatische Erhöhung der jährlichen Leistungsziele bewerkstelligt. Planspiele, die früher oder später platzen, weil den Leuten der Kragen platzt. Die Motivierten werden in die Demotivation getrieben, die meisten finden irgendwelche Umwege oder Vermeidungsstrategien. Denn intern ist man nach ein paar Jahren Berufserfahrung die Spielchen gewohnt. Der Vorstand ruft eine einheitliche Kostensenkung von 25 Prozent über alles hinweg aus und verlangt in den nächsten zwei Wochen schon Ergebnisse. Das klappt natürlich nie. Während die Eifrigen in ihrem Bereich einen Einstellungsstopp machen, Freelancer kündigen und die Reisekosten streichen, warten die anderen erst einmal ab. Denn natürlich gibt es Ausnahmen. Manches ist unaufschiebbar, manches ist unpraktikabel, manches geht rechtlich gar nicht und so weiter. Und manchmal zieht auch das Argument, dass »der Kunde das nicht mitmacht«. Die Ausnahmen sprechen sich herum, die Teilnahme an der Kostensenkungsorgie erodiert, und irgendwann gilt die Kostensenkung nur noch für diejenigen, die es nicht gemerkt haben, dass sie eigentlich doch nicht gilt. Insbesondere für interne Bereiche und Aufgaben, die angeblich nichts mit Kunden zu tun haben und »kein Geld verdienen«. Es wird nicht die gesamte Wertschöpfungskette betrachtet, es wird nicht gesehen, welche internen Funktionen den Kolleginnen und Kollegen den Rücken freihalten, sie weiterbilden oder ihnen die Arbeit erleichtern.

Wer wirklich an der Kostenkultur etwas ändern und die Wirtschaftlichkeit verbessern will, der muss das anders machen, nämlich die Stakeholder insgesamt an den Einsparungen partizipieren lassen, neue Investitionen tätigen oder den Teams ein Budget für Bildung zur Verfügung stellen, aber später mehr dazu.

Der Teufelskreis der Kostensenkung

»Never touch a running system« wird bei Kostensenkungen meist grundsätzlich infrage gestellt. Es wird argumentiert, das System laufe eben nicht rund. Die Wettbewerbsfähigkeit sei gefährdet. In manchen Fällen wird argumentiert, dass die eingesparten Kosten als Preissenkungen an Kunden weitergegeben werden müssten, um die Wettbewerbsfähigkeit zu erhalten. Diese Weisheit wird wie ein Geheimrezept vorgetragen, über das nur das eigene Unternehmen verfügt. Als ob alle anderen Wettbewerber das nicht auch könnten. Um die Verwirrung komplett zu machen, wird dann noch behauptet, dass die Wettbewerber natürlich auch dem Kostendruck der Märkte nachgeben würden und man sie deshalb in Sachen Kostensenkung übertrumpfen müsste. Doch welche Perspektiven hat eine solche Marktsituation, in der nur noch der Preis entscheidet und die Kostensenkung als einziges Differenzierungsmerkmal gilt? Der Niedergang ist programmiert. Die Kostensenkungen lösen einen Teufelskreis aus. Qualität und damit Kundenzufriedenheit leiden, Engagement und Motivation der Beschäftigten leiden. Das Image leidet. Ich bin überzeugt, dass in den allermeisten Fällen auch die Produktivität leidet, auch wenn sich das Unternehmen selbst vorgaukelt, diesen Wert zu erhöhen. Aber die Rechnung ist falsch. Ein gleichbleibendes Ergebnis bei gesenkten Kosten ist nur auf dem Papier eine Produktivitätssteigerung. Denn die negativen Folgen bilden sich in keinem Zahlenwerk ab, sie werden oft gar nicht erfasst und nicht berechnet, manche sehen sie überhaupt nicht und leiten einen Blindflug nach unten ein.

Von Managern und Managerinnen darf, ja muss man erwarten, dass sie kritisch prüfen, ob die Rechnung aufgeht. Was sind die Folgen, was sind die Risiken, was sind die Kosten von Kostensenkungen? Wie lassen sie sich berechnen? Diese nicht zu kennen oder nicht berechnen zu können empfinde ich als unprofessionell. Natürlich kann ein Unternehmen in eine Zwangslage kommen, die einschneidende Maßnahmen erfordert. Und in dieser Situation bringt das Lamentieren über die Versäumnisse der Vergangenheit nichts. Aber der Versuch, diese Versäumnisse aus der bestehenden Organisation, aus den bestehenden Wertschöpfungsprozessen heraus quasi »nach hinten« zu finanzieren, ist genau das Gegenteil einer zukunftsorientierten und nachhaltigen Wertschöpfung. Wer im Wettlauf mit anderen die Turnschuhe wegwirft, damit er weniger Gewicht hat, kommt trotzdem nicht schneller voran.

Gerne wird bei Kostensenkungen mit Benchmark-Analysen gearbeitet. Es werden dann in der Branche oder auch über Branchengrenzen hinweg für bestimmte Bereiche, zum Beispiel Vertrieb oder Finanzen, Vergleichswerte ermittelt. Bei Sparzielen trägt man dann die niedrigsten verfügbaren Werte aus unterschiedlichen Quellen zusammen und formuliert daraus neue Zielgrößen, bei Umsatzzielen sucht man natürlich nach den Spitzenwerten. Doch solche Betrachtungen werden den Besonderheiten von Branchen oder Geschäftsmodellen sowie den strukturellen Unterschieden zwischen Unternehmen nie ganz gerecht. Und selbst die besten Unternehmen sind nicht in allen Bereichen herausragend. Es ist ein wenig so, als ob man sich aus verschiedenen Sportarten die Rekorde zusammensucht – man soll den Hundertmeterlauf gewinnen und dabei zugleich die Hantel mit 400 Kilo stemmen.

Kostensenkungsprogramme bringen zudem immer eine ganze Reihe an Zielkonflikten mit sich, die schwer auflösbar sind. Ich kenne kein Kostensenkungsprogramm, das nicht im Widerspruch steht zu den Versprechungen, die ein Unternehmen seinen Kunden und seinen Mitarbeitern gegeben hat. Das Kostensenkungsprogramm ist immer das Eingeständnis, die eigenen Prozesse nicht ertragreich gestaltet zu haben. Es zielt insofern darauf ab, die Geschäftsgrundlage neu zu verhandeln. Oft kommunizierte Werte wie Zuverlässigkeit, Partnerschaft, Loyalität, stellt dies infrage.

Und noch ein anderes Wirtschaftsgut wird infrage gestellt: die Bereitschaft und Fähigkeit zur Innovation. Gar nicht so selten werden Kostensenkungen in einem Bereich des Unternehmens damit begründet, in einem anderen Bereich oder Geschäftsfeld Innovationen entwickeln zu müssen. Das kann stimmen. Trotzdem bleibt die Frage, wer die Zeche zahlt. Als Mitarbeiter, der seinen Job ordentlich gemacht hat, ärgert man sich vermutlich darüber, dass in einem anderen Bereich ein Zukunftsmarkt entwickelt werden soll, von dessen Ertrag man möglicherweise selbst nicht oder nicht mehr profitiert. Der Zusammenhalt im Unternehmen wird auf die Probe gestellt.

Denken wir auch diesen Punkt wieder aus der Kundenperspektive: Was habe ich davon, wenn ein Süßwarenhersteller sich einfallen lässt, kandierte Chia-Bällchen zu entwickeln, und dafür die Menge oder Qualität meiner Milchschnitte verschlechtert?

Oder aus der Lieferantenperspektive: Man drückt mich im Preis der Produkte, die ich zuliefere, obwohl ich zuverlässig und qualitativ hochklassig bin. Gleichzeitig investiert man in Produktlinien, in denen ich nicht zum Zuge komme.

Ja, und auch aus der Sicht nachhaltiger Investoren muss man diese Fragen stellen: Was macht ihr Manager mit dem Unternehmen, in das ich mein Geld stecke? Habt ihr wirklich einen langfristigen Blick auf die Dinge, oder wollt ihr für den Moment mit Zahlen glänzen? Könnt ihr Situationen richtig einschätzen und Entwicklungen gut abschätzen, oder fahrt ihr auf Sicht? Dreht ihr hektisch und planlos am Steuer, sodass sich das Schiff nur im Kreis dreht oder gar ins Schlingern gerät? Kann ich mit euch nachhaltig erfolgreich sein?

Ich bin für Effizienz und Effektivität, aber im Rahmen einer nachhaltigen Kostenkultur. Diese beinhaltet ein Grundverständnis vom balancierten Umgang mit allen Ressourcen, bei dem sowohl Verschwendung als auch Verschleiß thematisiert werden. Eine Kostenkultur, die von der Transparenz zu Kosten und Ergebnissen lebt. Und in der auch Risiken abgebildet sind, die als Kosten von morgen jede kleinteilige Kürzung heute in den Schatten stellen können.

Wissen entwertet

Zum nachhaltigen Erfolg eines Unternehmens gehören selbstverständlich ein nachhaltiges Wissensmanagement und lebenslanges Lernen. Doch das Lernen selbst hat in Deutschland nur vordergründig einen guten Ruf. Das fängt schon in der Schule an. Wir alle wissen aus eigener Erfahrung: Man lernt am leichtesten das, was einem Spaß macht. Und vielleicht auch, was nützlich ist. Doch was, wenn man keinen Spaß an einem Thema hat und den kurzfristigen Nutzen nicht sieht? Sich für das

Lernen als solches, für Techniken und Methoden zu begeistern, fällt uns schwer. Nun bin ich keine Expertin für schulische Bildung und verfüge über wenig mehr als die Alltagserfahrung einer dreifachen Mutter und eigene Erinnerungen an meine Schulzeit.

Ich glaube, was mich immer am meisten gestört hat, war die begrenzte Flexibilität in Bildungseinrichtungen. Ich habe das System als starr empfunden. Man konnte sich von dem vielen vorhandenen Wissen der Lehrer und Lehrerinnen nichts aussuchen, sondern musste nach Plänen – Stundenplan und Lehrplan – ein Pensum an Materie bewältigen, für das man anschließend auch noch Noten bekam. Man musste Dinge auf Vorrat lernen. »Das kannst du jetzt noch nicht verstehen, aber später wirst du es mal brauchen«, diesen Satz hört man heute noch. Das stimmt für manche Dinge, für manche auch nicht. Aber es war mir schon im Schulalter nicht plausibel, dass es für alle Lehrinhalte gleichermaßen zutreffen kann.

Eines der Dinge, die mir insgesamt nicht gefallen haben, waren Prüfungen. Ich selbst hatte an Testsituationen durchaus Freude. Für mich war das immer wie eine Art sportlicher Wettbewerb. Aber vielen ging es nicht so, und das hat man gespürt. Schon wenn ich an das erste Jahr in der Grundschule denke. Das erste Zeugnis mit Abschlussnoten nach einem Jahr muss für viele Kinder meiner Generation ein Schock gewesen sein. Man versteht das System ja nicht, aber man wird von Erwachsenen bewertet, ein Wert wird festgestellt. Man kann das nur als Wertung der eigenen Persönlichkeit begreifen, die am Ende in »bessere und schlechtere Menschen« unterteilt.

Im Laufe der Schulkarriere lernt man dann irgendwann, der Verplanung und Bewertung mit einem gewissen Maß an Disziplin zu begegnen, um den Anforderungen zu entsprechen. Die preußische Lehranstalt lässt grüßen. Wenn am Ende aber nichts bleibt außer der Disziplin als Selbstzweck, dann ist nichts gewonnen. Disziplin ist in dieser Hinsicht die große Schwester der Effizienz. Und gemeinsam können sie viel Schaden anrichten, wenn sie nicht wissen, wofür sie eigentlich eingesetzt werden wollen.

Hochschulen

Entsprechend geht es mir auch mit den Hochschulen. Schon das Wort irritiert: So etwas wie eine Schule, nur noch anstrengender? Auch hier gibt es wieder Pläne, Punkte und Scores. Und sehr viele ausgetretene Pfade.

Aber wo bleibt die Freiheit? Wo bleiben das Entdecken und Erfinden? Für kurze Zeit hatte ich mal einen Lehrauftrag. Es hat mir am Anfang Spaß gemacht, weil es eine neue Erfahrung war. Aber auf Dauer wäre ich dort unzufrieden geworden. Und ich kann mir gut vorstellen, dass viele Lehrende an Hochschulen genauso unzufrieden mit den Begrenzungen des Systems sind, wie ich es war.

Während meines Studiums hat mich vermutlich gerettet, dass ich fast grenzenlos neugierig bin und ein ungewöhnliches Interesse an Komplexität habe. Ich will Dinge verstehen, die im ersten Moment komplett unverständlich erscheinen. Motiviert gehalten haben mich auch gelegentlich Gastvorlesungen von inspirierenden Persönlichkeiten, wie zum Beispiel Ottmar Issing, der damals Chefvolkswirt der Bundesbank war und später auch im Direktorium der Europäischen Zentralbank saß. Man bekam einen Eindruck von der Welt, man konnte sich mit Menschen auseinandersetzen, die Wissen und Erfahrung in den unterschiedlichsten Bereichen hatten. Trotzdem war ich selbst auch froh, als ich die Hochschule erfolgreich hinter mich gebracht hatte. Für mich hat zum Lernen auch immer das Ausprobieren gehört, und das kam mir einfach zu kurz. Ich hatte zudem schon damals das Gefühl, dass Lernen in der Klassenzimmeratmosphäre und nach Regeln des 19. Jahrhunderts für mich nicht passend war. Heute, im dritten Jahrtausend, dem Zeitalter der Digitalisierung, passt es für mich noch weniger.

Im Berufsleben hatte mich das Hochschulthema einige Jahre später dann nochmals von einer anderen Seite eingeholt, und zwar als »Abnehmerin« der Absolventinnen und Absolventen. In meine Zeit als Personalchefin bei EY fiel die Umsetzung des sogenannten Bologna-Prozesses, der Vereinheitlichung von Hochschulabschlüssen auf das System von Bachelor und Master. Dabei ging es um grundsätzlich gute Ziele, nämlich die Förderung von Mobilität, von internationaler Wettbewerbsfähigkeit und von Beschäftigungsfähigkeit von Menschen. Auch die Unternehmensseite war für diesen Prozess, schließlich kamen die Absolventen schneller an den Markt und wurden dann in Zeiten des Fachkräftemangels auch sofort von den Unternehmen aufgesogen. Doch es gab auch einen problematischen Aspekt. Denn plötzlich kamen Leute von der Hochschule, die überwiegend nicht mehr dasselbe Ausbildungsniveau hatten wie ihre Vorgänger. Wie sollten sie auch, bei verkürzter Studiendauer? Für eine Wirtschaftsprüfungs- und Beratungsgesellschaft, die im Wesentlichen aus Experten und Expertinnen besteht, war dieses Problem sicher nochmals schwerwiegender als für andere Unternehmen. Denn das Know-how in Themen wie Steuerrecht oder Accounting war erkennbar reduziert, und wir mussten das, was vorher an den Hochschulen gelehrt wurde, nun in eigene Schulungen gleich zu Beginn des Berufseinstiegs packen. Man kam dann von der Schule, wollte in die Praxis und hatte erst mal wieder Schule im Unternehmen. Das war keine ganz glückliche Situation.

Andererseits sind sehr viele beruflich relevante Fähigkeiten rein »technische Skills«, die man ohnehin nur in der Praxis lernt. Das können bestimmte Dinge sein, die in jedem Unternehmen anders sind und deshalb in einer akademischen Ausbildung gar keinen Platz haben, wie zum Beispiel Buchhaltungssoftware oder das Wissen, wie man Kundengespräche führt. Das lernt man nicht an der Uni, das geht gar nicht rein theoretisch, und als Planspiel funktioniert es ohne eigene Erfahrung auch nicht.

Einen häufiger angeführten Kritikpunkt an der Bologna-Reform kann ich nicht wirklich beurteilen: Haben junge Menschen weniger Zeit, sich selbst zu finden, zu reflektieren und auch mal nichts zu tun?

Unabhängig von dieser Einschätzung bleibt ein wesentlicher Punkt offen: Wie schaffen wir es, junge Menschen mit erstem Basiswissen aufzunehmen und weiterzuentwickeln? Wie schaffen wir es in den Unternehmen generell, das Lernen als festen Bestandteil zu verankern und das viel zitierte lebenslange Lernen bis ins hohe Alter zu verwirklichen?

Lernen im Unternehmen

Die unangenehme Wahrheit ist: Mit dem Einstieg ins Berufsleben ist für viele Menschen das systematische und kontinuierliche Lernen – bei all seinen Mängeln – erst einmal ganz vorbei. Die Kurzfristigkeit des »Daily Business« sucht immer nach dem schnellen Nutzen. Wissen hingegen ist etwas, das sich meist erst mit der Zeit werthaltig aufbaut.

Eine meiner ersten Beobachtungen der betrieblichen Weiterbildung waren Englischkurse für Sekretärinnen. Das war in den 1990er-Jahren modern. Da gab es tatsächlich Menschen, die jedes Jahr einen Englischkurs besuchten. Jedes Jahr den gleichen. Gebracht hat das nichts, weil die Praxis gefehlt hat und auch keine echte Weiterentwicklung vorgesehen war. Die Leute haben das selten gebraucht, es war mehr so eine der typischen

Managementfantasien, dass man sich als internationales Unternehmen fühlen wollte. Wenn dann doch mal das Telefon klingelte und Mr. Smith dran war, dann musste die eine Kollegin gesucht werden, die gut genug Englisch konnte, um Auskunft zu geben. Schon damals wäre die Frage angebracht gewesen: Müssen wirklich alle Englisch können? Wir arbeiten ja auch mit Menschen in anderen Ländern, die kein Englisch können. Und es funktioniert auch. Das Absurdeste sind für mich Meetings, in denen nur Deutsche zusammensitzen und man dann aber trotzdem Englisch sprechen muss, weil es der Unternehmenspolitik entspricht.

Incentive und Machtoption

Aber der erwähnte Englischkurs damals in den 1990ern war auch mehr ein Incentive, ein Anreiz, ein Privileg. Es wurde die Illusion geweckt, man sei es wert oder habe es verdient, von der Firma weitergebildet zu werden. Es wurde ein Gefühl geweckt: »Die Firma investiert in mich, sie gibt Geld für mich aus, ich bin wichtig.« Was für ein fatales Paradoxon, dass man sich für Weiterbildung erst einmal grundsätzlich qualifizieren müsste. Was für eine Irreführung der Menschen, sie würden ihren Marktwert steigern. Weiterbildung als Incentive führt zudem zu einer falschen Nachfrage. Ein Kurs kann beliebt sein, weil er Status verspricht, weil er vielleicht gar nicht wirklich herausfordernd ist, sondern eher eine gesellige Angelegenheit. Mit dieser Degradierung zum Incentive wird Weiterbildung, wird Wissen entwertet.

Insbesondere dann, wenn es auch noch nach Gutsherrenart zugeteilt wird. Die Arbeitskultur zu Beginn meines Berufslebens war noch stärker geprägt von »Wissen ist Macht«, als dies heute der Fall ist. Da gab es die, die halt häufiger beim Chef saßen, um die Infos abzugreifen. Oder andere, die so taten, als ob sie Infos hätten. Wo sind die Leute, die lieber im Team arbeiten, und wo sind die, die Informationen zum eigenen Vorteil nutzen – das alles musste man unterscheiden lernen. Wissensvorsprung war Karriereoption. Man selber arbeitete ständig daran, aus den Informationshäppchen, die man in den Gängen aufschnappte oder mit Vertrauten austauschte, ein gutes Bild der Lage zu bekommen. Aber wie viel Zeit wurde so in Unternehmen darauf verwendet, Informationen zu verstecken, statt Wissen zu verbreiten? Das hält sich in manchen Unternehmen bis heute.

Weiterbildung ist häufig Bestandteil der berüchtigten Jahresgespräche zwischen Vorgesetzten und ihren Mitarbeitenden. Da redet man über Ziele, verschiebt die Leistungserwartung ein wenig nach oben und ergänzt pflichtschuldig um die Frage: »Was wollen Sie denn noch Neues dazulernen?« Die Mitarbeiterinnen und Mitarbeiter kennen das, man sagt dann halt irgendwas Allgemeines, damit man den Eindruck erweckt hat, man sei auch lernwillig und lernbereit.

Viele haben gerade deshalb keine Lust auf Weiterbildung, weil sie selbst den Nutzen nicht sehen beziehungsweise sogar Nachteile erleben. Denn Lernen bedeutet in Unternehmen tatsächlich oft Zusatzaufwand. Ich habe Abteilungsleiter in den Ohren, die fragen: »Wann sollen meine Leute das denn noch machen?« Kein Wunder, dass Lernen als Belastung verstanden wird. Das liegt auch daran, dass wir im Effizienzwahn den Arbeitsprozess in vielen Bereichen absolut »rein« gestaltet, ja geradezu mit Menschen automatisiert haben. Nichts soll die Arbeit stören, auch nicht das Lernen. Wir haben das Lernen praktisch von der Arbeit entkoppelt, für die es doch eigentlich nützlich sein sollte.

Diese Praxisentkoppelung gilt auch für viele Lernformate, die wir gewohnheitsmäßig durchexerzieren. Weil wir die Arbeit nicht stören wollen, schicken wir die Leute für ein Wochenende in ein Tagungshotel im Bayerischen Wald oder in den Harz. Da sitzen sie dann zweieinhalb Tage alle aufeinander und bekommen in guter alter Klassenzimmer-Logik alles aufgetischt, was man sich an Lernstoff ausgedacht hat. Langeweile prägt den Tag – dafür wird zum Ausgleich abends gebechert. Als ich noch keine Kinder hatte, fand ich das die ersten drei Male amüsant. Aber es erschöpft sich schnell. Und mittlerweile haben immer mehr, vor allem junge Menschen an ihren Wochenenden etwas Besseres zu tun. Auch hier denken wir in den Unternehmen zu wenig darüber nach, was wir mit unseren Mitarbeiterinnen und Mitarbeitern anstellen und wie wir ihnen die Zeit stehlen.

Das ist schade, denn gerade im Bereich der Weiterbildung habe ich einige der cleversten und am meisten motivierten Menschen erlebt, die sich wirklich verantwortlich fühlen für Wissensvermittlung. Aber auch sie haben mit den Strukturen des eigenen Unternehmens zu kämpfen, denn klassische Weiterbildungsprogramme sind auf ihre Art oft nichts anderes als Lehrpläne in Unternehmen. Sie haben dazu noch eine Historie. Da gibt es Kurse, die macht man schon immer. Und Ergänzungskurse. Die Wissenden wollen ihr eigenes Wissen dann noch zum Thema für alle machen, unabhängig davon, wer es wissen müsste. Wir lernen andererseits als Organisation nichts substanziell Neues, sondern nur Dinge, die wir ohnehin schon an einer Stelle wissen. Die vermeintliche Vermehrung von Wissen wächst sich immer weiter aus, man formuliert neue Angebote, es kommt ständig etwas dazu. Da kommt es dann vor, dass zum Beispiel ehemalige Mitarbeiterinnen und Mitarbeiter als Coaches und Trainer weiterbeschäftigt werden. Ich frage mich immer: Wenn das Wissen für die Firma wichtig ist, warum hat man denjenigen oder diejenige dann nicht behalten? Und wenn es nicht der Fall ist: Was will er oder sie uns dann noch erzählen? Ist das Wissen überhaupt noch relevant oder zeitgemäß? Dass Weiterbildungsprogramme auch einmal bereinigt werden um Inhalte, die nicht mehr passen, habe ich selten erlebt. Und so sehen wir auch hier wieder ein Paradoxon. Es entsteht ein Überangebot auf dem Papier, das zugleich einer Unterdeckung der tatsächlichen Notwendigkeiten und Bedürfnisse gegenübersteht. Wir haben Programme nach dem Prinzip »one size fits all« geschaffen. Jeder und jede darf sich etwas von der Stange aussuchen. Und dann behaupten wir auf dieser Basis, es würde individuell passen.

Falsche Ziele

Umgekehrt können wir als Unternehmen den Leuten auch nicht genau sagen, was sie eigentlich brauchen. Es ist unklar, wohin die Reise geht und was sie dafür an Kompetenzen erwerben könnten. Wer braucht was und im Hinblick auf welche Unternehmensziele? Diese Frage verschwindet hinter 150 Kursen. Weiterbildung wird zudem nicht konsequent im Gesamtkontext der Strategie und Zielsetzungen gesehen, sondern ist darauf ausgerichtet, den Ist-Zustand zu optimieren oder Rückstände zu beheben. Es bringt niemanden weiter. Von den Beschäftigten kann man in so einem Umfeld auch nicht erwarten, dass sie selbst die Idee mitbringen, was sie noch lernen wollen. Und so türmen sich in den Weiterbildungskatalogen die Standardangebote als Ladenhüter auf. Eines der überflüssigsten Angebote habe ich bislang in fast jedem Weiterbildungsprogramm gefunden: »Umgang mit schwierigen Menschen«. Es ist nicht totzukriegen. Aber auch nicht ernst zu nehmen. Die zugehörigen Flyer wurden meist denjenigen Kollegen heimlich auf den Schreibtisch gelegt, die man selbst für schwierig hielt. Das hilft aber auch niemandem weiter.

Für mich als Zahlenmensch ist eine Frage derzeit in Unternehmen nicht zu beantworten: Was bringt uns die Weiterbildung eigentlich? Ich will sie nicht, in bester Controlling-Manier, einfach abschaffen oder einsparen. Aber ich würde sie gerne an einer Wirkung messen. Diese müsste zwangsläufig mit Produktivität zu tun haben, ergänzt vielleicht um die Aspekte der Arbeitszufriedenheit und der Potenzialentfaltung.

Stattdessen messen wir – wenn überhaupt – schlicht solche Nebenaspekte wie die Zahl der Teilnehmenden oder die aufgewendeten Stunden pro Jahr. Wir fragen dann, ob die Reisekosten angemessen waren, ob es nicht ein billigeres Hotel oder einen günstigeren Trainer gibt. Manchmal denken wir noch an die eingesetzte Arbeitszeit. Und wir machen vielleicht noch Teilnehmer-Feedback. Aber das ist auch schwierig, weil es gerne mal zum Schönheits- oder Beliebtheitswettbewerb wird und nicht zwangsläufig etwas über Qualität aussagt.

Von einem Trainer habe ich einmal eine schöne Geschichte gehört. Ein sehr beliebter Trainer, kompetenter Fachexperte und lustiger und lebensfroher Mann, der auch wegen seiner Fliege markant war und im Gedächtnis blieb. Er bekam immer sehr gute Bewertungen von zwei Dritteln der Teilnehmenden, von einem Drittel aber nur ein »gut«. Irgendwann hat er mal bei einer erfahrenen und gut vernetzten Kollegin nachgefragt, was die Teilnehmenden als Kritikpunkt anmerken würden. Er erfuhr, dass er von einem Teil der Leute als arrogant wahrgenommen wurde. »Der mit seiner Fliege« würde als Bemerkung häufiger fallen. Von dem Tag an hat er die Fliege weggelassen, und schlagartig verwandelten sich die nur guten Bewertungen auch in sehr gute.

Alles in allem veranstalten wir ein riesiges Spektakel mit der Weiterbildung, wir geben Geld aus und investieren Zeit und können doch nicht sagen, wie gut sie funktioniert und was sie bringt. Die schlichte Aussage »zu teuer« ist jedoch aus der Luft gegriffen, wenn wir den Kosten kein Ergebnis entgegenstellen können.

Eine gängige Metapher der Weiterbildungsleute gibt ein fiktives Gespräch zwischen zwei Managern wieder. »Was, wenn wir in die Weiterbildung unserer Leute investieren und diese uns dann verlassen?«, fragt der eine. »Was, wenn wir nichts in Weiterbildung investieren und die

Leute bleiben?«, antwortet die andere. So schön und richtig diese Metapher ist, sie ist auch unvollständig. Sie gibt nämlich keine Antwort auf die Frage, wie Weiterbildung gelingt. Ich will dazu später ein paar Ideen vorstellen. Einen Kernaspekt will ich vorweg dennoch anreißen: Sind wir überhaupt motiviert für Weiterbildung? Wir als Beschäftigte, aber auch wir als Unternehmen? Nehmen wir Lernen als das ernst, was es sein kann und will, nämlich die stetige Verbesserung unserer Fähigkeiten? Oder haben wir vergessen, warum wir überhaupt lernen wollen? Haben wir gute Gründe zu lernen, haben wir Interesse und Neugier, haben wir die Freiheit, zu lernen? Mein Ansatz ist sehr einfach: Wir müssen die Übereinstimmung von Unternehmenszielen und persönlichen Zielen finden und diskutieren: Was hat das Unternehmen, was habe ich davon? Dann macht auch Lernen im Unternehmen wieder Spaß.

Der Faktor Mensch als Belastung

An diesem Punkt ist es Zeit, einmal über das generelle Menschenbild in Unternehmen zu sprechen. Was will ein Unternehmen eigentlich sein? Welche Rolle, welchen Stellenwert haben Beschäftigte insgesamt? Welchen Stellenwert hat der einzelne Mensch?

Während ich hier sitze und schreibe, wird ein großes Fleischverarbeitungsunternehmen gerade unter Quarantäne gestellt. Über 2 000 der 6 500 Beschäftigten haben sich mit dem Coronavirus infiziert. Verantwortlich dafür sind die Arbeits- und Wohnbedingungen sowie die Achtlosigkeit des Unternehmens. Wie viele Menschen, wie viele Familien, Freunde, Nachbarn oder auch Kunden durch die unentschuldbare Rücksichtslosigkeit beeinträchtigt und sogar gesundheitlich gefährdet sind, lässt sich gerade noch nicht abmessen. Es hat mich fassungslos gemacht, als ich in den Fernsehnachrichten einen Firmenvertreter erlebte, der angeblich nicht einmal die Wohnadressen der Beschäftigten kannte. Diese seien nämlich gar nicht seine, obwohl es sein Schlachtbetrieb ist, sondern ein Unternehmen mit Werkvertrag. Im Ernst: Können wir solche Verhältnisse gesellschaftlich dulden?

Wir alle kennen weitere Beispiele für unwürdige Arbeitsbedingungen. Wir kennen auch das Beispiel der vor ein paar Jahren verstorbenen

Supermarktkassiererin Emmely, die wegen eines angeblich zu Unrecht eingelösten Pfandbons im Wert von 1,30 Euro nach 31 Jahren Betriebszugehörigkeit gekündigt wurde. Und aus dem privaten Umfeld können wir alle nach ein paar Jahren Berufstätigkeit kleinere oder größere Geschichten erzählen, wo Dinge unfair gelaufen sind, Menschen ausgenutzt oder getäuscht wurden. Keine Frage: Wo jeden Tag viele Menschen zusammenkommen, kommen auch viele menschlichen Schwächen auf allen Seiten zusammen. Umso wichtiger ist es aber, dass wir uns immer wieder klarmachen, wie wir im Unternehmen miteinander umgehen wollen, welche Kultur wir pflegen wollen.

Wem das alles zu naiv klingt, dem will ich es gerne auch nochmals personalwirtschaftlich erklären. Jenseits der prekären Beschäftigungsverhältnisse in Problembranchen hat sich nämlich auch das Marktumfeld verändert. Bereits Ende der 1990er-Jahre warnte der McKinsey-Berater Steven Hankin vor einem »War for Talent«, einem Krieg der Unternehmen um die besten Köpfe. Vom Wortschatz her gefallen mir solche Bilder nicht, aber es ist einprägsam und hat etwas bewirkt. Und im Zusammenwirken mit dem demografischen Wandel und dem Fachkräftemangel hat sich daraus mittlerweile eine neue Perspektive im Personalmanagement ergeben. »The war is over, talent has won«, hört man heute viele sagen. Die Talente haben gesiegt. Und mit Talent sind längst nicht mehr nur die genialen Quantenphysiker und Raketenwissenschaftler gemeint, sondern letztendlich die kompletten nachkommenden Generationen, die die Arbeitswelt mit uns »alten Talenten« weitergestalten und sie irgendwann von uns übernehmen werden. Der Talentbegriff ist sozusagen demokratisiert, und das ist auch gut so. Natürlich, nicht jeder kann jetzt 7,30 Meter weit springen wie Malaika Mihambo oder Beethoven spielen wie Igor Levit. Aber ein Unternehmen besteht eben gerade nicht aus Ausnahmepersönlichkeiten, von denen man noch dazu möglichst jeden Tag Spitzenleistungen erwarten darf, sondern aus einer Menge sehr unterschiedlicher Menschen, die im Zusammenwirken etwas erschaffen sollen. Und es geht darum, dass hier jeder und jede im Rahmen seiner Möglichkeiten etwas beitragen kann. So ist der Talentbegriff zu verstehen und damit letztendlich auch generationsübergreifend. Es geht um Potenzial, das ist die neue Perspektive.

Überall dort, wo dies nicht verstanden wird, knirscht es im Gebälk des Unternehmens. Der häufigste Fehler von Unternehmen ist die einseitige Leistungserwartung. Als Unternehmen sind wir beispielsweise sehr gut darin, Bewerbern zu erklären, was wir von ihnen erwarten. Man muss sich nur eine durchschnittliche Stellenanzeige anschauen. Da wird Anforderung auf Anforderung getürmt und ein ungeheurer und zugleich sinnloser Druck erzeugt. Wir erwarten, dass Menschen zum Unternehmen passen, und machen das an einer Fülle technischer Fähigkeiten und Zertifikate fest. Die Bewerbungsprozesse glichen bis vor wenigen Jahren in den meisten Unternehmen einem Spießrutenlaufen, von Wertschätzung war nicht viel zu spüren. Eine Zusage wurde dann häufig in der Form eines Gnadenaktes zelebriert. Man gewährte jemandem das Privileg, für das Unternehmen arbeiten zu dürfen. Kein Umgang auf Augenhöhe wurde vorgelebt, sondern ein Machtgefälle. Dieses Machtgefälle gibt es heutzutage in dieser Form nicht mehr überall. Am stärksten lebt es aber fort in den falschen Vorstellungen von Führungskräften.

Falsches Verständnis von Führung

Vielleicht ärgere ich mich so über schlechte Führung, weil ich selbst so oft mit meinen Vorgesetzten überdurchschnittlich gute Beispiele an Führungskräften erlebt habe, die gezeigt haben, wie es geht.

Führung ist etwas, das man in erster Linie von anderen Führungskräften, von den Vorbildern der Vorgängergeneration lernt. Man kann vielen deshalb nicht mal wirklich einen Vorwurf machen, außer vielleicht, dass sie die Zeichen der Zeit nicht beachtet haben. Die Verhaltensmuster bei Führungskräften verändern sich meiner Erfahrung nach langsamer, als es die gesellschaftlichen Umstände und der Personalmarkt tun. Hier lebt oft noch eine alte Welt weiter.

Ich musste kürzlich schmunzeln über einen alten Studienfreund, der mir nach Wochen der Corona-Abstinenz mit einem Augenzwinkern sagte: »Ich bin froh, dass alle jetzt wieder im Büro sind, so wie vorher, dann kann ich sehen, was sie leisten.« Vorgesetzte verstehen sich als Kontrollorgane, die ihre Mitarbeiter und Mitarbeiterinnen zur Arbeit antreiben müssen, weil diese sonst angeblich zu faul oder unfähig sind. Entsprechend sind der Umgangston, die Führungstechniken und Organisationsprinzipien. Hierarchie, das Machtgefälle, der Druck, all das sind immanente Bestandteile dieses veralteten Verständnisses. Auch ein Wissensgefälle gehört dazu. Ich habe Ihnen von meinen ersten Berufsjahren berichtet. Es war damals in vielen Bereichen normal, dass Vorgesetzte ihr Wissen gerade nicht teilten, sondern für sich behielten. Die Mitarbeiterinnen und Mitarbeiter mussten nichts verstehen, sie sollten machen, was man ihnen sagte. Wenn wir heutzutage von Eigenverantwortung reden, dann klingt das so selbstverständlich. Aber haben wir auch wirklich verstanden, was das heißt? Können wir von Menschen, denen wir 20 Jahre lang eingetrichtert haben, wie sie zu funktionieren haben, nun über Nacht erwarten, dass sie alles ganz anders machen? Und was, wenn nicht?

Ich erlebe unter den Beschäftigten in Unternehmen fast niemanden, der oder die diese Art der der Führung plausibel und überzeugend findet. Schaut man sich Umfragen unter Beschäftigten an, so streben heute auch nur noch 7 Prozent überhaupt eine Führungsposition an. Unter Jugendlichen oder Hochschulabsolventen schwindet die Begeisterung noch weiter.[7] Diese Art des Wirtschaftens lässt sich für sie nicht in Deckung bringen mit dem Wunsch nach einem wertschätzenden Arbeitsumfeld, mit persönlichen Wertevorstellungen und dem Bedürfnis, mit der Arbeit einen Sinn verbinden zu können. Und auch in Managementpositionen kenne ich viele, die es so sehen. Denen es geht wie mir. Moderne Mangerinnen und Manager und insbesondere die nachkommenden Generationen haben immer weniger Lust, dieses einseitige und somit nutzlose Spiel mitzuspielen.

Wenn Sie jetzt zu dieser Altersgruppe gehören und sich eine bessere Welt wünschen, dann habe ich eine Bitte: Gehen Sie in ein Unternehmen und streben Sie dort eine Führungsposition an. Denn eine bessere Welt gibt es nicht gratis. Mahatma Gandhi, dem Anführer der indischen Unabhängigkeitsbewegung, wird oft das verfälschte Zitat zugeschrieben: »Be the change you want to see«. Auch wenn es so nicht exakt gefallen ist[8], dürfte es seiner Philosophie doch nicht widersprechen. Sie werden andere Menschen finden, die ebenfalls motiviert, intelligent, einfallsreich und kollegial sind. Trauen Sie sich etwas zu. Nutzen Sie Ihre Fähigkeiten und Ihr Wissen, um die gewohnten betriebswirtschaftlichen Annahmen infrage zu stellen und eine bessere Form des Wirtschaftens zu etablieren, die nachhaltigen Erfolg für alle anzubieten hat. Ich kann Ihnen nicht versprechen, dass es leicht wird. Aber vielleicht haben Sie ja wie ich Freude an Komplexität und daran, sie mit anderen zusammen aufzulösen.

Ich denke, es ist klar geworden: Führungskräfte sind keine schlechten Menschen, sondern im Gegenteil meistens Menschen, die auch ein Bedürfnis haben, Verantwortung für mehr Menschen als nur sich selbst zu übernehmen. Entsprechend landen bei ihnen aber auch alle Probleme, die Menschen in der Arbeitswelt mit sich oder mit anderen haben können.

Wie gehen wir mit Leuten um, die nicht den Erwartungen entsprechen? Was machen wir mit denen, die vermeintlich oder tatsächlich nicht mithalten können? Die dem Druck nicht standhalten, die ausgepowert sind oder die einfach nur einen Durchhänger haben? Und die deshalb nicht die Leistung erbringen können, die wir in irgendeiner Schlüsselkennzahl in unserem ERP-System hinterlegt haben? Es gibt auch Fälle, wo Leute einfach nur am falschen Platz sind und in einer anderen Konstellation sicher glücklicher wären.

Und dann gibt es die unangenehmen Fälle. Diejenigen, die den Betriebsfrieden stören. Die aufhetzen und ausgrenzen. Die mobben, belästigen, intrigieren oder sabotieren.

Von Führungskräften erwarten wir, dass sie das alles ins Lot bringen und dabei natürlich selbst keine Fehler machen. Wenn das alles klappt, loben wir uns für eine tolle Führungskultur. Aber Führungskultur ist nicht nur die Kultur der Führungskräfte im Unternehmen, sondern auch die Kultur des Unternehmens für ihre Führungskräfte selbst.

Ich will Sie mit einem durchaus weit verbreiteten Negativbeispiel sensibilisieren. Ein besonders die Arbeitskultur prägendes Vorgehen hat in den vergangenen Jahren ausgehend vom Konzept des sogenannten Topgrading in vielen Unternehmen Vertrauen zerstört. Der ursprüngliche Gedanke des Topgrading hatte zum Ziel, die besten Leute für Führungspositionen zu identifizieren. Im Laufe des Verfahrens wurden die infrage kommenden Mitarbeiter und Mitarbeiterinnen in drei Kategorien eingeteilt, wovon allerdings nur die A-Kategorie für die nächste Beförderung in Betracht kam. Doch wie viele andere Theorien und Modelle im Management verselbstständigen sich die Dinge gerne einmal. Und was als Instrument zur Identifikation der Besten begonnen hat, wurde vielfach ins genaue Gegenteil gekehrt. Plötzlich war nicht mehr wichtig, wer Kategorie A war, sondern man kam auf die Idee, sich Kategorie C anzuschauen und beispielsweise jedes Jahr »10 Prozent der Schlechtesten hinauszubefördern«. Das war eine komplett destruktive Logik, die von vornherein davon ausgeht, dass potenziell jeder und jede Einzelne »ungenügend« ist. Ich erinnere mich an Gespräche bei Cocktailempfängen, wo Manager sich darin übertrafen, sich mit der Zahl ihrer »aussortierten Low-Performer« zu brüsten. Ich konnte bei keinem der Unternehmen erkennen, dass es dadurch einen substanziellen Wettbewerbsvorteil erreicht hätte. Und ich warte auch noch auf den Psychologen, der mir erklärt, wie man auf dieser Basis Motivation, Engagement und Loyalität in der Belegschaft erzeugen kann.

Kultur schützen

Ein weiteres Beispiel, das immer wieder in den Medien Schlagzeilen macht, ist der »Umgang mit Low-Performern«. Personalchefs in Deutschland können sich die vergangenen Jahre kaum retten vor Seminar- und Beratungsangeboten mit diesem Titel. Ich fand allein diese Bezeichnung für Menschen – »Minderleister« – schon immer irritierend. Und auch ein Teil der Angebote erfüllt diese Kategorie. Denn zu oft geht es eben gar nicht um eine Problemlösung im beiderseitigen Interesse, sondern einfach nur darum, Leute loszuwerden, die plötzlich nicht mehr passen, aber erstaunlicherweise über viele Jahre hinweg gute Bewertungen und auch Gehaltserhöhungen bekommen haben. Systematisch wird dann zum Beispiel eine arbeitsrechtliche Logik eingebaut, die von Anfang an zum Ziel hat, alle rechtlich notwendigen Kriterien für eine Kündigung vorzubereiten und zu erfüllen. Es geht nicht um die Frage, wie es dazu kommen konnte, was man vielleicht auch als Unternehmen versäumt hat oder wie man die Situation normalisieren könnte. Wir bekommen eine Verhärtung der Fronten statt eines Dialogs und das Finden einer gemeinsamen Lösung.

Sicher, es gibt auch Fälle, die leider hoffnungslos sind. Aber das ist nicht der Regelfall. Und natürlich prägt auch der Umgang mit kritischen Situationen nachhaltig das Bild, das Beschäftigte von ihrem Unternehmen haben. Was kann ich von einem Arbeitgeber erwarten, der mich beim ersten Problem wie eine heiße Kartoffel fallen lässt? In welche furchtbare menschliche Situation bringt ein Unternehmen diejenigen Kolleginnen und Kollegen, die es auf undurchsichtige Weise hinausschiebt und dabei Loyalität gegenüber dem Unternehmen gegen Mitmenschlichkeit ausspielt? Und was muten wir den Führungskräften zu, indem wir von ihnen erwarten, auf diesem Weg zu Ergebnissen zu kommen?

Wer Führungskultur haben will, muss Führungskräfte vor solchen unsinnigen Anforderungen schützen. Das Unternehmen immer mal wieder jemanden entlassen müssen oder wollen ist normal. Aber es gilt auch zu prüfen: Sind die identifizierten Low Performer das Problem oder die Rahmenbedingungen – die Struktur, die Performance nicht zulässt, eine Führungskraft, die schlechte Stimmung verbreitet, ein persönliches Problem im familiären Umfeld? Zur Führungskultur gehört deshalb auch eine funktionierende Dialog- und Trennungskultur, in der der Mensch im Mittelpunkt steht und die von gegenseitigem Respekt geprägt ist.

Der Rahmen, den das Unternehmen setzt, sollte gleichermaßen großzügig wie konsequent sein. In der Sache sehe ich dabei mehr Toleranz als im persönlichen Verhalten. Wer Fehler macht, kann lernen. Wer aber seine charakterlichen Defizite und sein Ego nicht in den Griff bekommt, der schadet dem ganzen System. Das Beschwören von Werten und Prinzipien hilft nicht, wenn wir nicht willens und in der Lage sind, uns von denjenigen Menschen zu trennen, die Kolleginnen und Kollegen oder das Unternehmen ausnutzen, schädigen oder verletzen. Da gibt es kein Vertun, von diesen Menschen muss man sich trennen, egal auf welcher Hierarchieebene sie sind und wie nützlich sie gerade aktuell erscheinen. Ein funktionierendes System kompensiert den kurzfristigen Verlust. Die langfristige Belastung wirkt hingegen weitaus schädlicher.

Das deutsche Arbeitsrecht leistet uns in diesem Zusammenhang allerdings nicht immer Hilfe. Die grundsätzliche Annahme der Arbeitsgerichte, dass die Beschäftigten am kürzeren Hebel sitzen und deshalb stärker vom Recht geschützt werden müssten als die Unternehmen, trifft eben pauschal nicht zu. Und so profitieren einige wenige tatsächlich problematische Menschen von der Schutzwirkung, die für die vielen gedacht war. Das beginnt schon, wenn man Menschen eine neue Aufgabe zuweisen will. Es gibt diejenigen, die sich so lange so unmöglich verhalten, bis man sich zur Kündigung durchringt und die absehbar hohe Abfindung in Kauf nimmt, die die Person vom Arbeitsgericht zwangsläufig zuerkannt bekommen wird. Dem Betriebsfrieden dient das auch nicht, denn die allermeisten Kolleginnen und Kollegen sehen in solchen Abfindungen eine »Belohnung fürs Quengeln« und sind entsprechend selbst verstimmt. Hier lohnt sich ein Blick in die Historie und ins System: Sind das erlernte und sozial akzeptierte Verhaltensweisen, die sich über die Jahre und Jahrzehnte als Königswege herauskristallisiert haben? Oder wirklich Einzelfälle? Bei Ersterem muss ich mir als Unternehmen ganz grundsätzlich noch mal Gedanken machen, denn das ist ein teurer Weg.

Es gibt leider auch die Fälle, in denen Betriebsräte die Mitbestimmung nicht im Sinne des Unternehmens auslegen, dem sie verpflichtet sind, sondern der persönlichen Profilierung. Wenn wir eine flexiblere Arbeitswelt für alle haben wollen, dann müssen wir auch arbeitsrechtlich flexibler werden. Viele Betriebsräte haben das verstanden und sind offen, ja drängen geradezu die Arbeitgebenden, sich gemeinsam mit ihnen an den Tisch zu setzen. Zugleich verhindern Erfahrungen aus der Vergangenheit schnelle Fortschritte, da sich beide Seiten schon für die kleinsten Schritte rechtlich bis ins letzte Detail absichern.

Dazu braucht es mehr Vertrauen zwischen Arbeitgeber und Arbeitnehmer, aber auch das Vertrauen des Gesetzgebers, nicht noch kleinste Details des Arbeitsverhältnisses vorgeben zu wollen. Ich habe zuletzt sehr gute Erfahrungen bei Tarifverhandlungen für modernere Rahmenbedingungen gemacht, und zwar mit dem Betriebsratsgremium genauso wie mit der Gewerkschaft ver.di. Letztendlich sind alle am Geschäft Beteiligten Profis, wir alle kennen die Stärken und Schwächen des Systems. Wenn wir die Stärken zusammenwerfen, anstatt die Schwächen gegeneinander auszuspielen, kommen wir weiter.

Psychische Belastung

Die negativen Aspekte falscher oder fehlender Führungskultur bleiben nicht ohne Folgen – für Beschäftigte und Führungskräfte gleichermaßen. Wir erleben die vergangenen Jahre verstärkt die gesellschaftlichen Auswirkungen einer Arbeitswelt, die sich zu wenig an den Bedürfnissen der Menschen orientiert oder sogar dagegengewirkt hat.

Historisch wissen wir auch: Arbeit kann krank machen. Schon im 16. Jahrhundert gab es medizinische Lehrbücher über Lungenerkrankungen bei Bergarbeitern. Zu Zeiten von Karl Marx grassierte die klassische Ausbeutung des industriellen Frühkapitalismus mit überlangen

Arbeitszeiten inklusive Kinderarbeit. Heute ist alles besser, aber auch etwas komplizierter. Und leider ist das Phänomen Krankheit aufgrund von Arbeit nicht ganz verschwunden, sondern verändert sich. Und wir sehen eine Entwicklung, die die Veränderungen der Wirtschaftsstruktur nachvollzieht.

Wenn man zum Beispiel mal einen Blick in den Gesundheitsreport des BKK-Dachverbandes für 2019 wirft, so stellt man fest, dass psychische Erkrankungen bei der Arbeitsunfähigkeit mittlerweile mit 15,7 Prozent an dritter Stelle stehen, knapp nach Atemwegserkrankungen mit 16,4 Prozent und den Muskel- und Skeletterkrankungen mit 23,8 Prozent. Bei Letzteren wiederum erleben wir in der Praxis häufig einen Zusammenhang mit Stress. Rückenschmerzen sind laut dem Bericht die häufigste Einzelerkrankung, und neben den üblichen Erkältungsinfektionen, die wir uns zweimal im Jahr mit schöner Regelmäßigkeit holen, gehören »depressive Episoden« mittlerweile auch dazu. Frauen sind dabei übrigens häufiger betroffen als Männer. Ganz besonders auch das Gesundheits- und Sozialwesen. Ich will es an dieser Stelle bei einem Wink mit dem Zaunpfahl belassen. Die Coronapandemie hat uns gezeigt, wer die Doppel- und Dreifachbelastung üblicherweise trägt.

Was ich besonders bedrückend finde: Ein wesentlicher Aspekt der psychischen Belastung ist der Umgang mit anderen Menschen. Das leuchtet ein, wenn wir an Pflegeberufe denken. Man hat es dort mit älteren, gebrechlichen, oft auch dementen Menschen zu tun, deren Lebenserwartung absehbar ist. Man ist regelmäßig mit Einsamkeit, Leid und auch mit dem Tod konfrontiert. Das sind Belastungen, die wir in vielen anderen Berufen nicht haben. Umgekehrt frage ich mich allerdings: Wenn wir das wissen, warum bekommen wir es nicht besser in den Griff?

Aber auch jenseits des Gesundheitswesens sind diejenigen Berufe stärker betroffen von psychischer Belastung, die mit anderen Menschen zu tun haben, beispielsweise im täglichen Kundenkontakt, oder auch soziale und kulturelle Berufe. Ich will die Frage offen im Raum stehen lassen: Kann es sein, dass wir in manchen Bereichen Menschen in unvorbereiteten Situationen und Problemkonstellationen aufeinanderprallen lassen, obwohl wir wissen, dass ihnen das oft nicht guttut? Was sagt das über uns? Was wäre das für ein Geschäftsmodell?

Kostenfaktor Mensch

Für mich gibt es keine Wertschöpfung ohne Menschen. Wer glaubt, die Kapitalerträge an der Börse, die Kursgewinne und Unternehmensdividenden kämen ohne Menschen zustande, der muss schon sehr zynisch oder sehr ahnungslos sein.

Der Faktor Mensch ist die Triebfeder des Wirtschaftskreislaufs. Er löst als Kunde überhaupt erst die Nachfrage aus. Der Mensch ist dabei aber nicht – zumindest nicht hauptsächlich – ein Konsumtier, als der er manchmal kritisch dargestellt wird. Es gibt eben eine Vielzahl von Bedürfnissen, Wünschen, Träumen und Lebensvorstellungen, die verwirklicht werden wollen und über die wir auch nicht vorschnell urteilen sollten, nur weil sie nicht unserem Lebensgefühl entsprechen. In vielen Unternehmen ist es in den vergangenen Jahren gelungen, ein besseres Verständnis der Kunden, ja eine stärkere Kundenorientierung insgesamt aufzubauen. Umso mehr erstaunt es mich, wenn wir den Mitarbeiterinnen und Mitarbeitern nicht denselben Stellenwert einräumen. Im Gegenteil, es wird immer wieder versucht, einen Teil der Maßnahmen zur Steigerung der – vermeintlichen – Kundenorientierung zulasten der Beschäftigten umzusetzen. Man möchte Preise senken und setzt dazu auf Leistungsverdichtung und Personaleinsparung. Der Mensch, den man als Kunden mittlerweile schätzen gelernt hat, ist als Mitarbeiter nach wie vor oft nur ein Kostenfaktor.

Eine besondere Form der Missbilligung dieses Denkens gab es schon 2005. Die Gesellschaft für deutsche Sprache hatte den Begriff »Humankapital« zum Unwort des Jahres erklärt. Das ist insofern bedauerlich, als die Jury dabei offenbar nicht wusste, was eigentlich hinter diesem Begriff steckt. Die Begründung lautete damals, dass der Begriff den Menschen allgemein zu einer nur ökonomisch interessanten Größe mache und alle Lebensbezüge nur noch ökonomisch betrachtet würden. Wäre das so gemeint, würde ich mich dieser Kritik durchaus anschließen. Man darf den Menschen nicht auf seine ökonomischen Aspekte reduzieren.

Aber in den Unternehmen stehen wir an einem ganz anderen Punkt. Wir sind noch so organisiert, dass wir dem individuellen Menschen, von wenigen Ausnahmen abgesehen, gar keinen ökonomischen Wert beimessen können. Wir kommen vielleicht auf die Idee, wenn wir jemanden haben, der oder die besonders gut in der Forschung und Entwicklung ist. Wir rechnen dann um, welche Patente jemand mit ermöglicht hat, welchen Anteil die Person hatte und welche Werte dadurch geschaffen wurden. Doch erst in den zurückliegenden Jahren haben wir begonnen, die »immateriellen Werte« zu betrachten. Und das sind Dinge, die in viel weiterem Sinne mit Menschen zu tun haben.

Ein anderes Beispiel: Jemand im Vertrieb gewinnt besonders gute und ertragreiche Kunden. Die Kunden hängen aber auch an dieser Person, aufgrund von Kompetenz oder vielleicht einfach nur aufgrund von Sympathie, weil die Chemie stimmt. Wenn wir also Kundenorientierung ernst nehmen wollen, wie gehen wir dann mit der Kundenbindung um, die eben gerade nicht an unseren Produkten oder Leistungen liegt, sondern an unseren Menschen? Noch weiter gedacht: Was, wenn wir uns in Produkten, Leistungen und Preisen nicht wesentlich von Wettbewerbern unterscheiden? Den Unterschied macht dann fast ausschließlich der Faktor Mensch. Haben wir das auf dem Zettel? Steckt das in unseren Kennzahlensystemen? Denken wir auch daran, wenn wir über »Kostenoptimierung« sprechen?

Für mich gibt es zwei grundsätzlich unterschiedliche Denkrichtungen: Betrachte ich den Menschen lediglich als anonymen Kostenfaktor, den ich minimieren muss, oder betrachte ich ihn individuell als Potenzial oder Wirtschaftsgut, wie man in der Finanzwelt sagen würde? Als einen tatsächlichen Vermögenswert im Unternehmen? Als vollwertiges Subjekt in einem System, das im Zusammenwirken Wertschöpfung erzielen will und dazu auf die maximale Potenzialentfaltung jeder und jedes Einzelnen setzen sollte? Als ein verborgenes Kapital, das gehoben werden will? Das klingt fürs Erste tatsächlich wie eine rein ökonomische Betrachtung. Ich will später ausführen, was für mich noch dazugehört.

Restrukturierung als Patentrezept

An diesem Punkt komme ich zu einem Herzensanliegen. Ich selbst stehe als Managerin absolut für die Transformation von Unternehmen. Aber eben gerade nicht in der Form, wie sie flächendeckend praktiziert wird, nämlich als klassische Restrukturierung, bei der möglichst hohe Millionenbeträge als Sparziele ausgegeben werden und eine möglichst große

Zahl an Stellenabbau verkündet werden muss. Wofür machen wir diese Kostenprogramme? Und warum machen wir das so, wie wir es immer machen? Eine Antwort liegt in den kurzfristigen Investoreninteressen, die wir meinen, durch diese Form der Restrukturierung zu befriedigen. Eine echte Transformation setzt auf nachhaltige Wertschöpfung und definiert ihre Umsetzungsschritte vom ganzheitlichen Zukunftsbild her.

Wie sieht es in der Praxis aus, wenn es im Unternehmen nicht rundläuft? Ich mache es an einem aktuellen Beispiel fest, den Namen will ich nicht nennen. Mir geht es gar nicht darum, ausgewählte Personen anzugreifen, denn fast alle machen das Gleiche. Ich nehme ein Unternehmen, von dessen grundsätzlicher Motivation, sich zukunftsfähig umzugestalten, ich durchaus überzeugt bin. Aber auch hier: 6 000 Stellen sollen abgebaut werden, davon 3 000 davon in Deutschland und etliche auch am Stammsitz mit anderthalb Jahrhunderten Tradition. Zwar gibt es keine betriebsbedingten Kündigungen, und der Stellenabbau soll »sozialverträglich« sein, doch was heißt das? Wir sprechen dann von beachtlichen Abfindungssummen einerseits, mit denen Leute »rausgekauft« werden, und andererseits von der staatlich subventionierten Altersteilzeit. Ich bin nicht grundsätzlich gegen dieses Instrument. Aber ich will auch hier wieder versuchen, in einen Aussagesatz zu packen, was wir in den Unternehmen machen: Wir bezahlen Menschen Geld dafür, dass sie ihre Produktivität einstellen, und bekommen einen Teil der Kosten vom Staat ersetzt. Kann es das sein?

Der renommierte Wirtschaftsjournalist Bernd Ziesemer kommentiert den Vorgang in besagtem Unternehmen gar mit einem schmunzelnden Unterton: »Und in Wahrheit baut (das Unternehmen) nur einen Teil der Stellen wieder ab, die (das Unternehmen) in den vergangenen drei Jahren erst aufgebaut hat.«[9] In der Tat haben zahlreiche Unternehmen in der Gesamtschau ein merkwürdiges Darstellungsproblem. Jedes der Unternehmen, die mit Tausenderzahlen beim Stellenabbau durch die Medien gehen, hat gleichzeitig Hunderte offener Stellen auf den eigenen Internetseiten und in Jobportalen ausgeschrieben. Es liegt in der Natur großer Unternehmen, dass sie ständig und in vielen verschiedenen Bereichen einen Nachbesetzungsbedarf haben. Aber will ich als Nachbesetzung von heute der Abfindungsfall von morgen sein? Welche Zukunftsperspektive kann ein Unternehmen, das sich im kontinuierlichen personellen Abwärtsstrudel bewegt, einer nachwachsenden Generation anbieten?

In den zurückliegenden Jahren erfreut sich die Metapher einer »atmenden Belegschaft« zunehmender Beliebtheit in Managementkreisen. Man möchte das Auf und Ab von Konjunkturzyklen oder Marktschwankungen dergestalt abbilden, dass auch die Beschäftigtenzahl entsprechend der Lage zunimmt oder zurückgeht. Aber ist das nicht ein Euphemismus, reden wir uns damit nicht das schön, was ohnehin stattfindet? Und wie soll das funktionieren, kontinuierlich viel auszuatmen und wenig einzuatmen? Beim menschlichen Körper jedenfalls wird schnell der Sauerstoff knapp.

Wo steckt der Sinn?

Gehen wir nochmals einen Schritt zurück und fragen uns: Warum machen wir überhaupt Restrukturierungen? Wir landen erst einmal wieder beim Thema Kosten und beim Thema Effizienz. Aber das ist nur der halbe Schritt. Wenn wir weiter in Richtung Ursachen gehen, stellen wir fest: Unsere Planung ist nicht aufgegangen. Auch hierzu könnte man natürlich anmerken, dass keine Planung für die Ewigkeit ist. Aber wie oft restrukturieren wir? Und welchen Wert hat die »neue Struktur«, wenn wir sie drei Jahre später schon wieder über den Haufen werfen? Eine europaweite Studie von Mercuri Urval aus dem Jahr 2012 hat den Zusammenhang von Veränderungsprozessen und Produktivität untersucht. Die verantwortlichen Manager kommen darin selbst zu der Einschätzung, dass ihre Veränderungsprozesse die Ziele nur zu 66 Prozent erreichen und während der Veränderungsphase zugleich ein Produktionsverlust von 43 Prozent zu verzeichnen ist.[10]

Aber gehen wir wirklich an die Prozesse heran, untersuchen wir den Weg, auf dem wir eine Leistung erbringen? Es ist ja durchaus möglich, dass man nach einer Analyse der Geschäftsprozesse zu Vereinfachungen, Rationalisierung und Automatisierung kommen kann. Und dass dann eine Aufgabe an einer bestimmten Stelle erst einmal wegfällt. Was aber auf keinen Fall sein kann: dass ein Management ohne solche Analysen im Vorhinein schon wissen kann, mit welchem Einsparpotenzial über das gesamte Unternehmen zu rechnen ist. Aber genauso läuft es: Man legt einfach die nötige, »ambitionierte« Ziel-Zahl fest, und die Organisation muss dann flächendeckend zusammenkratzen, was geht.

Aus der rein technokratischen, einseitigen Kostenperspektive gibt es folgerichtig eine ganze Reihe von Stellen, bei denen zuerst gespart wird. Weiterbildung gehört dazu, was ich immer besonders absurd finde, wenn es doch angeblich um Zukunftsfähigkeit geht. Auch mit Immobilien lässt sich prima rechnen. Manches, was in den vergangenen Jahren als »neue Formen der Zusammenarbeit« angekündigt wurde, hat sich hinterher als Flächen-Sparprogramm herausgestellt.

Sehr schnell beendet man die Zusammenarbeit mit Freelancern. Zum einen, weil es einfach ist. Zum anderen, weil man ja sowieso weiß, was kommt. Denn der dicke Brocken ist immer der »Headcount«, der »Kostenfaktor Personal«. Und irgendwann ist sie da, die vierstellige Zahl am Freitagmorgen in der Zeitung. Soundso viel tausend Stellen werden abgebaut. Der Börsenkurs schnellt in die Höhe, die Belegschaft verschwindet deprimiert ins Wochenende. Dann geht das große »Köpfeschieben« in der Personalabteilung los – die zumeist selbst als Erstes betroffen ist. Wie bei anderen internen Bereichen auch, die keinen direkten Kundenkontakt oder keinen Produktionsbezug haben, fragt man plötzlich danach, was man von diesem »Wasserkopf« eigentlich habe, dort werde ja »kein Geld verdient«. Dass das genau diejenigen Leute sind, die das Geschäft vorbereiten und anderen den Rücken freihalten, fällt in dieser Situation gerne unter den Tisch. Den weiteren Fortgang der Geschichte kennen Sie. Altersteilzeit, Abfindungsregelung und Arbeitsverdichtung für die Übriggebliebenen.

Restrukturierung oder Destrukturierung?

Ich habe auch schon erlebt, dass Transformationsprozesse völlig sinnentleert begründet wurden: »Von Zeit zu Zeit muss man den Laden einfach mal wieder aufrütteln und durchschütteln.« Ein bisschen Stress und Kriegsschreie erhöhen die Produktivität. Also alle erschrecken, in Panik versetzen, mit Zusatzarbeit belasten und vom eigentlichen Fokus ablenken. Das alles in der Hoffnung, dass hinterher irgendwas anders und besser ist. Management nach dem Chaos-Prinzip. Tatsächlich werden dann die beschriebenen Veränderungen nach Schema F umgesetzt. Die Restrukturierung wird zur Destrukturierung. Nichts geht mehr.

Ein besonders kurzsichtiger Fehler passiert praktisch bei jedem Digitalisierungsprojekt, das der Rationalisierung und Kostenersparnis dient.

Wir verlieren hier mit erstaunlicher Zuverlässigkeit den eigentlichen Wertschöpfungsprozess, den wir ja digital neu nachbauen wollen, komplett aus den Augen. Denn in der Transformation und Digitalisierung von Prozessen fällt erst einmal Mehrarbeit an. Die Abbauprogramme starten aber immer schon, bevor die Ergebnisse von Prozessoptimierung oder Digitalisierung eintreten können und eine Aufgabe tatsächlich auch wegfallen kann. Aber darüber redet keiner, wenn eine Restrukturierung beschlossen wird. Digitalisierung ist erst einmal ein Investment, auch in Menschen. Eigentlich bräuchte man in der Phase der Systemumstellung die doppelten Kapazitäten, aber im Management haben sich alle schon die Personaleinsparungen für den eigenen Bereich ausgerechnet und ganz stolz die Planerfüllung gemeldet.

Jede Systemumstellung, die ich mitgemacht habe, hatte die Phase der totalen Katastrophe. Nichts hat funktioniert, Kunden hingen massenhaft zornig in den Telefonleitungen, Mitarbeiterinnen und Mitarbeiter hatten plötzlich keinen Systemzugang mehr, Rechnungen konnten nicht gestellt werden und vieles mehr. Wir laufen zielsicher in das tiefe Tal der Tränen, Menschen müssen erst einmal Fehler beheben, während sie zeitgleich noch ihren normalen Job machen. Die Frustration ist maximal, und manche der Älteren nehmen dann schließlich doch gerne attraktive Abfindungsangebote an, um sich den Stress nicht mehr anzutun.

Doch viele erfahrene Beschäftigte bleiben auch und holen in solchen Situationen oft die Kohlen aus dem Feuer. Sie sind lange dabei, kennen das Geschäft und wissen, wie man improvisiert oder auf einem Umweg zum Ziel kommt. Sie tun dies aus Loyalität und Treue zum Unternehmen, aus Kollegialität und nicht zuletzt aus Pflicht- und Verantwortungsbewusstsein gegenüber den Kundinnen und Kunden. Sie sind trotzdem diejenigen, die nachher überflüssig sein sollen. Ist das fair? Ist das motivierend? Ist das klug? Restrukturierungsprozesse sind auch gigantische Aktionen der Wissensvernichtung, denn über das Wissen der vielen wissen wir im Unternehmen erstaunlich wenig. In Kennzahlen bilden wir es bislang kaum ab. Aber es ist ja da, und es wirkt sich aus. Beziehungsweise, es ist eben nach dem Abbauprogramm nicht mehr da. Dieses Thema wird uns bei der künstlichen Intelligenz in Zukunft auch noch öfter begegnen. Warum soll ich der Maschine etwas beibringen, wenn sie dafür nachher meinen Job überflüssig macht? Das Verhältnis von Mensch und Maschine kann deshalb für mich nur unter einer Prämisse erfolgreich gestaltet werden: Es muss klar sein, dass der Mensch nicht ersetzt wird, sondern ein Werkzeug erhält, um seine Produktivität und seinen Erfolg zu steigern.

Corona

Die Pandemie war für die gesamte Wirtschaft ein völlig unkalkulierbarer exogener Schock. In einer solchen Krisensituation steht Liquiditätssicherung an erster Stelle. Umso bedenklicher fand ich in vielen Fällen die Reaktionen, die sich gerade nicht von den üblichen Mustern unterschieden. Ohne Ansehen der Ursachen oder Perspektiven wurde vielerorts der Rotstift gezückt und Personalabbau bis weit hinein in die Stammbelegschaften projektiert. Teilweise auch bei Personal, von dem man schon vorher wusste, dass man es nach der Krise wieder brauchen wird. Denken wir beispielsweise an die Luftfahrt oder die Tourismusindustrie.

Am Frankfurter Flughafen wird derzeit ein drittes Terminal gebaut. Man lobt sich selbst für »eines der größten Infrastrukturprojekte Europas«. Nach Fertigstellung erwartet man 19 Millionen Passagiere, die »von drei Flugsteigen an- und abreisen, durch den Marktplatz schlendern oder in den Lounges entspannen«. Dann Mitte des Jahres 2020 die Meldung, dass voraussichtlich 3 000 von 22 000 Stellen abgebaut werden. Man erklärt, die Personalmengen an das »prognostizierte geringere jährliche Verkehrsvolumen anpassen« zu müssen. Noch kurz vor der Coronakrise wurde allein für den innereuropäischen Flugverkehr mit einem jährlichen Wachstum von 3 Prozent gerechnet.[11] Noch Ende 2019 erwartete der europäische Champion Airbus einen langfristigen Nachfrageschub beim Bedarf an mittelgroßen Passagierflugzeugen.[12] Beim Frankfurter Flughafen erwartet man in der Coronakrise nun für das Jahr 2023 ein Verkehrsvolumen, das um 15 bis 20 Prozent niedriger liegen soll als 2019. Und um die Verwirrung komplett zu machen, muss plötzlich als ergänzende Begründung auch noch der Klimawandel herhalten. Ich denke, Ihnen dürfte aufgefallen sein, dass ich das Thema Klimawandel sehr ernst nehme. Aber genau deshalb will ich es auch nicht als Ausrede für andere Motive durchgehen lassen. Ja, es gibt vorübergehend keinen Bedarf für die gleiche Menge Beschäftigter, während die Märkte sich mehr als halbieren. Aber es gibt bessere Lösungen, die gemeinsam mit den Arbeitnehmervertretungen und der Politik verhandelt werden können.

Mein ehemaliger Arbeitgeber, der heute TUI heißt, will auch Stellen abbauen. Man wolle »gestärkt aus der Krise hervorgehen«, sagt der Vorstandsvorsitzende und möchte deshalb gleich »dauerhaft 30 Prozent der Overhead-Kosten reduzieren.«[13] Man scheut sich allerdings nicht, vom Staat das Kurzarbeitergeld und einen KfW-Kredit von 1,8 Milliarden Euro zu nehmen. Bei den Reisebuchungen für den kommenden Sommer, mit dem wir Corona hinter uns lassen, kann TUI schon wieder ein dickes Plus verbuchen. TUI beschäftigt 700 Piloten. Die Ausbildung ist umfassend und teuer. Auch wenn man sie während des Lockdowns nicht gebraucht hat, für die neue Saison und auch für die Zukunft braucht man sie wieder. Das Geschäft kommt wieder. Und dann will man wieder Geld für Rekrutierung und Ausbildung ausgeben? Man muss in einer solchen Situation nicht massenhaft Stellen abbauen, man kann andere Lösungen finden. Eine Kombination aus Teilzeit, Kurzarbeit, durchaus auch freiwilligem Verzicht, auf den man sich verständigen kann – und natürlich Lern- und Entwicklungsangebote. Gerade in dieser Zeit waren doch alle motiviert genug, innovative und flexible Lösungen zu finden. Wer diese Möglichkeiten nicht gesucht hat, der hat seinem Ruf und seiner Vertrauenswürdigkeit als Arbeitgeber keinen Gefallen getan.

Das Zahlen-Motiv

Ich bin im Zusammenhang mit diesem Buch nochmals aktuell einer Frage nachgegangen, die bei vielen kritischen Betrachtungen von Stellenabbauprogrammen eine Rolle spielt: Treibt ein Abbauprogramm den Börsenkurs in die Höhe? Wenn dem so wäre, entstünde uns gleich an zwei Stellen ein ethisches Problem. Zum einen – passiv – bei den Shareholdern, deren Unternehmensanteile sich zulasten der Beschäftigten im Wert erhöhen. Zum anderen – aktiv – im Management, das durch den Stellenabbau die eigenen Bonuszahlen ebenfalls in die Höhe treiben könnte, sofern diese vom Aktienkurs abhängen.

Eine Vielzahl von Studien ist dieser brisanten Frage in den vergangenen beiden Jahrzehnten nachgegangen. Wenn ich das Ergebnis positiv formulieren soll, dann lautet es: Egal, was Sie glauben – Sie haben recht.

Etwas nüchterner formuliert: Es kommt auf die Umstände der Abbau-programme an. Adam Bordeman, Kannan Bharadwaj und Roberto Pinheiro stellten 2018 fest, dass sich der Börsenkurs eines Unternehmens, das einen groß angelegten Stellenabbau betreibt, nach den Zukunfts-erwartungen richtet. War also mit dem oder trotz des Abbaus eine über-zeugende Geschichte von der Wachstumsperspektive verbunden, dann profitierte der Aktienkurs. Wurde der Stellenabbau hingegen eher als Notreaktion wahrgenommen, zum Beispiel auf eine Branchenkrise, dann sank der Aktienkurs. Man kann beides anhand der Kursentwick-lung von DAX-30-Konzernen auch für Deutschland ganz gut nachvoll-ziehen.[14]

Nun könnte uns das auf die Idee bringen, dass man einfach nur ein »überzeugendes Storytelling« betreiben muss, wenn man in großem Stil Stellen abbauen will. Aber das funktioniert auch nur, wenn die Rahmen-daten der Branche und der Konjunktur eine solche »Erzählung« wirklich zulassen. So ungerecht es ist: ThyssenKrupp beispielsweise konnte im Frühjahr 2020 seine Abwärtsbewegung erst stoppen, als der Verkauf der Aufzugssparte und damit ein Milliardenzufluss bekannt wurde.

Ein weiterer Aspekt ist interessant. Santiago Velasquez und Kollegen hatten bereits 2015 untersucht, wie sich die Kursreaktionen auf einen angekündigten Stellenabbau im Laufe eines Handelstages entwickelten. Dabei zeigte sich, dass grundsätzlich in den ersten zehn Minuten nach Bekanntwerden der Nachricht vom Stellenabbau starke negative Kurs-entwicklungen auftraten, die sich im Laufe der folgenden Stunden dann teilweise ins Gegenteil verkehrten. Insgesamt erweisen sich die im Laufe des ersten Handelstages erhältlichen Informationen für die Investoren nicht als nützlich, zu viele Unwägbarkeiten, zu viel Komplexität liegt hinter den Entscheidungen.[15] Die Börse stochert also im Nebel. Und Wertverlust oder Wertzuwachs des Unternehmens hängen möglicher-weise an einigen wenigen Informationen oder auch nur Gerüchten, die den Ausschlag geben.

Eine Studie von F. Scott Bentley, Ingrid Fulmer und Rebecca Kehoe aus 2018 fördert einen erstaunlichen Effekt zutage. Sie untersuchten, ob das Gehaltsniveau von CEOs deren Entscheidung beeinflusst, Stellenabbau zu forcieren. Tatsächlich fanden sie eine höhere Wahrscheinlichkeit bei denjenigen CEOs, die unterdurchschnittlich bezahlt wurden. Im Erfolgs-fall führte das dann auch zu einem Anstieg der Vergütung.[16] Nun wissen wir in diesem Fall nicht, was Henne und was Ei ist. Waren die CEOs möglicherweise deshalb geringer bezahlt, weil die Unternehmen nicht gut dastanden? Und waren die Abbauprogramme insofern das vorhersehbare Instrument, das kommen musste? Oder waren die unterdurchschnittlich bezahlten CEOs persönlich ambitioniert, etwas zu beweisen?

Eine positive Schlussfolgerung all dieser Erkenntnisse lautet, dass man eine planmäßige, systematische Fehlfunktion der Börse nicht behaupten kann. Die »Vernichtung« von Arbeitsplätzen ist nicht der Plan von Investoren.

Aber ich muss gleich wieder Wasser in den Wein gießen. Denn genauso wenig lässt sich die manipulative Nutzung der erkannten Gesetzmäßigkeiten im Einzelfall wirklich ausschließen. Dafür verschwimmen die Motivlagen zu sehr, und die Informationslage ist zu dünn. Und was vielleicht noch schlimmer ist: Vieles lässt sich im Rahmen des üblichen Börsengeschehens gar nicht erkennen. Insbesondere, da dieses selbst nicht immer rational und durchschaubar ist.

Für nachhaltige Investoren ist diese Situation unbefriedigend. Sie lässt zu viele Risiken offen. Und sie ist komplex und ruft dringend nach mehr Transparenz und Information.

Außerdem ist ein Faktor am Ende doch problematisch, auch wenn er gar nicht direkt mit dem Börsengeschehen zu tun: Es ist ein Umstand aus der Bilanzführung, der die klassische Form der Restrukturierung begünstigt. In dem Moment, in dem ich offiziell ein Restrukturierungsprogramm bekannt gebe, kann ich die Aufwendungen hierfür unterhalb der Kostenquote zeigen. Wenn wir Menschen entlassen, entstehen sogenannte »Außenverpflichtungen«, die wir als Rückstellungen abbilden und beispielsweise auch steuerlich zwischen einer Konzern-Holding und einer Tochter verschieben können. Wir können damit im gewissen Rahmen finanztechnische Aspekte steuern, zum Beispiel die Dividende. Es ist ein negativer Einmaleffekt, den ich gut erklären kann und der in den Folgejahren bereits »eingepreist« ist und mir als Vorstand dann meine »Wachstumserzählung« nicht mehr stört.[17]

Es ist also eine Mischung aus Arbeitserleichterung und Erfolgsmeldung für Vorstände, die in der Praxis so bequem ist, ja geradezu zur Gewohnheit geworden ist, dass sie nicht mehr ausreichend hinterfragt wird. Mir ist das zu schlicht, ich halte es wirtschaftlich im Sinne nachhaltiger Wertschöpfung nicht für zu Ende gedacht.

Was ist das Ziel?

Wer langfristig an seiner Investition interessiert ist, der sollte sich vom schönen Schein nicht trügen lassen. Denn der Kurswert von heute kann auch die Kosten von morgen bedeuten. Wenn wir nur in Kostenprogrammen denken, haben wir nicht unbedingt Produktivität geschaffen und schon gar keine Zukunftsausrichtung vorgenommen. Oft ist es sogar so, dass im Zusammenhang mit den Kostenoptimierungen gleich noch ein paar Nebelkerzen gezündet werden. Man hat vielleicht im Kerngeschäft noch nicht einmal große Ersparnisse generiert und »modifiziert« stattdessen Ergebnisse über Zukäufe oder Verkäufe von Unternehmensteilen. Der Shareholder Value ist hier also nur eine Inszenierung.

Bevor Sie jetzt zu bedrückt sind: Ich werde später ein paar Vorschläge machen, wie man Kostenmanagement auch wertschöpfungsorientiert betreiben kann, indem wir mit einer ganzheitlichen Zielsetzung herangehen und neue Mechaniken der Verantwortlichkeit installieren.

Komplexität sehen

Wenn Sie tagtäglich im Management Verantwortung tragen, dann ist bisher in diesem Kapitel Ihre Laune vermutlich in den Keller gegangen. Deshalb hier der kleine Hinweis: Ich habe diese Welt nicht erfunden, wie sie ist, sondern muss mich auch seit fast 30 Jahren darin zurechtfinden. Und so anstrengend es manchmal ist: Man muss sich der Komplexität stellen. Man gewinnt dadurch.

Gerade am Thema Restrukturierung erleben wir hautnah, was Komplexität bedeutet. Wir greifen aus einer Position ganz oben in praktisch alle Prozesse der Gesamtorganisation ein. Und wie wir gesehen haben, oft mit zweifelhaftem Ausgang, selten sogar mit nachweisbarem Erfolg im Sinne einer nachhaltigen Wertsteigerung. Eine Fehlannahme dabei ist, dass wir glauben, ganz oben alles verstehen und steuern zu können. Diese Feldherren-Fantasie unterschätzt oder ignoriert gar Komplexität.

Das Thema Komplexität zieht sich durch mein Leben. Was ich daran liebe, was es spannend macht, ist die Herausforderung, Komplexität zu verstehen und zu durchdringen. Irritiert haben mich immer diejenigen, für die alles einfach war, die die Komplexität gar nicht sehen konnten oder wollten. Man fragt sich im ersten Moment: »Mache ich es jetzt zu kompliziert, oder verstehe ich gar nicht, warum es so einfach ist?« Aber der einfache Weg ist oft die Abkürzung aus Bequemlichkeit, von der man sich den geringeren Aufwand erhofft und die sich dann doch als Sackgasse herausstellt.

Das führt im Management manchmal dazu, dass man lieber die Analyse vereinfacht, anstatt die Komplexität zu durchdringen. Ich habe meinen Kindern auch die Geschichten von Pippi Langstrumpf vorgelesen. »Zweimal drei macht vier« ist für alle Kinder lustig, weil es die Gesetzmäßigkeiten der Erwachsenenwelt auf den Kopf stellt. Und »Ich mach mir die Welt, wie sie mir gefällt« ist auch ein Motiv, das für Kinder ungeheuer positiv und ermutigend sein kann. Pippi Langstrumpf darf in ihrer Geschichte machen, was ihr gefällt. Aber im Management sollten wir uns nicht die Realität zurechtbiegen wollen, damit wir besser damit zurechtkommen. Dem großen US-amerikanischen Philosophen Abraham Kaplan wird die Urheberschaft für das »Law of the Instrument«[18], das Gesetz des Instrumentes zugeschrieben. »Gib einem kleinen Jungen einen Hammer, und er wird herausfinden, dass alles, was ihm begegnet, gehämmert werden muss.« Etwas weniger konfrontativ ausgedrückt: Wir wollen gerne die Werkzeuge, die wir beherrschen, auf unsere Aufgaben anwenden können.

Die Komplexität einer Organisation verlockt im täglichen Geschäft vielfach dazu, sie einfach zu ignorieren. Vorstände haben wenig Zeit, wollen »auf den Punkt« informiert werden, und irgendwann hat jemand die »Executive Summary« erfunden. Alle wichtigen Informationen müssen auf eine Seite passen. Nicht mehr, aber auch nicht weniger. In meinen Anfangsjahren im Beruf fand ich es eine spannende Herausforderung, das hinzubekommen. Im Laufe der Zeit habe ich immer mehr gelernt, dass es schwierig ist. Mittlerweile erwarte ich von einer Executive Summary keine Antworten mehr. Ich freue mich vielmehr, wenn es uns gelingt, ein Problem oder eine Herausforderung so zusammenzufassen, dass wir eine Diskussionsgrundlage haben. Und dann muss der gemeinschaftliche Problemlösungsprozess beginnen. Ich bin durchaus für einfache Lösungen zu haben. Vorausgesetzt, sie sind nicht aus Bequemlichkeit, Unkenntnis und Ignoranz ausgesucht worden, sondern als Ergebnis eines durchdachten Prozesses entstanden, der dem Komplexitätsgrad der Fragestellung gerecht wird.

Bei der Komplexität steht uns manchmal schlicht unsere menschliche Natur im Weg. Wir denken in vielerlei Hinsicht in einfachen Ursache-Wirkungs-Zusammenhängen. Knopf drücken – Licht an. Knopf nochmal drücken – Licht wieder aus. Und wir denken linear, also führen unsere bisher gemachten Erfahrungswerte entlang einer gedachten Entwicklungslinie in die Zukunft fort. Der bereits zitierte Prof. Volker Mosbrugger formuliert allerdings im Hinblick auf komplexe Systeme: »Induktionsschlüsse sind verboten, wir können nicht von der Vergangenheit auf die Zukunft schließen.«[19]

In seinem Buch *Schnelles Denken – langsames Denken* hat der Psychologe Daniel Kahnemann eine Menge Beispiele zusammengefasst, wie wir uns manchmal selbst täuschen oder kognitiven Verzerrungen (Bias) erliegen.

In der Coronakrise haben wir einen Eindruck davon bekommen, wie wenig wir uns die Komplexität einer Pandemie im Alltag vorstellen können. Hätten wir im Januar gedacht, dass aus einem einzelnen Fall in Deutschland binnen weniger Wochen zehntausende werden können? Haben wir im Februar geahnt, welche Schutzmaßnahmen schon im März notwendig sein würden? Und konnten wir uns im Juni vorstellen, was eine zweite Welle zum Ende des Sommers bedeuten würde? Ich kann mich an viele Gespräche erinnern, wo ich selbst und andere aus dem Bauch heraus keine besonders gute Einschätzung der Lage hatten und vor diesem Hintergrund allein keine guten Entscheidungen getroffen hätten.

Ich habe übrigens auch erlebt, wie Unternehmen als »übervorsichtig« kritisiert wurden, die bereits im Februar erste Restriktionen wie zum Beispiel Reiseverbote für ihre Beschäftigten ausgegeben haben. Auch viele Beschäftigte selbst fühlten sich gegängelt und in ihren Routinen gestört und hatten wenig Verständnis für die Aufhebung der gewohnten Abläufe. Dass dies alles auch ihrem Schutz und der Sicherung der Handlungsfähigkeit diente, haben viele erst später verstanden.

Sind wir alle Gefangene unserer Gewohnheiten? Ein Stück weit sicher schon, wir sind aber auch geprägt von einem Fokus auf das Detail anstelle des Blicks für das Ganze. Wir haben es uns teilweise aberzogen, in Zusammenhängen zu denken. Schon zu meiner Schul- und Studienzeit war es so, dass man bestimmte Dinge nur in sich hineinpaukte, um sie dann bei der Klausur punktgenau wieder auszuspucken und nie wieder in einem Gesamtzusammenhang mit zu diskutieren. Wir »wissen«: Prager Fenstersturz = Dreißigjähriger Krieg. Aber was haben wir verstanden? In der Generation meiner Kinder hat sich das zu einem regelrechten »Auftragslernen« weiterentwickelt: Lehrer und Lehrerinnen sagen, was in der Klausur drankommen wird. Schüler und Schülerinnen lernen auf Bestellung. Ein effizienter Deal für beide Seiten, aber kein effektiver. Was bleibt hängen? Andererseits erlebe ich gerade beim Studium meiner Tochter Amelie, dass es auch anders geht. Sie belegt einen interdisziplinären Studiengang aus Politik, Philosophie und Wirtschaft. Wir diskutieren viel über die Komplexität der gesellschaftlichen Zusammenhänge und Verantwortlichkeiten. Über die Rolle von speziellem Expertenwissen im Rahmen komplexer Zusammenhänge, über die Vielfalt möglicher Perspektiven.

Am Ende geht es immer um Zusammenhänge und Wechselwirkungen. Die Welt besteht eben nicht aus schlichten Ursache-Wirkungs-Beziehungen, sondern aus einer Vielzahl kleiner, großer und riesiger Systeme, die ihre inneren Gesetzmäßigkeiten haben und von einer Vielzahl an Einflussfaktoren abhängen. Aufs Unternehmen übersetzt: Schon die Interaktion mit unseren Kunden und Kundinnen beinhaltet eine gewisse Komplexität. Unsere Produkte und Dienstleistungen werden komplexer. Märkte sind schon immer komplexer, als wir glauben, mit einer Vielzahl beteiligter »Agenten«, wie die Ökonomie formulieren würde. Wir leben in einer komplexen Umwelt, und unser Unternehmen ist diejenige Organisation, die darin zurechtkommen, wachsen und erfolgreich sein will.

Unternehmen als komplexe Systeme

Der Soziologe Niklas Luhmann sah die Aufgabe einer Organisation in der Reduktion von Komplexität. Wir schließen uns genau deshalb zusammen, damit wir eine Aufgabe verstehen und bewältigen können, die für uns allein zu groß ist. In schlechten Organisationen oder in Teilbereichen findet genau das Gegenteil statt. Der interne Wettbewerb führt dazu, dass Menschen sich profilieren wollen, indem sie etwas ganz Kompliziertes ganz allein schaffen. Das ist die Qualifikation für die nächste Karrierestufe. Hat man dann erst einmal eine gewisse Führungsfunktion, wird es noch schlimmer. Man denkt sich dann nicht nur eine Einzellösung aus, man entwickelt Konzepte. Und hat sogar Leute, die man dazu verdonnern kann, diese um jeden Preis umzusetzen. In einer Organisation, die nicht alle Informationen beschaffen kann, wo die Kennzahlen nicht passen und eine schlechte Kultur den Widerspruchsgeist und die Zweifel von vornherein eliminiert, anstatt sie aufzunehmen und zu verarbeiten, muss das schiefgehen. Eine schlechte Organisation reduziert also nicht die Komplexität, sie ignoriert sie einfach.

Gerade hier ist es aber gar nicht so schwer, es mit so einer Mischung aus Ehrgeiz und Skrupellosigkeit weit zu bringen. Es müssen ja nur die Zahlen stimmen. Und die bekommt man notfalls auch auf anderen Wegen hin.

Sehr viele Aufgaben, die ich mit meinen Teams bewältigt habe, hätten so nie funktioniert. Wenn Sie beispielsweise sehen, wie am Ende das Vertragswerk für einen US-Cross-Border-Lease aussieht: zwölf dicke, zur Sicherheit in Leder gebundene Bücher, die ein Geschäft über dreistellige Millionenbeträge dokumentieren. Meist sind daran eine zweistellige Anzahl Vertragsparteien aus verschiedenen Rechtssystemen mit unterschiedlichen Logiken beteiligt. So etwas geht nur als Gemeinschaftswerk der unterschiedlichsten Expertisen.

Deshalb funktioniert auch die Lichtschalter-Logik in komplexen Organisationen nicht. Wenn wir hier einen Knopf drücken oder an einem Regler drehen, dann passieren immer gleich fünf Dinge auf einmal. Eines wollten wir, drei Nebenwirkungen tun uns nicht weh, aber es passiert vielleicht auch etwas, was wir nicht wollten. Je komplexer die Umwelt ist, in der wir uns bewegen, desto mehr müssen wir in der Lage sein, dieser Komplexität zu begegnen. Natürlich kann man sich auch reduzieren und in einer Nische einrichten. Aber selbst dann muss man seine Umgebung immer im Auge behalten und sich nötigenfalls anpassen.

Mein ehemaliger Arbeitgeber ABB war 1988 aus der Fusion zweier Elektrotechnikunternehmen, der schwedischen ASEA und der schweizerischen BBC, entstanden. Um die Komplexität der neuen Konstruktion überhaupt bewältigen zu können, führte der damalige CEO Percy Barnevik eine Matrixorganisation ein, in der die regionale Verantwortlichkeit für Länder um eine fachliche Kompetenzverantwortlichkeit für Divisionen ergänzt wurde. Das Konzept ist in Fachkreisen umstritten, hat dem Unternehmen damals aber einen deutlichen Expansionsschub ermöglicht. Man könnte fast ironisch anmerken, dass die Matrixorganisation bei ABB ihren eigenen Erfolg kaum bewältigen konnte. Meine ehemaligen Chefs Thomas Meyer und Jürgen Mössner jedenfalls haben auf dieser Basis eine ungeheuer flexible und dynamische Organisation geschaffen, die erwiesenermaßen auch nachhaltig erfolgreich war.

Auch bei EY haben wir von einer differenzierten Struktur profitiert, die der hochgradigen Komplexität im Markt ein sehr ausdifferenziertes Expertenwissen gegenüberstellen konnte. Hier war es sogar eher so, dass die Expertise so speziell und verzweigt war, dass sie teilweise drohte, sich zu verselbstständigen. Und ich kam zu der Aufgabe, die Komplexität im Detail mit der übergreifenden Komplexität des Kundensystems zu verbinden. Dazu später mehr, denn noch habe ich eine relevante Perspektive nicht besprochen, die beim Thema Komplexität immer unter den Tisch fällt: die Chancen der Komplexität.

Komplexität ist Zukunft

Typisch Managerin, denken Sie jetzt vielleicht. Egal worum es geht, alles sind Chancen. Ja, ich sehe es so, und ich denke, ich kann es gut begründen. Zumal es meiner eigenen beruflichen Strategie entspricht.

Um die Komplexität machen die meisten immer erst mal einen Bogen. Ich habe immer versucht, die Komplexität besser zu verstehen und zu entschlüsseln. Ich habe mich zu den Projekten bereit erklärt, die niemand machen wollte, weil kein schneller Gewinn oder keine einfache Lösung absehbar war. Aber ich wusste zugleich auch immer, dass man die Themen früher oder später ja doch anpacken musste und dass es irgendwo im Unternehmen oder im Netzwerk Menschen gab, die auch Lust darauf hatten, die schwierigen – am Anfang intransparenten – Dinge gemeinsam anzupacken. Und egal, worum es ging, ich habe immer eine Menge neuer Dinge gelernt.

So wie ich für mich immer Vorteile in der Komplexität gesehen habe, sehe ich sie auch für Unternehmen. Wenn wir nicht in bestimmten Abständen etwas Neues in unserem Tätigkeitsfeld beizutragen haben, dann holen andere auf, ziehen gleich, überholen uns vielleicht. Wir dürfen das durchaus zulassen, es kann sogar eine bewusste Entscheidung sein. Aber wenn wir echtes, organisches Wachstum anstreben, dann müssen wir uns auf die Komplexität stürzen. Die einfachen Dinge können irgendwann alle.

Würde niemand sich auf die Komplexität einlassen, wäre die Geschichte am Ende. Aber genau dort fängt sie doch erst an, wo Menschen auf unbekanntes Terrain vordringen, sich vorsichtig vorantasten, erste Wegmarken setzen und irgendwann einen begehbaren Pfad angelegt haben.

Sie merken es meinen Formulierungen an, ich spreche von Innovation. Einen komplexen Sachverhalt besser zu verstehen, genau hier liegt der Ursprung der Innovation. Wir entdecken neue Technologien, neue Lösungen, neue Leistungen, schaffen neue Produkte. Manchmal schaffen wir auch nur einen Effizienzgewinn, aber meistens schaffen wir neue Marktchancen. Schauen wir uns an, worauf wir unsere wirtschaftlichen Zukunftshoffnungen setzen: Informationstechnologie und künstliche Intelligenz, Produktionsautomatisierung und Industrie 4.0, Biotechnologie und Medizintechnik, Umwelt- und Energietechnik und nicht zuletzt auch wissensbasierte Dienstleistungen wie Data Analytics oder neue Lernangebote.

Unsere Zukunftserzählungen atmen förmlich den Geist der gemeinsamen Komplexitätsbewältigung, und es wird Zeit, dass unsere Management- und Organisationsprinzipien dieser Erkenntnis konsequenter folgen, als das bisher der Fall ist. Die Diskussion um New Work und Agilität, die in den vergangenen Jahren entstanden ist, kann nur der Anfang sein, eine neue Art des Arbeitens für alle zu entwickeln. In dieser müssen wir Komplexität nicht nur annehmen, sondern sogar suchen. Denn in der Komplexität, die wir gemeinsam entschlüsseln, liegt der Kraftimpuls für die Veränderung.

Verkannte Vielfalt

Was ist Diversity?

Diejenigen, die mich aus meinem ehrenamtlichen Engagement als Vorstandsvorsitzende bei der Charta der Vielfalt kennen, haben vermutlich schon länger darauf gewartet: Wann sagt sie endlich etwas zu Diversity? Ich weiß sehr wohl, dass bei den Vorträgen, die ich zum Thema Diversity halte, immer mal wieder Menschen im Publikum sitzen, die das »Gerede von Diversity« als naiv und blauäugig empfinden. Sie gehen vermutlich davon aus, dass ich über ein ästhetisches oder humanistisches Thema spreche, das mit ihrem Geschäft wenig zu tun hat. Das ist genau der Trugschluss, den ich aufbrechen will. Der Begriff wurde über die Jahre verstärkt zur Projektionsfläche für Menschen, die wenig darüber wissen, aber eine starke Emotionalität aufgebaut haben. Diversity wird gerne als »Managementmode«, als »Beraterprodukt« oder als Selbstzweck dargestellt. Es gibt Menschen, die mit Veränderungen in der Gesellschaft gedanklich nicht gut zurechtkommen und hadern. Ihr größter Irrtum liegt darin, dass sie glauben, Diversity, also Vielfalt, sei ein erschaffenes Konzept, etwas Künstliches. Genau das Gegenteil ist der Fall.

Es überrascht Sie natürlich nicht, dass ich vom Wert der Vielfalt zutiefst überzeugt bin. Wenn ich Wert sage, dann meine ich das aber auch hier im doppelten Sinne. Wir können Diversity prinzipiell aus einer ganzheitlichen und humanistischen Betrachtungsweise gut finden. Aber für mich steckt mehr dahinter. Diversity ist keine Glaubensfrage, sondern ein systemischer wirtschaftlicher Erfolgsfaktor.

Um den Wert von Diversity zu veranschaulichen, verwende ich gerne ein kleines Gedankenspiel. Wir haben eine knifflige Aufgabe zu lösen und bilden dazu ein Team aus zehn Leuten. Wenn diese zehn Leute alle gleich ausgebildet und sozialisiert sind, gleich denken, wie viele verschiedene Lösungen für das Problem werden sie wohl finden? Im schlimmsten Fall gerade mal eine. Stellen wir uns dagegen ein Team vor, das aus zehn völlig unterschiedlichen Menschen zusammengestellt ist. Wie viele verschiedene Lösungen werden sie wohl finden? Je mehr Alternativen wir haben, desto mehr Handlungsspielräume haben wir. Optionen zu haben ist eine ökonomische Notwendigkeit, um schnell reagieren zu können.

Der Diversity-Bonus

Scott Page, der Komplexität als Professor an der University of Michigan lehrt, hat für den Nutzen von Diversity sogar eine Formel. Er spricht vom Diversity-Bonus, den wir generieren können, wenn wir uns divers aufstellen. Für alle, die sich für die ökonomische Begründung von Diversity interessieren, gibt es bei YouTube einen Vortrag, den Scott Page 2017 bei der Europäischen Zentralbank gehalten hat.[20] Und ein Buch hat Scott auch noch geschrieben – für die, die es genau wissen wollen.

Im Kern geht es bei Diversity darum, Komplexität besser bewältigen zu können. Klar ist: Die Komplexität von Aufgabenstellungen in unserer weit entwickelten Wissensgesellschaft wird stetig zunehmen. Die meisten einfachen Dinge der Menschheit sind vermutlich schon erfunden worden. Was neu dazukommt, wird immer komplizierter und komplexer. Eine Innovation ist heutzutage selten das Ergebnis eines einsamen Genies, das in den Nachtstunden in seinem Labor oder seiner Werkstatt plötzlich einen Jubelschrei ausstößt. Und selbst wenn einer die Idee hat, ist damit noch lange nicht die Arbeit erledigt.

Aus einer Organisationsperspektive fand ich die Entdeckung des Higgs-Teilchens 2012 faszinierend. Der britische Physiker Peter Higgs hatte die Existenz dieses Elementarteilchens in den 1960er-Jahren theoretisch vorausgesagt. Aber es hat 50 Jahre gedauert, bis seine praktische Existenz im Teilchenbeschleuniger des CERN in Genf endlich nachgewiesen werden konnte. Und auch dort hatten sich Forscherteams über viele Jahre mit dem Problem auseinandergesetzt. Auch wenn das entdeckte Elementarteilchen am Ende nach seinem theoretischen Vordenker benannt wurde, muss man sich die volle Dimension der Entdeckung klarmachen. Am CERN arbeiten rund 3 400 Menschen, und an den dort federführend betreuten Experimenten arbeiten weltweit in 85 Ländern nochmals rund 14 000 Wissenschaftlerinnen und Wissenschaftler mit. Das ist gelebte Diversity.

Für mich zeigt sich an solchen Beispielen: Komplexität erfordert die Zusammenarbeit vieler. Wenn wir Innovationen wollen, dann müssen wie diese vielfältige Zusammenarbeit herstellen. Zumal immer mehr Innovationsfelder einen hybriden Charakter bekommen. Wir müssen unterschiedliche Fachdisziplinen vernetzen, um neue Erkenntnisse zu gewinnen. Und manchmal entstehen sogar eigene Disziplinen daraus, wie zum Beispiel die Bionik. Auch die unternehmensübergreifende Zusammenarbeit, die Kooperation in Netzwerken oder die Co-Creation mit Lieferanten und sogar Kunden werden zunehmen. Innovationen werden künftig immer mehr in Ökosystemen entstehen, die unterschiedlichste Kompetenzen zu einem Thema oder einem Projekt verbinden. Die Fähigkeit zur Innovation hängt also direkt von der eigenen Fähigkeit zur Vernetzung und Interaktion ab. In einem solchen Kontext von Komplexität reicht es auch nicht mehr aus, »Diversity mitzuspielen, weil es gerade modern ist«. Wer so denkt, hat Diversity nicht verstanden.

»Offiziell« gibt es das Thema Diversity in Deutschland seit 2006. Zumindest sehe ich das so. Denn damals wurde unter der Schirmherrschaft von Bundeskanzlerin Angela Merkel die Arbeitgeberinitiative Charta der Vielfalt gegründet. Parallel wurde damals im Bundestag über das Allgemeine Gleichbehandlungsgesetz – kurz AGG – diskutiert. Viele Unternehmen hatten deshalb Angst, dass der Gesetzgeber zu weit in ihre betrieblichen Prozesse hineinregieren will. Aber einige fortschrittliche Unternehmen hatten auch verstanden: Es reicht nicht aus, immer nur auf den Gesetzgeber zu warten, um die Wirtschaft weiterzuentwickeln. Sie entwarfen ein Dokument, in dem sie sich selbst viel weiterführenden Zielen verschrieben, und sie gründeten den Trägerverein, der diese Charta dauerhaft in den Köpfen der Unternehmensspitzen verankern sollte.

Aletta von Hardenberg war vom ersten Tag an mit dabei, sie hat die Charta wesentlich mit aufgebaut. Für sie liegt das Herzstück der Arbeit in der Selbstverpflichtung von Unternehmen, nach der sich die Charta der Vielfalt benannt hat. Aletta beschreibt bildhaft, worum es geht: »Täglich begeben sich mit ihrer Unterschrift Organisationen aus ganz Deutschland auf ihre individuelle Diversity-Reise. Die Charta der Vielfalt versteht sich dabei als Ratgeberin, Netzwerkerin und Agenda-Setterin. Ich bin überzeugt von der Relevanz und Wirkung dieser Reise für die Wirtschaft und auch für den gesellschaftlichen Zusammenhalt.«

Eine Reise, auf der es immer mehr Wegbegleiterinnen und Wegbegleiter gibt. Bis heute haben mehr als 3 800 Unternehmen und Institutionen, die für ein Drittel aller Beschäftigten in Deutschland stehen, die Charta unterzeichnet. Vom kleinen Handwerksbetrieb bis zum DAX-Konzern ist da alles dabei.

In den Köpfen und auch in der Praxis hat sich seit 2006 – auch durch die Arbeitgeberinitiative – unglaublich viel getan. Im Jahr 2016, zum zehnjährigen Bestehen der Initiative, haben wir eine groß angelegte Studie zum Stand der Diversity in Deutschland gemacht. Von den befragten Unternehmen waren 65 Prozent überzeugt, dass Diversity einer Organisation Vorteile bringt. Fast alle davon, 61 Prozent, sehen den Vorteil in der Förderung von Innovation und Kreativität. Aber selbst an den Reihen der Skeptiker sind die Vorteile von Diversity nicht vorbeigegangen, denn sogar 75 Prozent aller Befragten sind der Meinung, dass Diversity die Offenheit und Lernfähigkeit der Organisation sicherstellt.

Schöner als die Bundeskanzlerin in ihrem Grußwort zum zehnjährigen Bestehen kann man es kaum auf den Punkt bringen: »Deutschland ist insgesamt ein vielfältiges Land, und wir beziehen einen großen Teil unserer Leistungsfähigkeit aus dieser Vielfalt. Wir müssen sie als Chance begreifen, um ihre Potenziale zu nutzen.«[21]

Dass Diversity auch im Unternehmen einen Nutzen hat, kann nicht nur ich bezeugen. Man kann das sogar untersuchen, messen und nachweisen. Bei EY ist uns das besonders gut gelungen. Wir konnten einen direkten Einfluss auf die Performance von Teams zeigen. Für diejenigen Teams mit der höchsten Leistungsfähigkeit hat sich gezeigt, dass zwei Faktoren ausschlaggebend waren: das Engagement der Teammitglieder und die vielfältige Zusammensetzung des Teams.

Aber echte Vielfalt herzustellen ist eine Daueraufgabe. Und es gibt auch noch einiges zu tun. Wir haben im Jahr 2020 erneut eine Studie durchgeführt, die einen weiteren Aspekt aufgeworfen hat: die soziale Herkunft. Rund die Hälfte der Befragten im Management konnte bestätigen, dass sie selbst schon einmal Benachteiligung aufgrund der sozialen Herkunft von Beschäftigten erlebt hat. Das reicht von der Ausgrenzung in der alltäglichen Kommunikation über die Geringschätzung der Leistungsfähigkeit und die mangelhafte Einbindung in Teams bis hin zur Verweigerung von Beförderungen.

Wollen wir unser Unternehmen also erfolgreicher machen, müssen wir nach Wegen suchen, die Vielfalt in unseren Reihen weiter zu erhöhen. Wir müssen nach denen suchen, die bislang durch unser Blickraster gefallen sind. Wir müssen flexible Möglichkeiten für diejenigen schaffen, für deren Lebensumstände unsere Arbeitsorganisation bislang noch keine guten Möglichkeiten zur Teilnahme eröffnet. Wir müssen dabei an manchen mentalen Stellen auch noch einen Schalter umlegen. Denn Diversity über mehr Flexibilität herzustellen ist eine Bringschuld des Unternehmens.

Wo bleiben die Frauen?

Aus der Erfahrung bei der Charta der Vielfalt kann ich sagen, dass immer mehr Unternehmen die Notwendigkeit der Flexibilisierung erkennen.

Sie ist Voraussetzung dafür, dass Frauen in stärkerem Maße als bislang am Erwerbsleben teilnehmen können. Denn leider ist es immer noch so, dass die Familienaufgaben nach wie vor sehr ungleich verteilt sind und dadurch die sogenannte Gender-Pay-Gap, die ungleiche Bezahlung von Männern und Frauen in vielen Bereichen, quasi noch »legitimiert« wird. Marcel Fratzscher, Präsident des Deutschen Instituts für Wirtschaftsforschung (DIW), sieht bei diesem Thema in Deutschland sogar Aufholbedarf im europäischen Vergleich und kritisiert eine »männerdominierte Berufswelt«. Fratzscher wörtlich: »Viele Frauen suchen sich eben nicht freiwillig aus, gar nicht oder nur wenige Stunden pro Woche zu arbeiten. Sondern es werden ihnen viele Hürden in den Weg gelegt, die es wenig attraktiv machen, überhaupt zu arbeiten oder mehr zu arbeiten.«[22]

Ich selbst habe im Hinblick auf die Vereinbarkeit von Beruf und Familie meinen eigenen Weg finden müssen und gefunden. Zum einen, weil ich mit meinem Mann eine Partnerschaft auf Augenhöhe habe, in der wir uns alle Aufgaben immer bestmöglich geteilt haben, und er mich auch immer maximal unterstützt hat. Zum anderen, weil ich mit meinen Vorgesetzten gute Vereinbarungen zur Flexibilisierung treffen konnte.

Als ich während meiner Zeit bei ABB schwanger wurde und meinem Mann und mir erst einmal selbst nicht klar war, wie wir die neue Situation stemmen wollten, setzten sich meine beiden Chefs aus Schweden und der Schweiz ins Flugzeug nach Hamburg und kamen uns besuchen. Sie wollten, dass ich weiterarbeite. Und sie machten alles möglich, was nötig war. So bekam ich dann ganz ohne Corona schon im Jahr 1998 ein Homeoffice. Was aber viel wichtiger war: Ich bekam das Commitment meiner Chefs. Sie glauben doch nicht, dass ich noch einen Moment gezweifelt habe, dass die Vereinbarkeit von Familie und Beruf gelingen kann? Vier Wochen nach der Geburt von Jacob flog ich mit ihm im Arm zu einer Kundenkonferenz nach London und übernahm eine Präsentation. In der ganzen Zeit haben mich nicht nur meine Chefs, sondern auch das ganze Team unglaublich toll unterstützt, obwohl eine solche Situation damals wirklich noch eine größere Herausforderung war. Umso fassungsloser macht es mich natürlich, wenn ich im Jahr 2020 immer noch erlebe, wie Unternehmen es nicht begreifen wollen, welches Potenzial sie durch fehlende Flexibilität verschenken.

Aber es reicht nicht aus, über mehr Flexibilisierung mehr Frauen zwar die Arbeit zu ermöglichen, beim beruflichen Aufstieg dann aber doch wieder Hürden aufzubauen. Viele Frauen erleben auch heute noch die »Gläserne Decke« – es geht trotz gleichwertiger oder sogar besserer Leistung irgendwann nach oben nicht mehr weiter. Über viele Jahre haben wir bei EY die Situation in den Vorständen börsennotierter Unternehmen verfolgt und festgestellt: Viele sind männliche Monokulturen. Die Albright-Stiftung hat 2017 eine interessante Studie gemacht. Demnach gab es unter den insgesamt 676 Vorstandsmitgliedern von 160 börsennotierten Unternehmen nur 46 Frauen. Demgegenüber gab es mehr Vorstandmitglieder, die mit Vornamen Thomas oder Michael hießen.[23]

Eine Ebene darüber setzt Monika Schulze-Strelow an. Sie hat die Initiative »Frauen in die Aufsichtsräte (FidAr)« mitgegründet und ist seit vielen Jahren deren Vorsitzende. Sie ist eine Verfechterin harter Quoten und macht immer wieder deutlich: »Gleichberechtigte Teilhabe hat in Deutschland keine Tradition und lässt sich mit freiwilliger Selbstverpflichtung der Unternehmen nicht erreichen. So brauchen wir – als Wegbeschleuniger – verbindliche gesetzliche Vorgaben, um Chancengleichheit in den Unternehmen zu verankern.«

Als eine ihrer Mitstreiterinnen engagiert sich Elke Benning-Rohnke, die 1996 eine der ersten Frauen im Vorstand eines DAX-Unternehmens wurde – damals als Mutter mit zwei Kindern. Sie hat die Kampagne »#ungleichwargestern« mit initiiert. Ihre Einschätzung: »Ein zukunftsfähiges Deutschland wird alle Talente benötigen – unabhängig von Geschlecht oder anderen äußeren Merkmalen. Kompetenz ist das, was zählt.«

Im Rahmen einer Petition, die alle unterzeichnen können, werden dort »Forderungen der Selbstverständlichkeiten« benannt. Dazu gehören die gleichberechtigte Teilhabe von Frauen in Führungsgremien, das Schließen von Lohnlücken und die Umsetzung gleicher Bezahlung und die geschlechtsneutrale Auswahl und Beförderung von Talenten. Zudem lehnt die Petition die Konzerntaktik ab, für die Repräsentanz von Frauen in Führungsgremien eine »Zielgröße Null« zu veröffentlichen. Wer sich selbst nicht zutraut, Frauen für sich zu gewinnen – welche Frau will sich ein solches Umfeld antun?

Eine weitere Initiative hat Verena Pausder voriges Jahr gegründet. Unter dem Titel »#stayonboard« will sie den rechtlichen Rahmen der Arbeit in Führungsgremien ändern. Bislang haben Vorstandsmitglieder von Aktiengesellschaften keine Möglichkeit, ihr Mandat bei einer vorübergehenden Abwesenheit zum Beispiel wegen Mutterschutz oder

Elternzeit ruhen zu lassen. Es bleibt nur der Ausstieg. Eine unsinnige Rechtslage, von deren Änderung übrigens auch Männer profitieren würden, die in einer gleichberechtigten Lebensgestaltung ihren Teil der Familienarbeit übernehmen wollen. »Aus vollem Herzen«, sagt Ann-Kristin Achleitner, unterstützt auch sie das Projekt. Sie gehört selbst den Aufsichtsräten mehrerer Unternehmen an und fordert: »Wenn wir mehr Frauen in Führungspositionen anstreben, dann müssen wir das Thema auch konsequent zu Ende denken. Also: auch für Vorstandsmitglieder rechtliche Rahmenbedingungen schaffen, in denen Vereinbarkeit von Beruf und Familie möglich ist.«

Auch wenn die nachkommende Generation Frauen heute schon auf einer veränderten gesellschaftlichen Ausgangslage aufbauen kann, ist die Geschlechtergerechtigkeit eben immer noch keine Selbstverständlichkeit und keine Selbstläuferin. Man muss etwas dafür tun. Wie auch für Diversity insgesamt.

Wie funktioniert Diversity?

Ich will deshalb hier noch kurz darauf eingehen, was Diversity in der Praxis bedeutet, und dazu noch den Begriff der Inclusion ergänzen. Ich verwende den englischen Begriff, weil wir in Deutschland unter dem deutschen Begriff Inklusion die bessere gesellschaftliche Einbindung von Menschen mit Behinderungen diskutieren. Das ist ein Teil von Diversity und ein Beispiel dafür, was wir leisten müssen. Mit dem englischen Begriff der Inclusion wenden wir das Prinzip insgesamt an, und zwar auf jedes einzelne Individuum.

Das Lied »Come as you are« von Nirvana könnte eine Art Hymne für den Grundgedanken sein. In der Geschäftswelt versteht man unter der Aussage ursprünglich einen Dresscode, eine Regel, wie man sich zu kleiden hat. »Come as you are« hebt die förmlichen Regeln weitestgehend auf und sagt: »Komm, wie du bist«, also in alltäglicher Kleidung. Microsoft war eines der ersten Unternehmen, das diesen Gedanken weiter interpretiert hat. Man wollte ein Signal setzen für Menschen, die anders waren, zum Beispiel aufgrund ihrer sexuellen Orientierung und Identität. Man wollte Offenheit signalisieren. »Bei uns am Arbeitsplatz wird niemand geschnitten, muss niemand einen so wesentlichen Teil seiner

Persönlichkeit verstecken.« Denn das war in der Vergangenheit nicht so. Oft auch unbewusst und aus Unachtsamkeit. »Bringen Sie doch Ihre Frau zum Event morgen mit«, sagte der Chef und meinte es freundlich. Nur wenn der Mann eben keine Frau, sondern einen Mann hat, was dann? Die Schwester mitbringen? Die beste Freundin? Sich trotzdem wie ein Paar benehmen, einen ganzen Abend Theater vorspielen? Und ab dann auch jeden Tag im Büro. »Wie geht es denn deiner Frau?« »Danke, gut, viel unterwegs.« Aus einer aufgeklärten Sicht klingt das alles kafkaesk. Wir sind in dieser Hinsicht schon viel weiter als noch vor zehn Jahren. Aber immer wieder erinnern uns Hasskampagnen im Netz oder autoritäre Politiker daran, dass noch längst nicht alle verstanden haben oder auch bereit sind, den/die/das andere/n anzunehmen, wie er/sie/es ist.

Inclusion bedeutet, Offenheit zum Prinzip zu machen und damit Zugehörigkeit zu ermöglichen. Als Unternehmen müssen wir das Individuum, den ganzen Menschen betrachten. Wir kaufen uns nicht einen Teil davon für eine bestimmte Zeit. Wer sich nicht angenommen fühlt, der wird nie frei auftreten und sein komplettes Potenzial entfalten können. Oder ganz alltäglich: Wer private Sorgen und Probleme hat, wird diese nicht an der Schranke der Tiefgarage abgeben, sondern mit an den Schreibtisch oder in die Produktionshalle nehmen.

Zur Offenheit, die wir als Unternehmen brauchen, kommt die Achtsamkeit hinzu. Eine für mich eindrucksvolle Erfahrung durfte ich am Ende einer großen internen Veranstaltung mit 150 Leuten aus meinem damaligen Team machen. Wir hatten den ganzen Tag über heiß diskutiert, ich musste mich auch kritischen Fragen stellen und viel zuhören. Ich war am Abend erschöpft, es war ein sehr langer Tag. Plötzlich stand Lina Maria neben mir und sprach mich an. »Ana, ich glaube, du brauchst jetzt erst einmal ein schönes Glas Wein«, sagte sie. Ich war verblüfft. Lina Maria war damals Praktikantin. Vor allem aber ist Lina Maria fast blind. Und doch war sie diejenige, die meine Anspannung und Erschöpfung erkannte und mich aufmunterte. Das hat gutgetan.

Wir sollten im Unternehmen aufeinander und auf unseren Umgang miteinander achten. Ich meine damit nicht, unnötigen Streit und Zank zu vermeiden, das ist für mich eine Selbstverständlichkeit. Ich spreche von einem Mindestmaß an Interesse am Gegenüber. Das gilt übrigens auch gegenüber Kunden und selbst bei Commodities. Ein Arbeitsplatz muss ein Umfeld des Wohlbefindens sein. Damit meine ich nicht, dass alle jetzt sogenannte Feelgood-Manager beschäftigen und Tischkicker aufstellen müssen. Es kann sein, dass das etwas bringt, genauso wie die Kaffeemaschine im Gruppenraum. Aber das muss ein Unternehmen für sich herausfinden. Mir geht es um die innere Einstellung bei uns allen, wenn wir in der Arbeitswelt, oft genug auch unter Druck, aufeinandertreffen. Wir dürfen nie vergessen, warum wir das alles tun (zum Thema Sinn gleich noch mehr). Wir werden unser maximales Potenzial als Individuum und als Teil eines Teams nur entfalten können, wenn wir anderen Anerkennung geben und unsererseits erfahren. Diversity ist die breite Basis für unseren Erfolg, Inclusion ist die Methode, wie wir ihn aktivieren. Indem wir eine Arbeitswelt und eine Unternehmenskultur gestalten, die auf Wertschätzung basiert, ermöglichen wir erst die wirkliche Wertschöpfung. Wenn wir diese Gedanken verinnerlichen, ein »Mindset« daraus machen, sodass sie automatisch unser Handeln leiten, dann haben wir einem neuen Denken den Weg bereitet.

Erfolgreich ist es erst, wenn die Diversity-Agenda eng mit der Unternehmensstrategie verwoben ist. Das macht die Umsetzung von Diversity vom Vertrieb über Compliance bis zum Einkauf, in allen Bereichen, zu einem Erfolgsfaktor. Diesen ganzheitlichen Ansatz setzt Martin Seiler bei der Deutschen Bahn mit voller Überzeugung und Erfolg um.

Er erklärt ganz bewusst die Förderung und das aktive Leben von Vielfalt zum Kernbestandteil der Unternehmensstrategie bei der Deutschen Bahn. Das Unternehmen will ausdrücklich, dass Mitarbeiterinnen und Mitarbeiter ihre Kompetenzen optimal einbringen können.

Martin Seiler beschreibt mir seine Überzeugung so: »Je diverser die Mitarbeitenden bei der DB sind, desto erfolgreicher und innovativer sind wir als gesamtes Unternehmen. Wichtig ist mir dabei, alle Facetten von Diversity zu betrachten – dies reicht von der Unterstützung unserer großen LGBTIQ*-Community über mehr Frauen in Führung bis hin zur Integration von Geflüchteten. Aber auch die Vielfalt der Perspektiven, Werte und Berufserfahrungen spielt bei uns eine große Rolle.«

Der ganzheitliche Blick findet auch in der Öffentlichkeit Anklang. Und nicht von ungefähr wurde Martin Seiler von den Leserinnen und Lesern des *Personalmagazins* kürzlich zum Personalmanager des Jahres gewählt.

---

* LGBTIQ ist das Akronym für lesbische, schwule, bisexuelle, transsexuelle/Transgender- und intersexuelle Menschen.

Vielfalt ist natürlich

Sie merken ja, dass ich mich häufig bei der Naturwissenschaft mit Beispielen bediene. Die Erkenntnis von dort ist relativ simpel: Vielfalt ist der Naturzustand. Systeme, die Vielfalt ausschließen, sind künstlich geschaffene oder im Widerspruch zur Umwelt entstandene Systeme. Es gilt für die Forstwirtschaft das Gleiche wie für den DAX-Vorstand: Die Monokultur ist der Hochrisikozustand, der früher oder später zum Kollaps führt.

Diversity bedeutet, »ökosystemfähig« zu sein. Eine Organisation ist immer nur ein Ausschnitt. Je vielfältiger die Organisation zusammengesetzt ist, desto besser kann sie sich an die Umwelt anpassen, Schnittstellen bilden, Beziehungen eingehen, um Nutzen zu schaffen und gleichzeitig Sinn zu stiften. Wir dürfen uns gerade nicht abgrenzen, sondern müssen integraler Bestandteil werden, unseren Platz im Ökosystem finden, mit möglichst vielen Schnittstellen, die uns absichern, verankern, Interaktion ermöglichen.

Wohin führen uns diese Überlegungen rund um Komplexität und Diversität? Sie spannen den Rahmen auf für ein Zukunftsbild unserer Wirtschaft, das wir malen können. Die Komplexität ist die Herausforderung, in die wir uns selbst immer wieder neu stürzen müssen, bevor uns die Umwelt damit konfrontiert. Das erfordert zwar Mut, aber wir müssen nicht einmal überlebensgroße Helden sein. Wir müssen nur über eine Reihe von Dingen neu nachdenken.

Kapitel 4

Ein neues Denken

Was uns an der Veränderung hindert

Für die allermeisten Dinge, die wir tun, haben wir gute Gründe, über die wir schon gar nicht mehr nachdenken. Wir legen uns Regeln und Routinen zu, wie wir mit bestimmten Problemen oder Situationen umgehen. Auf einer höheren Ebene, als Gesellschaft, geben wir uns eine Verfassung und Gesetze. Die Verfassungen von Staaten sind in der Geschichte oft die Folge revolutionärer Prozesse gewesen, die eine alte Gesellschaftsordnung durch eine neue ersetzt haben. In der Verfassung sind unsere grundsätzlichen Wahrheiten niedergelegt, die wir für dauerhaft halten und möglichst wenig ändern wollen. Manche dieser Wahrheiten sind so fundamental, dass wir sie unantastbar gemacht haben. Die allgemeine Erklärung der Menschenrechte der UN wurde 1948 verabschiedet, nachdem beinahe die gesamte Welt in die unfassbare Katastrophe des Zweiten Weltkrieges gestürzt worden war und mit dem Holocaust in Art und Dimension ein einzigartiges Verbrechen erlebt hatte. Und Artikel 1 unseres Grundgesetzes stellt die Würde jedes einzelnen Menschen wörtlich als oberste Norm der Gesellschaft heraus.

Im Idealfall verständigen sich Systeme in einem umfassenden Prozess unter Einbeziehung aller auf ihre neuen Grundlagen. Die historischen Situationen stelle ich mir spannend vor, und ich würde gerne rückblickend in solche Prozesse live hineinschauen können. Die Diskussionen um die amerikanische Unabhängigkeitserklärung, die Debatten des parlamentarischen Rates, ja, auch das Zweite Vatikanische Konzil. Ich bin zwar nicht katholisch, aber das Zusammentreffen unterschiedlicher Menschen mit ihren Perspektiven und Erfahrungen in einem solchen Rahmen muss einfach neugierig machen. Bei solchen Anlässen wird ein Teil der Welt neu gedacht!

Auf der Ebene der Gesetzgebung klingt das dann natürlich nicht mehr so spannend, aber im Grunde gilt hier das Gleiche. Auch hier werden neue Regeln definiert, mit denen wir die Welt nach unseren Vorstellungen umgestalten und weiterentwickeln. Und auch in Unternehmen machen wir nichts anderes. Ich würde das Geschäftsmodell oder die Strategie des Unternehmens als seine Verfassung bezeichnen, die Organisation gibt sich darauf aufbauend Gesetze, nach denen sie ihre Strategie umsetzen und Ziele erreichen will, und wir kennen darüber hinaus eine Vielzahl von gelebten oder manchmal auch ignorierten Regeln, die den Alltag bestimmen. In Summe nennen wir sie Kultur. Je besser all das mit den Bedingungen unseres Umfeldes, unserer Gesellschaft, unserer Märkte harmoniert, desto erfolgreicher sind wir. Aber die Welt verändert sich eben jeden Tag ein kleines Stück, und deshalb sind wir auch im Unternehmen der Notwendigkeit unterworfen, unsere Gesetze, Regeln und kulturellen Verhaltensmuster von Zeit zu Zeit anzupassen. Manchmal sogar die Verfassung.

Wie weit denken wir voraus?

So wie man auf der staatlichen Ebene bei eiligen Verfassungsänderungen vorsichtig sein muss, sollte man es auch auf der Unternehmensebene sein. Wann ändern Unternehmen ihre Strategie? Auf Basis welcher Informationen und Überlegungen, wer liefert dazu den Input? Klassischerweise sind dies Entscheidungen, die in sehr kleinen Runden fallen. Unternehmen tun zwar so, als seien viele Menschen an der Entwicklung einer Strategie beteiligt. Aber das ist nur die halbe Wahrheit. Was tun wir in Fällen, in denen wir gar nicht wollen, dass unsere Strategie öffentlich wird, weil wir gerade in unseren strategischen Überlegungen einen Wettbewerbsvorteil sehen? Aber ist es andererseits plausibel, dass unsere Strategie wirklich so einzigartig und geheim ist und kein aufmerksamer Wettbewerber den Braten riecht? Und selbst wenn: Wie schaffen wir es dann, die Belegschaft hinter einer Strategie zu versammeln, die wir gar nicht erklären wollen? Ich vermisse diese Art Diskussion in den Unternehmen, aber auch in der Wirtschaftspresse. Wir scheinen in Deutschland eher in Köpfen und Personality-Stories oder in Ergebniszahlen zu denken.

Am schwierigsten ist es, wenn man weitreichende strategische Entscheidungen unter – gefühltem oder tatsächlichem – Zeitdruck fällen will. Ich habe Disruptionen in Abschnitt »Warum sich Unternehmen verändern« in Kapitel 2 bereits erwähnt. Sie stellen unser Geschäftsmodell teilweise oder ganz infrage. Ich denke, wenn uns eine Disruption den Boden unter den Füßen wegzieht, dann haben wir ziemlich lange im Stehen geschlafen. Wir müssen plötzlich unvorbereitet essenzielle Zukunftsfragen diskutieren. Aber darauf sind wir natürlich gar nicht vorbereitet. Auf welcher Basis wollen wir diskutieren und entscheiden? Haben wir überhaupt die richtigen Informationen? Wo und wie könnten wir den nötigen neuen Input generieren? Und haben wir auch die richtigen Prozesse für eine solche Diskussion? Und woran orientieren wir uns?

Ich will das mal praktisch umreißen. In ihren Konsequenzen sind die massiven Veränderungstreiber Klimaschutz und Umweltgesetzgebung zwar dramatisch, aber auch schon wieder erstaunlich kalkulierbar. Wir können durchaus auch zahlenmäßig ermitteln, was das Klimaabkommen von Paris für bestimmte Geschäftsmodelle bedeutet. Das ist auch die Frage, die Larry Fink diskutieren möchte. Nicht die Frage, wie hoch der CO_2-Preis möglicherweise ist, den wir künftig einkalkulieren müssen. Diese Frage ist zweitrangig. Die prioritäre Frage lautet: Ist unser Geschäftsmodell eines, das auf lange Sicht überhaupt klimafähig ist? Und falls wir das meinen: Mit welchen Produkten oder Dienstleistungen konkurrieren wir dabei in Zukunft? So wie man den Euro nur einmal ausgeben kann, können wir künftig auch den Anteil des CO_2-Verbrauches nur einmal »ausgeben«. Natürlich sind Handelsplattformen und Märkte aller Art denkbar. Aber auch hier stellt sich die Frage, welche Wettbewerbskonstellation wir eingehen. Ich muss immer wieder auf das Auto zurückkommen, weil es in Deutschland als Industrieprodukt und auch irgendwie schon als »Kulturgut« so eine zentrale Rolle spielt. Aber das Produkt ist ausgereizt. Die ursprünglichen Faktoren wie Motorenleistung, Fahrkomfort oder Sicherheit gleichen sich übergreifend über Hersteller und Modelle immer mehr an. Und wenn selbst Autodesigner auf ein paar Meter Entfernung Modelle nicht mehr voneinander unterscheiden können, entfällt auch diese Dimension. Die Innovationstätigkeit der Automobilindustrie hat uns über viele Jahre immer kleinteiligere Optimierungen wie zum Beispiel eine sich selbst anlegende Gurtautomatik beschert.[1] Und die eigentliche Kaufentscheidung fällt heute teilweise schon aufgrund eines Bestandteils, der mit der ursprünglichen Motordroschke gar nicht mehr zu tun hat: dem Navigationssystem.

Bleiben wir im Themenfeld. Auch der Kfz-Treibstoff ist ein Commodity geworden. Zur Anfangszeit der massenhaften Automobilisierung in den 1950er-Jahren warben Mineralölkonzerne noch mit der »Qualität« ihres Benzins und seiner größeren Ergiebigkeit im Vergleich zum Wettbewerb.[2] Das ging bis in die 1990er. Dazwischen hat man irgendwann den Tankwart abgeschafft und warb dabei für das »Selbsttanken«, das angeblich viel mehr Spaß machen sollte. Tatsächlich hat man natürlich Personal eingespart. Alle Versuche, diese Servicekomponente wieder einzuführen, sind halbherzige Marketingaktionen geblieben und mittlerweile durch ein verändertes Geschäftsmodell vermutlich ganz überholt. Denn Tankstellenbetreiber machen mittlerweile mehr als 60 Prozent[3] ihres Umsatzes in den angeschlossenen Shops, sie sind längst zu Einzelhändlern geworden.[4] Barista statt Tankwart, Herzen auf dem Cappuccino statt Ölwechsel.

Wie mag das weitergehen? Welche Dienstleistungen wird die zunehmende Elektromobilität in Zukunft abfragen? Was passiert, wenn Strom für das Auto stärker dezentral verfügbar wird, zum Beispiel über Solar-Carports? Kaufen wir dann weiterhin Zigaretten und Kaffee an der Tankstelle, auch wenn wir gar nicht mehr hinmüssen? Welche neuen Angebote ermöglicht diese Infrastruktur? Oder hat sie ausgedient und es entscheidet nur noch die Lage des Grundstücks, ob eine andere Form von Hot Spot die Industriebrache vermeidet?

Angst und Ausflüchte

Solche Fragen zur Zukunft eines Produkts, eines Unternehmens, einer Industrie lösen verständlicherweise Angst aus. Beschäftigte denken nicht nur über die Frage nach, ob sie eine gewohnte und geliebte Tätigkeit weiter ausführen können, sondern über die Sicherheit ihres Arbeitsplatzes insgesamt. Geschäftspartner und Lieferanten wiederum fürchten die Abhängigkeit und die fehlende Möglichkeit, den Kurs selbst mitbestimmen zu können. Aber auch im Management gibt es Ängste. Können wir uns als Organisation weiterentwickeln, oder werden wir von Entwicklungen überrollt? Werden wir als Vorstand diejenigen sein, unter deren Regie ein einstmals großes Unternehmen seine Markstellung und seine Eigenständigkeit verloren hat? Die Programme der Managementkonferenzen sind voll von Erzählungen über gefallene Riesen.

Ein Grund für Angst kann Unwissenheit sein, freundlicher formuliert: Mangel an verwertbarer Information. Wir sehen, dass da ein Problem ist. Aber wir kennen die Lösung nicht oder finden keinen Ansatz, Lösungen zu entwickeln. Aber auch das Gegenteil kann eintreten: Wir haben zu viele Informationen, aus allen Ecken werden wir bestürmt und können den Wald vor lauter Bäumen nicht mehr sehen. Unsere Unfähigkeit, die richtigen Informationen zu bekommen oder herauszufiltern, führt uns in die Überforderung. Darunter leiden vielleicht auch andere Aufgaben, die wir erledigen müssten. Wir haben Mühe, uns zu motivieren, oder sind einfach nicht so produktiv. Und wir haben keine guten Mechanismen, die Angst zu thematisieren und aufzulösen. Denn die erste Angst, die wir haben, ist die Angst vor der Angst selbst. Wir sprechen ja offiziell in den Unternehmen gar nicht darüber, dass wir angesichts der Unwissenheit der Zukunft in manchen Bereichen Angst haben. Wir vermeiden und verdrängen, statt dass wir ehrlich zu uns selbst sind.

Ein weiteres Reaktionsmuster ist die Flucht in die Gewohnheit. Man macht einfach weiter, was man kann und immer gemacht hat. Man macht mehr vom Gleichen. Man hofft, dass man aus irgendwelchen Gründen übrig bleibt. Es klingt banal, aber daran gehen regelmäßig Unternehmen zugrunde. Zumal angesichts des Wettbewerbsdrucks eben doch die Abwärtsspirale der Sparmaßnahmen eingeleitet wird. Unsere Angst werden wir dadurch aber nicht los. Wir spielen uns selbst etwas vor. Wir wiegen uns in falscher Sicherheit, weil wir ja beschäftigt sind, vielleicht sogar zusätzliche Aktivität entfalten. Aber es hilft ja nicht, wenn viele die Angst im Alltag verdrängen. Es bleibt am Ende doch ein Gefühl zurück, das mit den Zukunftsperspektiven zu tun hat. Sind wir auf dem aufsteigenden oder auf dem absteigenden Ast? Wird es noch mal gut gehen, oder wird es uns erwischen?

Das Knowing-Thinking-Doing-Gap

Jeffrey Pfeffer und Robert Sutton, die beide an der Stanford University lehren, haben vor 20 Jahren bereits ein Buch mit dem Titel *The knowing-doing-gap* veröffentlicht.[5] Ich kann es empfehlen. Für Pfeffer und Sutton ist die Unfähigkeit zur Handlung sogar schlimmer als die Unwissenheit aus Ignoranz. Es fehlt ihrer Ansicht nach nicht an Leuten, die wissen, was zu tun wäre. Es fehlt aber an der Aktion. Weil die Umsetzung unseres Wissens in die Praxis Aufwand bedeutet, würden wir lieber darüber reden. Ich kenne nur zu gut diese Arbeitstage, die aus Meetings von 8:30 bis 18:30 Uhr bestehen, in deren Verlauf man sich mit Kaffee und Keksen bei Laune zu halten versucht, um dann nach Einbruch der Dämmerung tatsächlich noch etwas zu arbeiten. Ich bin durchaus diskussionsfreudig, aber nutzen wir diese vielen Zusammenkünfte wirklich, um uns etwas Neues auszudenken, oder verwalten wir uns nicht eher gegenseitig in aller Öffentlichkeit?

Für Pfeffer und Sutton sind dies Ersatzhandlungen, um gerade nicht handeln zu müssen. Sie zählen weitere Faktoren auf, zum Beispiel internen Wettbewerb und kurzfristige Zielsetzungen, die tatsächlichem Handeln im Weg stehen. Was mir besonders gefällt: der Hinweis, dass Handeln auch Lernen ist. Solange wir etwas nicht umsetzen, ist nämlich gar nicht klar, ob unser Wissen tatsächlich eines ist oder nur eine Vermutung. Indem wir es anwenden, entsteht einerseits ein Ergebnis und andererseits ein Lerneffekt. Selbst wenn das Ergebnis nicht stimmt, haben wir mit dem Lerneffekt etwas gewonnen und uns die Zeit des Herumorakelns gespart, ob etwas funktioniert oder nicht. »Aber waren Sie nicht an anderer Stelle der Meinung, wir müssten viel reflektierter und differenzierter mit Problemen umgehen, viel mehr diskutieren und abwägen?«, wollen Sie mich jetzt vielleicht fragen. Stimmt. Aber genau das machen wir ja in den tagtäglichen Meetings nicht, die wir abhalten. Wir tun nur so, weil wir die dafür notwendige Streitkultur in vielen Bereichen verlernt haben.

Wir haben ein Problem mit Kritik. Weil sie Abläufe und die wohl gepflegte Harmonie stört und weil sie Aufwand erzeugt. Wir sagen: »Das soll jetzt keine Kritik sein«, selbst wenn wir etwas kritisieren wollen. Wir haben mittlerweile ein Problem mit dem Wort Kritik in unseren Köpfen, weil es negativ klingt. Wir verbieten sie uns selbst, weil wir wissen (glauben!), dass wir damit nicht weiterkommen. Das Gap, das Pfeffer und Sutton sehen, würde ich um einen Begriff erweitern: den des Denkens. Ich sehe ein Knowing-Thinking-Doing-Gap. Wir wollen zwar allenthalben, dass sich das »Mindset« ändert, aber das kritische Denken haben wir aus den Unternehmen verbannt. Ein schöner Satz, dessen Urheberin oder Urheber ich nicht kenne, lautet: »Denken ist vorweggenommenes Handeln«. Wenn wir nicht divers denken, dann haben wir auch keine Handlungsalternativen. Aber dazu gleich mehr.

Macht und Ego

Erst will ich noch einen anderen unangenehmen Grund dafür ansprechen, dass wir mit Veränderungen im Unternehmen so zu kämpfen haben. Es ist ja nicht so, dass wir alle in jeder Hinsicht ahnungslos wären. Wer in einer Managementposition landet, der ist in aller Regel gut ausgebildet, hat schon ein paar Erfahrungen gemacht und Erfolge vorzuweisen. Sehr viele haben neuerdings einen MBA oder einen ähnlichen Weiterbildungstitel, und die Mehrheit hat sowieso – wie ich – BWL studiert. Die Lehrbücher dort sind voll mit Wissen, wie man ein Unternehmen führt. Es gibt extra Bücher, in denen drinsteht, was angeblich nicht in Lehrbüchern steht. Und dann gibt es noch Bücher wie das von Pfeffer und Sutton, wo drinsteht, welche Fehler in Unternehmen gemacht werden. Ich habe Regalwände, die voll sind mit all dem. Man könnte noch so viel davon zur Pflichtlektüre im Management erklären, und trotzdem würden Dinge schieflaufen. Einfach deshalb, weil der Mensch ein Wesen ist, das Fehler macht.

Falsche Managemententscheidungen fallen meiner Erfahrung nach meist nicht aus fehlender Intelligenz und Unwissenheit, sondern aus sehr persönlichen Motiven. Es geht um Macht, und es geht um Selbstbestätigung. Dabei würde ich von den allerwenigsten sagen, dass sie schlechte Manager sind. Sowieso will niemand absichtlich ein schlechter Manager sein. Die allermeisten haben einen guten Willen und die besten Absichten für das Unternehmen. Es ist eher eine Mischung aus den Mechanismen von Karrieren und der einseitigen Reflexion über das eigene Handeln. Man ist im Management darauf gepolt, jederzeit alles im Griff zu haben, gut auszusehen, frisch aufzutreten, schlaue Sachen zu sagen. Man muss »eine Präsenz haben« und beeindrucken. Bei solchen Umfeldanforderungen bleibt der Selbstzweifel im Wettlauf mit dem demonstrativ produzierten Selbstbewusstsein irgendwann auf der Strecke.

Natürlich ist jeder und jede erst einmal für sich selbst verantwortlich, zumal in solchen Positionen. Trotzdem müssen wir auch einmal gemeinsam überlegen, was wir da von Führungskräften eigentlich verlangen.

Und als Führungskräfte müssen wir uns überlegen, wie wir miteinander umgehen. Dabei ist es hilfreich, wenn man selbst einmal die eigene Perspektive reflektiert, und dazu braucht es auch diejenigen Menschen, die einen auf andere Perspektiven aufmerksam machen. Emilio Galli Zugaro ist in dieser Hinsicht ein Phänomen. Er schafft es immer wieder, einem den Blick zu öffnen für die Situation anderer, in die man sich hineinversetzen muss, um besser zu verstehen.

Wann immer ich die üblichen Mechanismen im Management und in der Unternehmensführung kritisiere, habe ich immer beide Perspektiven im Blick: das Individuum, das sich in einem System bewegen und zurechtfinden muss, wie auch das System, das dem Individuum bestimmte Verhaltensweisen abverlangt. Wer heute Führungskraft ist, hat sich sein Führungsverhalten bei anderen abgeschaut, die damit Erfolg hatten. Ich kann keinem Mann persönlich vorwerfen, dass gerade er Führungskraft ist und nicht eine Frau. Aber ich kann ein System kritisieren, das Selbstähnlichkeit reproduziert, weil es keine besseren Mechanismen kennt.

Diese Wechselwirkungen aufzubrechen, die uns an vielen Stellen des Wirtschaftslebens hindert, besser zu werden, gelingt uns nur mit viel Vertrauen.

Neues Vertrauen

Wir erachten es als selbstverständlich, dass wir auf viele Dinge im Leben vertrauen können. Vertrauen ist eine Grundbedingung für das Funktionieren jedes sozialen Gefüges, zugleich bietet uns das soziale Gefüge einen Grundstock an Vertrauen. Es lohnt sich, einen näheren Blick darauf zu werfen, wo Vertrauen herkommt.

Ursprünglich leitet sich unser Vertrauen aus der Ähnlichkeit oder Gleichheit ab. Es geht um Gemeinsamkeiten, die wir mit anderen haben. Der Volksmund weiß: »Blut ist dicker als Wasser.« Erst einmal vertrauen wir unserer Familie. Aber wir vertrauen auch eher Leuten mit der gleichen Herkunft aus einer Stadt oder von einer bestimmten Universität. Vertrauen machen wir oft an Äußerlichkeiten fest, wobei auch hier wieder die Selbstähnlichkeit eine Rolle spielt. Und nicht zuletzt gibt es ganz klassische, kulturell verankerte Auslöser für Vertrauen, wie zum Beispiel eine Uniform. Unser Vertrauen baut sich auf aus unseren gemachten Erfahrungen und, wo es diese nicht gibt, aus den Informationen, die uns zur Verfügung stehen. Vertrauen basiert also auf dem, was wir kennen, und auch anderen Menschen vertrauen wir, weil etwas an ihnen uns bekannt ist oder weil wir sie im weitesten Sinne kennen.

Umgekehrt gilt, dass wir Unbekannten erst einmal nicht vertrauen, insbesondere, wenn wir keine Informationen haben. Dann können wir auch keine Gemeinsamkeit entdecken. Noch deutlicher: Wir vertrauen dem Fremden nicht, gerade weil er oder sie fremd ist. Es ist fast ein wenig wie in einem Western-Film: Der Fremde mit dem großen Hut, der allein die Straße entlangreitet, zieht alle misstrauischen Blicke auf sich. Diese Art, wie sich Vertrauen bei uns bildet, beinhaltet leider auch einen kleinen Konstruktionsfehler. Wir sind anfällig für Stereotype. Wenn schon mal ein Fremder mit großem Hut da war, der uns böse angeschaut hat, dann ist der nächste Fremde mit großem Hut ein Böser, und wir schauen noch viel misstrauischer. Und wir finden vielleicht sogar noch zusätzliche Anzeichen, die wir für Informationen halten und interpretieren. Hat dieser Fremde nicht einen noch größeren Hut als der andere Fremde?

»Vertrauen ist gut, Kontrolle ist besser«, soll Lenin gesagt haben. Wir halten uns oft an diese Maßgabe und sichern uns ab, zum Beispiel durch Verträge. Darin bekennen wir uns schriftlich zu einem bestimmten wechselseitigen Verhalten. Auch hier versteckt sich wieder ein kleines Paradoxon: Wir haben zwar genügend Vertrauen, einen Vertrag einzugehen. Aber wir sind uns nicht so sicher, ob es auch ohne das Dokument ginge. Diese Absicherung gönnen wir uns dann doch. Wir beleihen sie aber zugleich mit einem neuen Vertrauensvorschuss, den wir an Institutionen weiterreichen. Wir vertrauen darauf, dass uns unser Rechtssystem und die Justiz im Falle eines Vertragsbruchs schützen. So ganz werden wir also das Risiko nie los. Ein interessanter Gedanke dazu stammt vom US-amerikanischen Politikprofessor Erik M. Uslaner. Er schreibt, dass Vertrauen das Risiko förmlich bedinge. Zugleich sei Vertrauen aber auch eine Alternative zum Risiko selbst.[6] Darauf will ich gleich nochmals zurückkommen, nachdem wir einen Blick in den Alltag im Unternehmen werfen. Welche Rolle spielt Vertrauen dort für uns?

Vertrauen im Unternehmen

Wenn wir als Unternehmen und Beschäftigte immenses Vertrauen ineinander hätten, könnten wir auf einen Arbeitsvertrag verzichten. Wir könnten davon ausgehen, dass jemand gerne zur Arbeit kommt und jemand anders dafür dann gerne Geld gibt. Das machen wir natürlich nicht. Wir machen Verträge, in denen wir Leistungen und Gegenleistung festhalten. Aber wir können natürlich nicht alles im Vertrag erfassen. Ein Unternehmen kann sich gegen Geld die Arbeitskraft sichern, meist über einen Zeitraum definiert. Klassisch kontrollieren wir dann auch, ob die Arbeitszeit eingehalten wurde. Es gibt Bereiche, wo das sinnvoll ist, zum Beispiel wenn davon betriebliche Funktionen wie Öffnungs- und Kontaktzeiten abhängen. Aber oft ist es auch nicht so. Wer Vertrauen auf Kontrolle aufbauen will, schafft selbst die Grundlage für Misstrauen. Man denke sich das mal auf eine Partnerschaft um: Wie würde sich jemand fühlen, wenn der Partner oder die Partnerin sagt: »Ich vertraue dir. Ich habe einen Privatdetektiv engagiert, der dich auf deiner letzten Geschäftsreise beobachtet hat. Du hast nichts Schlimmes gemacht.«

Was wir ebenfalls versuchen, ist, Leistung zu kontrollieren. Das ist schon schwieriger, als nur Anwesenheitszeiten nachzuprüfen. Es wird aber der Lebenspraxis auch nicht gerecht. Es liegt in der Natur von uns Menschen, dass wir Schwankungen haben. Mal läuft es einen Tag nicht so rund, dafür strotzen wir an einem anderen Tag nur so vor Kraft. Meistens liegen wir irgendwo dazwischen. Und rein arbeitsrechtlich schulden wir als Beschäftigte dem Unternehmen eine »Leistung mittlerer Art und Güte«. Die wenigsten Menschen kommen allerdings ohne äußeren Anlass auf die Idee, ihre Leistung selbst zu dosieren.

Was in allen Kontrollhandlungen als Arbeitgeber immer mitschwingt, ist eine problematische Unterstellung: Da will jemand nicht, oder da ist jemand nicht gut genug. Wir haben kein Vertrauen. Das ist fast ein bisschen verrückt. Wir wählen einen Menschen für eine berufliche Position aus, weil wir Vertrauen in seine Fähigkeiten und seine Person selbst setzen. Aber wenn dieser Mensch dann in seiner Position ist, haben wir offensichtlich kein Vertrauen mehr, sondern müssen kontrollieren. Offen bleibt dabei noch, wem wir weniger vertrauen: der entsprechenden Person oder unserer eigenen Fähigkeit, die richtige Person auszuwählen.

Ein weiterer Gesichtspunkt: Als Unternehmen kaufen wir Arbeitsleistung ein. Implizit kaufen wir dabei auch Wissen und Erfahrung mit ein. Aber handfest zugreifen können wir darauf nicht, auch hier landen wir schon wieder zwangsweise in einer Vertrauenszone.

Umgekehrt ist es so, dass auch Beschäftigte ein ordentliches Maß an Vertrauen mitbringen müssen, gegen dessen Beschädigung sie sich nur bedingt absichern können. Mehrheitlich hängen Beschäftigte nach wie vor stärker vom Arbeitgeber ab als umgekehrt. Von einem guten Arbeitgeber erwarten sie sich einen langfristig sicheren Arbeitsplatz und in gewissem Rahmen auch persönliche Entwicklungsperspektiven. Was, wenn ein Unternehmen diesem Vertrauen nicht gerecht wird? Bei der Arbeit respektiert zu werden und Wertschätzung für das Geleistete zu erfahren sind weitere Erwartungen, die in keinem Vertrag zu regeln sind. Was, wenn die Alltagserfahrung der Beschäftigten, die sogenannte »Employee Experience«, sich nicht mit den Erwartungen deckt, die man beim Einstieg in die Firma hatte? Als verantwortliche Manager sollten wir uns immer daran erinnern, dass Vertrauen in einem solchen Unternehmensumfeld offensichtlich keine Selbstverständlichkeit ist, sondern ständig aufrechterhalten werden muss.

Wenn wir es genau betrachten: Diese Art Vertrauen ist kompliziert, umständlich, bürokratisch, alles andere als perfekt. Es ist nicht bedingungslos, wie vielleicht das Urvertrauen eines Kindes in die Mutter. Sondern es lebt von Voraussetzungen und Vorbedingungen wie Bekanntheit und Verfügbarkeit von Informationen. Zugleich trägt es eine Erwartungshaltung in sich. Wir verbinden unser Vertrauen mit einer Prognose, wir gehen davon aus, dass sich ein bestimmtes Verhalten einstellt, auf das wir vertrauen, mit dem wir rechnen. Ich möchte diese Art »flaches Vertrauen« nennen.

Vertrauen als Kapital

Das Konzept dieses flachen Vertrauens durchzieht unsere gesamte Geschäftswelt. Wenn wir ein Unternehmen rein nach den Prinzipien von Ford und Taylor führen, mit Arbeitsteilung, festen Rollenzuschreibungen, Vorgaben und Kontrollen, dann haben wir kein besonderes Bedürfnis nach einer weiterführenden Art von Vertrauen. Wir könnten ein solches auch gar nicht schaffen, denn die planerische Effizienz und unsere zugehörigen Kontrollmechanismen sind die Vertrauenskiller schlechthin.

Aber es gibt noch eine andere Dimension des Vertrauens, eine Potenzialdimension. Wir kennen es von der Marktseite, wo wir das Vertrauen unserer Kunden messen und kapitalisieren können. Vertrauen kann auch die Kreditwürdigkeit bestimmen und zur Währung werden. »Bezahlen auch Sie mit Ihrem guten Namen«, warb eine Kreditkartenfirma jahrelang. Ich komme zurück auf den Politikprofessor Erik M. Uslaner, der im Vertrauen ein »Moralisches Kapital« sieht beziehungsweise von einer Form des »moralischen Vertrauens« spricht.[7] Der Soziologe Martin Endress verwendet den Begriff eines »fungierenden Vertrauens«, das als »bleibende Hintergrundvoraussetzung soziales Handeln und soziale Beziehungen trägt«[8].

Ich würde für die Praxis gerne einen ähnlich angelegten Begriff vorschlagen, den wir im Kontext der Komplexität benötigen. Dort, wo unsere Absicherungs- und Kontrollmechanismen an ihre Grenzen stoßen, uns langsam und unbeweglich machen. Dort wo wir im Unbekannten arbeiten und Problemstellungen haben, bei denen wir auf keine bereits bekannten und bestehenden Lösungsmechanismen zurückgreifen können. Deshalb gibt es eine regelrechte Notwendigkeit, eine neue Art von Vertrauen zu stiften, das uns bei der Bewältigung von Komplexität hilft. Ich möchte das »tiefes Vertrauen« nennen. Eine Art Vertrauen, das eben gerade nicht die Bekanntheit voraussetzt. Vertrauen, bei dem wir die Erfahrungen und Vergangenheitswerte erst einmal ausblenden können, weil sie uns gar nicht beeinflussen sollen. Zugleich müssen wir eine zu konkrete Erwartungshaltung ebenso ausblenden. Unsere Absicherungsmaßnahmen des klassischen Vertrauens helfen uns nicht weiter. Wenn wir weiterkommen wollen, müssen wir offen sein, uns auf das Unbekannte einlassen, den Unterschied suchen.

Für das »tiefe Vertrauen« sehe ich zwei Eigenschaften als kennzeichnend. Zum einen die Empathie, die wir von Hause aus haben und durch Achtsamkeit und Reflexion weiterentwickeln können. Zum anderen geht es um Integrität. Auch diese bringen wir alle in hohem Maße mit. Wenn wir beides in die Anwendungsperspektive bringen, können wir »tiefes Vertrauen« in einer Organisation schaffen. Dazu gehört, dass wir andere, Fremde, Unbekannte grundsätzlich erst einmal als vertrauenswürdig betrachten und ihnen immer einen Vertrauensvorschuss geben. Wir machen also ein nahezu bedingungsloses Vertrauen zur Grundlage unser Organisationskultur.

Mit einer solchen Perspektive entdecken wir eine neue Dimension des Vertrauens als bislang verborgenes Kapital. Was Marie von Ebner-Eschenbach für Wissen einmal gesagt hat, gilt meiner Ansicht nach noch mehr für das »tiefe Vertrauen«: Es ist eine Ressource, die sich vermehrt, wenn man sie teilt. Verzeihen Sie mir, wenn ich nach diesen philosophischen Ausführungen jetzt eine harte Wendung machen. Aber der Reiz dieses Konzeptes liegt für mich darin, dass wir mit Vertrauen agieren können wie eine Notenbank: Wir können aus dem Nichts Kapital schöpfen.

Vertrauenskultur

Niemand würde der Aussage widersprechen, dass Vertrauen im Kern einer Unternehmenskultur stehen sollte. Aber eine Vertrauenskultur im Unternehmen aufzubauen und zu entwickeln ist ein beständiger Prozess, und der braucht Zeit. Wenn wir es richtig machen, kann daraus ein Perpetuum mobile werden, eine Antriebskraft, die sich selbst immer wieder erneuert.

Prof. Antoinette Weibel von der Hochschule St. Gallen sieht den Schlüssel zu einer Vertrauenskultur in den Führungskräften, die vorangehen müssen. Führungskräfte, sagt sie, sollen zutrauen, dann können Beschäftigte sich auch etwas trauen. Aber sie kann auch ganz klar die Hemmnisse für die Entwicklung einer Vertrauenskultur benennen. Dazu zählen beispielsweise zu viele Regeln und Vorgaben, aber auch ein Leistungsmanagement mit sehr kleinteiliger Steuerung oder Bonussysteme. Ein weitere Kritikpunkt der Professorin ist der Charakter von Feedback-Gesprächen.[9] Geht es hier um echtes Lernen und Weiterentwicklung, oder soll eine Benotung vorgenommen werden?

Zudem weist sie auf einen Umstand hin, der sich im ersten Moment eher nach Beziehungscoaching anhört. »Vertrauen bedeutet, den Willen zu haben, sich auf das Gegenüber einzulassen und sich verletzlich zu zeigen«[10], so Antoinette Weibel. Wie viele Managerinnen und Manager kennen Sie, die sich verletzlich zeigen? Beleidigt, ja, das erlebt man. Von impulsiv bis cholerisch sieht man im Laufe der Karriere auch einige Facetten. Aber Verletzlichkeit? Ich bringe noch einen zweiten Begriff ins Spiel: Mut. Für mutig halten sich eine ganze Menge Manager. Aber sind sie mutig genug, verletzlich zu sein? Mutig genug, Vertrauensvorschüsse zu geben, auf Kontrolle und Benotung zu verzichten, Menschen etwas zuzutrauen und sie machen zu lassen? Der Mut im Management wird an allen anderen Stellen hochgehängt, im vertrauensvollen Umgang mit den Mitarbeiterinnen und Mitarbeitern finden wir ihn seltener als nötig.

Aber es gibt auch eine gute Nachricht der Professorin aus St. Gallen: Vertrauen kann man lernen. Zusammen mit Margit Osterloh hat sie ein

Buch geschrieben, bei dem mir schon der Titel gefällt: *Investition Vertrauen*. Darin finden sich auch interessante Vorschläge für eine bessere Corporate Governance.[11]

Falls ich Sie bis hierhin nicht überzeugt habe, dass sich Vertrauen lohnt, dann will ich noch einen letzten argumentativen Trick versuchen. Denken Sie einfach an das Vertrauen, das andere Ihnen schenken, und überlegen Sie gut, wie Sie es nachhaltig gewinnbringend einsetzen können.

Oder denken Sie daran, wie wohltuend Vertrauen für Sie selbst sein kann. Einer meiner Vertrauten ist Christoph Rössler, ein langjähriger Kollege und Freund. Er könnte mir die wildesten Dinge an den Kopf werfen, und ich wäre ihm nicht böse, denn ich vertraue ihm umfassend. Er gehört zu den Menschen, die mich auch bei Themen zum Nachdenken und sogar Umdenken bringen können, wo ich selbst manchmal die Notwendigkeit noch nicht gesehen habe. Genauso wie Susanne Gadow, die als meine langjährige enge Mitarbeiterin zwangsläufig auch einen umfassenden Einblick in mein Familienleben hatte. Einen Bereich, wo man sich üblicherweise dreimal überlegt, wem man Einblick gewähren will. Wäre es nicht ein Traum, wenn wir dieses Niveau von Vertrauen immer haben könnten?

Lernendes System

Ich habe häufiger erlebt, dass der von Peter Senge bereits vor drei Jahrzehnten geprägte Begriff der Lernenden Organisation Gegenstand von Fehlinterpretationen in die eine oder andere Richtung wurde. Wer nichts damit anfangen konnte, zog sich auf die Position zurück, dass nur der einzelne Mensch, nicht aber die Organisation als Ganzes lernen könne. Auf der anderen Seite habe ich beobachtet, wie Unternehmen mit Lernformen überzogen wurden, die eher der schulischen Druckbetankung glichen und einen schwachen Wirkungsgrad hatten. Mit der künstlichen Intelligenz kommt nun eine dritte Dimension hinzu und damit teilweise die Auffassung, die einzige Instanz, die lernen müsse, sei die Maschine. Dabei gönnen wir den Maschinen stellenweise Lernmöglichkeiten und Budgets, die wir so für die Menschen nie aufgebracht haben. Bis hin zu dem Umstand, dass wir manche im Unternehmen sogar komplett vom Lernen ausschließen. Je älter man wird, desto weniger scheint man weiterbildungsfähig zu sein. Wer in drei oder vier Jahren in Rente geht, wird als Auslaufposten betrachtet. Warum sollte man in den investieren? Dagegen wehre ich mich. Schon allein deshalb, weil man mir meistens eine wichtige Frage nicht beantworten konnte: Wie habt ihr das denn berechnet?

Weiterbildung kostet Geld. Ein komplettes Curriculum zu entwickeln kostet zudem sehr viel Zeit, die ja wiederum auch Geld ist. Und in der Umsetzung entstehen Kosten für Reisen, Hotels, Trainer, Materialien, vielleicht sogar Technik, Räume und so weiter. Alles klar. Aber Kosten können wir ja nur beurteilen, wenn wir wissen, was ihnen entgegensteht. Wissen wir das? Wissen wir, was wir wissen, und wissen wir, was wir nicht wissen? Wissen wir, was der 64-jährige Kollege weiß, der uns in zwei Jahren verlassen wird? Und wissen wir als Organisation, weiß irgendein Mensch in unserer Organisation dann noch, was dieser Kollege wusste? Es ist höchste Zeit, dass wir unseren Umgang mit Wissen und Lernen auf den Prüfstand stellen. Denn wenn wir in Wissen Kapital sehen, dann sind wir zu oft dabei, es aus dem Fenster zu werfen.

Lernen im Wandel

Anhand solcher Beispiele wird allerdings umso deutlicher, welche Rolle das Lernen in Zukunft spielt. Zurzeit befinden wir uns in einer Phase, wo große Transformationsprozesse noch mit groß angelegten Lernprogrammen begleitet werden. Nicht nur, weil man die Menschen und ihr Wissen halten will, sondern meist auch aus einem Grundsatz sozialer Verantwortung. Das ist für mich ein Entwicklungsschritt, aber die Zukunftsperspektive ist eine deutlich anspruchsvollere. Erst einmal folgen die Lernthemen bei Transformationsprozessen meist den veränderten Aufgaben. Die Bandbreite der Lerninhalte reicht von neuem Wissen zu Produkten über IT-Anwenderkenntnisse bis hin zu neuem Fachwissen. In der Fachwelt der Personalmanager werden dafür die Begriffe für Reskilling und Upskilling verwendet – eine Neuausrichtung beziehungsweise Erweiterung der bisherigen Fähigkeiten.

In meiner Zeit bei der Allianz habe ich einen Schwerpunkt auf dieses Thema gelegt. Meinem Team und mir war es dabei wichtig, nicht nur einfach neue Lerninhalte durch alte Kanäle zu schicken, sondern auch ein »Neues Lernen« zu installieren. Eine wesentliche Unterstützung dabei war Gabriele Burkhardt-Berg, die Vorsitzende des Konzernbetriebsrates. Wir hatten viel zu diskutieren, aber mir war immer klar, dass wir an einem Strang ziehen. Wir waren uns einig in der strategischen Bedeutung des Lernens für ein Unternehmen im Wandel. Und wir wollten beide, dass Mitarbeiter und Mitarbeiterinnen nicht sich selbst überlassen blieben, sondern vom Unternehmen die bestmögliche Unterstützung dabei bekommen sollten, sich weiterzuentwickeln. Gabriele Burkhardt-Berg selbst formuliert es so: »Lernen muss so selbstverständlich werden wie Essen und Trinken. Und es muss so in den Arbeitsalltag integriert werden, dass niemand mehr einen Gedanken daran verschwendet.«

Eine meiner Grundfragen zum Thema Lernen lautet: Was würden sich Menschen denn aussuchen, wenn sie frei wählen könnten? Und zwar nicht nur Lerninhalte, sondern auch Lernformen und sogar Anbieter? Nicht nur bei der Allianz habe ich in den Teams, die fürs Lernen und die Weiterbildung zuständig waren, fantastische Leute kennengelernt. Ich hatte immer das Gefühl, dass wir selbst als Unternehmen unseren eigenen Experten in diesem Thema viel zu wenig Spielfläche einräumen.

»Neues Lernen« baut für mich auf drei Säulen auf. Erstens sollten wir ganzheitlich lernen, wir müssen die künstliche Trennung von Arbeit und Lernen aufheben und alle Faktoren, die den Lernfortschritt ausmachen, bestmöglich miteinander koppeln. Unser Lernprogramm spaltet sich dadurch auf. Wir werden kleinere Lernhäppchen und größere Lernstrecken haben. Wir werden sicher weiter Präsenzveranstaltungen haben, aber der klassische »Frontalunterricht« dürfte in den meisten Bereichen der Vergangenheit angehören. Das Lernen wird interaktiver, experimenteller und dialogischer werden. Aber es wird umgekehrt auch Dinge geben, die man einfach durch das Ansehen eines kurzen Schulungsvideos erledigen kann. So etwas kennen wir alle vom Flugzeug und von den Sicherheitsvorkehrungen. Je nach Bedeutung muss man solche Sachen öfter oder seltener machen. Und auch hochwertige Inhalte auf einfachen digitalen Wegen zu vermitteln ist nicht ausgeschlossen. Vielleicht haben Sie ja während der Coronazeit mal in den Podcast des Virologen Christian Drosten mit den NDR-Redakteurinnen Korinna Hennig und Anja Martini reingehört. Ich kenne Menschen, die haben 50 Folgen und mehr verfolgt. Wenn ich das zeitlich zusammenrechne, kommt ein viertägiges Seminar in praktischer Virologie heraus.

Da sind wir auch schon beim Thema Digitalisierung, dem zweiten Baustein des »Neuen Lernens«. Mittlerweile sollten alle gemerkt haben, dass das mehr ist, als PowerPoint-Präsentationen in ein Intranet einzustellen. Es geht vor allem darum, das Lernen flexibler zu ermöglichen, näher an die Arbeit zu bringen und spannender zu gestalten. Komplexität lässt sich mittels Simulationen anders darstellen oder mittels Augmented Reality auch anders miterleben. Bei der Allianz habe ich gesehen, wie schon die einfache Möglichkeit, sich aus einem umfangreichen Kursprogramm bei LinkedIn bedienen zu können, dem ganzen Thema Lernen einen neuen Schub gebracht hat.

Weil ich weiß, dass es immer wieder Menschen gibt, die im E-Learning und auch im Blended Learning erst einmal die Möglichkeit der Kostenersparnis sehen: Ja, das kann sein, aber es muss nicht sein. Auf die Gefahr hin, mich zu wiederholen: Kosten sind die eine Seite. Wenn die Leute keinen Lerneffekt mitnehmen, ist das billigste Lernprogramm nichts wert. Die Digitalisierung bietet uns im Rahmen einer ganzheitlichen Weiterbildungsstrategie zusätzliche Möglichkeiten – darauf kommt es an.

Das Zeitalter des Lernens eröffnen

Der dritte Baustein ist die eigentliche Zukunft: das individualisierte Lernen. Im Medizinmarkt denken wir über individualisierte Medizin nach. Wir wollen jedem Menschen die auf seine Gesundheitssituation optimal angepasste Behandlung und Vorsorge zukommen lassen. Können wir uns vorstellen, dass Lernangebote für Einzelpersonen maßgeschneidert werden? Können wir uns vorstellen, dass »Freie Bildung für alle im Unternehmen« der neue Slogan wird? Dass nicht mehr Führungskräfte eine Weiterbildung erst genehmigen müssen? Dass die spannenden Lernangebote für alle da sind und nicht im exklusiven Kreis an ein paar wenige Leute als Incentive vergeben werden? Dass anstelle des Bereichsleiters die Abteilungsleiterin das Medientraining bekommt, weil sie vielleicht Spannenderes zu erzählen hat? Ich mache das Beispiel bewusst so drastisch, um aufzuzeigen, wie wir auch Weiterbildung und Lernen bislang als Privilegien betrachten. Aber sind diese Privilegien nicht genauso unproduktiv wie alle anderen? Haben wir es nicht mit einer Fehlallokation von Mitteln zu tun? Wollen wir nicht, dass unser eingesetztes Geld den größten Effekt erzielt?

Wenn wir jedes Potenzial in jedem Individuum sehen, dann gebietet es erneut die kaufmännische Logik, dieses verborgene Kapital nicht nur zu heben, sondern auch zu vermehren. Wissen wir, welchen Wert das kollektive Wissen hat und wie wir diesen Wert steigern können? Denken wir darüber nach, wie wir eine Lerndividende erwirtschaften, indem wir das Wissen skalieren? Wenn ich in dieser Frage eine betriebswirtschaftliche Sprache verwende, dann nicht, weil ich Menschen zum Objekt machen will. Im Gegenteil: Sie sollen etwas davon haben, sie sollen selbst mitentscheiden und sogar selbst initiativ werden. Die Investition ins Lernen ist eine Investition in die Eigendynamik.

Auch den Begriff der Lerninhalte müssen wir ausweiten. Woher wollen wir denn so genau wissen, was jemanden weiterbringt und was nicht? Wir gestatten den Kurs in Englisch oder Mandarin, weil wir glauben, dass es unserem Business hilft. Dabei haben wir von beiden Fähigkeiten reichlich. Aber wer spricht Dänisch, Hebräisch, Bulgarisch oder eine der fast 40 Sprachen, die es in Togo gibt?

Mit der Transformation unserer Wirtschaft werden wir uns durchgängig für eine ganze Menge mehr öffnen müssen, wenn wir den Anschluss an unsere Umwelt, an Netzwerke und Szenen, an Kompetenz-Cluster und Ökosysteme halten wollen.

Wer mir persönlich beim praktischen Lernen viel geholfen hat, ist Frank Trümper. Er organisiert die Baden-Badener Unternehmer Gespräche. Ich kenne niemanden, der auf eine so angenehme Art immer wieder neue Verbindungen zwischen Menschen knüpft, um neue Perspektiven zu eröffnen und so Lösungen zu ermöglichen. Wir brauchen andere Menschen, die uns auf neue Gedanken bringen. Und wir brauchen Menschen, die uns mit anderen Menschen zusammenbringen, damit wir Neues lernen.

Lerncoaching

Gemessen an unseren Zukunftsbildern denken wir manchmal: Wie sollen wir das denn hinbekommen? Wir trauen es unserer Organisation und wir trauen es unseren Leuten nicht zu. Aber damit trauen wir uns letztendlich auch nicht zu, einen solchen Prozess überhaupt anzustoßen. Dabei müssen wir es einfach nur tun. Es geht um Bewusstsein und Vorstellungskraft. Es geht darum, das Lernen selbst als Richtung vorzugeben und einen ersten Impuls auszulösen. Wir müssen die Themen der Zukunft setzen und Lernen als Zukunftsthema setzen. Wenn wir die Entwicklung anregen und Neugier wecken, dann werden die Ersten anfangen, sich damit zu beschäftigen.

Dann können wir die nächste Form der Unterstützung geben, »Enabling« und »Empowerment« betreiben, wie man so schön sagt. Jetzt brachen wir pädagogische Kräfte, die sich um diejenigen Menschen kümmern, die das Lernen als neue Aufgabe angenommen haben. Mir geht es dabei nicht um ein bestimmtes Berufsbild von Lernhelfern, sondern um die motivatorische Fähigkeit. Wir brauchen Mentoren oder Lern-Coaches, die etwas aus anderen herauskitzeln können, weil sie sich für andere Menschen interessieren und sich um sie kümmern. Die Vermittlung von Stoff tritt dabei für mich sogar hinter ein anderes Ziel zurück, die Schaffung von Verbundenheit untereinander und zur Organisation. Das Lernen hört ohnehin nie auf, insofern müssen wir auch nicht die Zeit stoppen, die jemand dafür braucht. Es wird Schnellere und Langsamere geben. Manche werden Einstiegsschwierigkeiten haben, weil sie das Lernen selbst erst einmal wieder lernen müssen. Mir ist das egal. Ich glaube daran, dass jeder lernen will und kann. Und wenn jemand eine Lernplattform des Unternehmens nutzt, um sich das Ukulele-Spielen beizubringen – ja, bitte! Wichtig sind die Entwicklung und die Fähigkeit, miteinander und voneinander zu lernen.

Über kurz oder lang wird sich eine ganz praktische Logik einstellen. Im konstruktiven Dialog mit einem Lern-Coach kommen automatisch die richtigen Fragen auf den Tisch: Was machst du bislang, was macht dir Spaß, wie siehst du die Veränderungen? Das ermöglicht die Eigenanalyse: Was will ich, und was brauche ich? Ab da ist nur noch eines wichtig: Alles, was folgt, sollte ganz grob etwas mit der Strategie zu tun haben. Das hilft uns übrigens auch bei der Vermittlung und Weiterentwicklung von Strategien. Denn da haben wir auch Nachholbedarf, aber das will ich hier nicht weiter ausführen.

Noch einen anderen Punkt will ich stattdessen eröffnen. Wir dürfen nicht nur Lernen lernen, wir dürfen auch das Lehren lernen. Die meisten werden künftig im Wechsel beide Rollen einnehmen, Schülerin und Lehrer, Mentee und Mentorin, je nach Thema und Umfeld. Und zwar auch über unser Unternehmen hinaus, in Netzwerken und Ökosystemen und sicher zunehmend auch in gesellschaftlichen Projekten.

An die Rolle als Lehrende knüpft übrigens auch das Thema künstliche Intelligenz an. Lernende Systeme oder lernfähige Systeme können wir bauen. Sie sind in der Lage, ihr Wissen selbstständig zu erweitern. Aber das beeindruckendste lernende System werden wir als Menschen immer selbst sein. Was also liegt näher, als ein System der Systeme zu bauen, eine Organisation, die sich immer weiterentwickelt, weil ihre einzelnen Akteure sich selbst nach genau demselben Prinzip stetig weiterentwickeln?

Der Sinn des Unternehmens

Die Welt des Managements ist voll von Weisheiten, die alles und nichts bedeuten können. Und diejenigen, denen man ein Zitat in die Schuhe schieben will, können sich oft gar nicht daran erinnern, es selbst so gesagt, geschweige denn gemeint zu haben. »The Purpose of business is business« ist so ein Spruch. Der kommt immer, wenn man eine Diskussion um die übergeordneten Unternehmensziele nicht führen will, also über das Geschäftsmodell und die Rolle des Unternehmens in der Gesellschaft – kurz die Verfassung des Unternehmens.

Das Zitat wird Milton Friedman zugeschrieben, dem sicher bedeutendsten Vordenker der Shareholder-Value-Idee. Tatsächlich schrieb er mehrfach, unter anderem 1970 in einem Beitrag für die *New York Times*: »Es gibt nur eine einzige soziale Verantwortung von Unternehmen – ihre Ressourcen einzusetzen und sich in Aktivitäten zu engagieren, die ihren Profit erhöhen.«[12]

Ein ähnliches Zitat gab es schon rund zwei Jahrzehnte vor Friedmann, nämlich vom deutsch-amerikanischen Wirtschaftswissenschaftler Theodore Levitt 1958: »The business of business is profits.«[13] Allerdings wird Levitt auch zitiert mit der Aussage, dass der eigentliche Sinn des Unternehmens sei, Kunden zu gewinnen und zu behalten: »The true purpose of a business is to create and keep a customer, not to make you money.«[14] Und schließlich sagt Levitt auch, dass Unternehmen der Allgemeinheit dienen müssen: »Today's profits must be merely adequate, not maximum. Business exists to serve the public.«[15]

Wir können uns natürlich reihenweise solche Sprüche um die Ohren hauen und Argumente damit ersetzen. Aber wir sehen, dass man die jeweilige Aussage eben im Kontext verstehen muss. Ein Problem liegt beispielsweise darin, dass Friedmann sich bei vielen seiner Überlegungen sehr stark am US-amerikanischen Gesellschaftssystem orientiert, das sich teilweise deutlich von vielen europäischen Modellen unterscheidet. Selbst wenn wir diesen, auch bei Friedmann stark ideologisch aufgeladenen Aspekt einmal ausblenden: Was will seine Feststellung uns dann sagen, welche Erkenntnis, welcher Ratschlag steckt darin für uns?

Eine große Verwechslung in diesem Zusammenhang passiert Rainer Hank, der sich in einem Beitrag für die *Frankfurter Allgemeine Sonntagszeitung* auf Friedmann beruft. Er spricht von einem »Tugend-Markt«, der bedient werden soll, und schreibt: »Manager, die das Geld der Firma für ›höhere Zwecke‹ ausgeben, wollen sich damit in ein moralisch gutes Licht stellen.« Vergleichsweise abschätzig bezeichnet er die »Stakeholder-Wirtschaft« als »Etikett« einer »Purpose-Mode«.[16] Ja, auch das passiert im Management. Ein neuer Begriff taucht auf, er entfaltet Strahlkraft und wird kurzerhand von allen übernommen, weil er gut klingt und ein Imagebedürfnis ausfüllt. Ich engagiere mich seit vielen Jahren für Diversity, mittlerweile acht Jahre bei der Charta der Vielfalt. Ja, es gibt auch Managerinnen und Manager, die dieses Thema nicht ernst nehmen, obwohl sie anderes behaupten. Aber ich bin keine Schiedsrichterin, die Leute beim Foulspiel vom Platz beordert. Ich kümmere mich darum, dass mehr Menschen am Spiel teilnehmen können. Die praktischen Fragen lösen tatsächlich Märkte. Der Arbeitsmarkt, aber auch der politische Meinungsmarkt.

Zurück zum Purpose. Man kann sich hier schon mit der Übersetzung verheddern und sich fragen, ob man das Wort eher als Sinn, Zweck oder gleich als Kombination von Sinn und Zweck übersetzt. Ich bevorzuge das Wort Daseinsberechtigung. Denn darum geht es, und zwar ganz ökonomisch. Natürlich muss ein Unternehmen Geld verdienen, sonst hört es sehr schnell auf zu existieren. Der Profit ist also eine notwendige, aber keine hinreichende Bedingung für die Existenz.

Den einfachsten Gegenbeweis treten die Shareholder jeden Tag in der Praxis selbst an. Ich greife mal willkürlich drei Bereiche heraus: Lebensmittel-Discounter machen etwa 2 bis 3 Prozent Umsatzrendite, der Pharmahandel immerhin 4,4 Prozent, in der Automobilindustrie liegt die Rendite bei rund 10 Prozent. Ginge es ihnen nur um den kurzfristigen Ertrag, könnten Investoren einfach die Branche wechseln oder in grenzwertigen, aber nicht verbotenen Bereichen vermutlich noch sehr viel mehr Geld verdienen.

Aber Wirtschaft ist eben kein Planspiel, bei dem man den Wert einer Investition in jedem Moment gegen einen Geldbetrag eintauschen kann. Märkte, Unternehmen und Branchen haben eine Historie und eine Tradition. Es haben sich Besitzverhältnisse und Beziehungen entwickelt, die sich nicht über Nacht auflösen lassen. Die Entscheidung, in welches Unternehmen man investiert, sei es als Shareholder oder seine Zeit als Beschäftigter, wird durch viele Faktoren bestimmt, und manchmal wird sie einem auch ganz abgenommen. Menschen führen das ererbte Unternehmen der Familie oder den Beruf der Eltern weiter. Menschen interessieren sich für bestimmte Märkte und Technologien, haben Know-how, Geschick, Fähigkeiten und manchmal auch einfach nur Glück. Warum sollte man etwas davon nicht einsetzen oder aufgeben? Wegen eines halben Prozents mehr Umsatzrendite? Auch Risiken und Chancen unterscheiden sich. Wer eine Investitionsentscheidung treffen will, muss eine Branche erst einmal verstehen.

Am Ende bestimmen die Sharehoder selbst, was »Value« für sie ist. Gerade bei den vielen mittelständischen deutschen Unternehmen kann man sehen: Das halbe Prozent mehr ist eben nicht der Wert, den man um jeden Preis realisieren möchte. Man sieht stattdessen auch in anderen Dingen Werte: einem guten Betriebsklima, einem vertrauensvollen Verhältnis zu Behörden, einer intakten Reputation und nicht zuletzt einem guten Gewissen, eigenen ethischen Ansprüchen gerecht zu werden. Der Verzicht darauf, das Unternehmen bis auf den letzten Cent auszupressen, ist für den »ehrbaren Kaufmann« eben kein Verlust, sondern ein Wertzuwachs in anderen Bereichen.

Das Familienunternehmen Haniel hat eine, wie ich finde, bemerkenswerte Perspektive hierzu entwickelt. Unter dem Schlagwort »enkelfähig« richtet sich das Unternehmen gerade völlig neu aus. Der Vorstandsvorsitzende Thomas Schmidt ist sich der Größe der Aufgabe durchaus bewusst. Ich habe ihn gefragt, was es mit »enkelfähig« auf sich hat. Seine Antwort: »Wir wollen enkelfähig sein – und Wert für Generationen schaffen. Das wird uns nur dann gelingen, wenn wir mit unseren Aktivitäten zur Bewältigung der Folgen von Klimawandel und Ressourcenknappheit beitragen. Unsere Strategie baut auf der Überzeugung auf, dass wir nur dann einen Wendepunkt für das Unternehmen erreichen, wenn wir den

Wendepunkt für den Planeten unterstützen – und eine Gruppe nachhaltiger Unternehmen aufbauen, mit denen wir kontinuierlich bessere Leistungen erbringen. So tragen wir zu einer lebenswerten Zukunft bei; für uns und für die nachfolgenden Generationen.«

Gewichtiger kann man einen Purpose kaum formulieren. Und trotzdem ist klar: Der Beitrag eines Unternehmens zur Gesellschaft ist kein völlig altruistischer. Es geht gerade nicht, wie Rainer Hank annimmt, nur darum, gut zu sein oder gut dazustehen. Aber er ist auch nicht das Gegenteil, er ist nicht nur eigennützig auf einer direkten materiellen Ebene. Und ja, Altruismus als Bestandteil einer umfassenden, primär wirtschaftlich fundierten Nachhaltigkeitsstrategie ist trotz wirtschaftlicher Interessen nicht ausgeschlossen. Die Shareholder-Value-Perspektive ist einseitig und steht schon längst nicht mehr im Gleichgewicht mit den externen und internen Anforderungen an ein Unternehmen.

Jenseits der persönlichen Wertvorstellungen von Unternehmensinhabern und Managern gibt es aber auch Dimensionen des Purpose, die das Unternehmen als Organisation betreffen.

Das eingangs erwähnte zweite Zitat von Theodore Levitt stammt aus dem Jahr 1983 und ist tatsächlich seine Definition des *corporate purpose*: »Anstatt einfach nur Geld zu machen, geht es darum, einen Kunden zu gewinnen und zu halten.« Nun könnte man auch diese Äußerung sehr streng im Sinne des Kernleistungsprozesses interpretieren. Allerdings hatte Levitt bereits 1960 einen vielfach beachteten Artikel veröffentlicht, in dem er für einen damals alles andere als selbstverständlichen Wandel warb, weg vom schlichten Verkaufen, hin zum Bedienen von Kundenbedürfnissen.[17]

Kundenbedürfnisse allein sind schon ein komplexes Thema, ganz unabhängig von unserem konkreten Produkt. Doch je näher wir an ein Kundenbedürfnis herankommen, desto filigraner können wir in unseren Möglichkeiten werden. Mittlerweile machen wir die ausgefeiltesten Studien nicht nur zu den direkten Kundenbedürfnissen, sondern zu allen umgebenden Faktoren, zum Beispiel im Marketing. Wir finden heraus, wie Farben und Formen der Verpackung die Kaufbereitschaft von Kunden beeinflussen. Wir machen uns Gedanken über die Lage eines Ladengeschäfts in der Fußgängerzone und den »Point of Sale«. Wir analysieren die Situation und die anderen Menschen, die ein Kunde im Laden antrifft. Wir wissen, wie ein neues Auto oder eine Hotellobby riechen soll, und erschaffen ein spezielles Raumklima. Wir bewerben Produkte bei Kunden, die sie längst gekauft haben, um die Kaufentscheidung nachträglich nochmals zu bestätigen und ein gutes Gefühl zu vermitteln. Wir investieren in Influencer und Communities, weil wir möchten, dass wir nicht nur regelmäßig in der Lebenswelt der Kunden präsent sind, sondern dass wir »zusammengehören«. Und wir beziehen Kunden sogar in unsere Entwicklungsprozesse mit ein, um noch näher an ihren Bedürfnissen dran zu sein und das Produkt vom ersten Tag an perfekt am Markt zu platzieren. Nach all diesem ungeheuren Aufwand zu glauben, wir könnten die grundsätzlichen Lebenseinstellungen und das Wertegerüst von Kunden komplett außen vor lassen, ist doch sehr gewagt.

Simon Sinek hat im Jahr 2009 mit einem kurzen Vortrag in Seattle auf sich aufmerksam gemacht, bei dem er sein Konzept des »Golden Circle« vorstellte.[18] Sein Fokus war damals auf die Frage gerichtet, wie Führungspersönlichkeiten Inspiration auslösen und Unternehmen dadurch weiterentwickeln. Die meisten Unternehmen, so Sinek, könnten sehr gut erklären, was sie tun. Manche könnten zudem erklären, wie sie ihre Arbeit machen, und dabei auf zahllose Details eingehen. Die Erfolgsbeispiele von Sinek wählten jedoch einen anderen Weg und erklärten, was ihr innerster Antrieb ist und welche Daseinsberechtigung sie für sich sehen. »Warum« wurde zum Schlüsselbegriff. Warum sollten Menschen ein bestimmtes Produkt eine Unternehmens kaufen? Und warum sollten Menschen für ein bestimmtes Unternehmen arbeiten? Der Titel von Sineks Buch *Start with why* wurde in kurzer Zeit zum Leitmotiv von vielen, die ihre Unternehmen zukunftsfähig umgestalten wollten.

Mein damaliger Arbeitgeber beschritt 2013 auch diesen Weg. Aus Ernst & Young wurde das einfache EY, und die Daseinsberechtigung verkörperte sich im Slogan »Building a better working world«. Eine Welt zu schaffen, die besser funktioniert, darin lag nicht nur für Berufseinsteigerinnen und -einsteiger ein attraktives Versprechen. Zugleich erfuhr die gesamte Organisation eine Belebung, weil wir einen Weg gefunden hatten, besser zu erklären, welchen Mehrwert eine Wirtschaftsprüfungs- und Steuerberatungsgesellschaft ihren Kundinnen und Kunden liefern kann. In Deutschland profitierten wir ganz nebenbei noch von einem häufigen Übersetzungsfehler. Man unterstellte uns, wir wollten eine »bessere Arbeitswelt« schaffen. Das wollten wir auch, aber natürlich nicht nur. Unsere beeindruckenden Bewerberzahlen, die mir mein

Recruiting-Direktor Marcus Reif in den folgenden Monaten und Jahren präsentieren konnte, bestätigten sicherlich sowohl den Purpose als auch den Übersetzungsfehler. Darüber hinaus aber auch eine herausragende Teamleistung von Menschen, die diesen Purpose verstanden, geteilt und verinnerlicht hatten. Wir haben den Purpose nach außen getragen, zum Leben erweckt.

In der Fachwelt der Personaler nennt man diesen Teil Employer-Branding. Der Begriff wurde in den 1990er-Jahren von Tim Ambler und Simon Barrow erfunden. Sie wollten damit das Augenmerk darauf richten, dass ein Unternehmen beim Fokus auf die Kunden die eigenen Beschäftigten nicht aus den Augen verlieren sollte. Theodore Levitt würde das heute vermutlich auch unterschreiben. Mittlerweile hat sich das Konzept in der Mehrheit der Unternehmen als fester Bestandteil durchgesetzt. Die ersten Autoren gehen sogar so weit, »Employees first, customers second« zu vertreten. Die Beschäftigten sollen sogar noch wichtiger sein als die Kunden. Diesen Gedanken teile ich allerdings nicht. Ich halte nichts von dieser Art künstlicher Priorisierung. Ich denke immer vom Leistungsprozess aus, bei dem wir als Unternehmen ein Bedürfnis bestmöglich erfüllen. Mir geht es dabei um eine Balance, einen Interessenausgleich, eine Multi-Win-win-Situation.

Beyond Business

Doch auch in einer ausgewogenen und für die Shareholder ertragreichen Kunden-Mitarbeiter-Beziehung erschöpft sich die Daseinsberechtigung eines Unternehmens noch nicht. Denn Märkte verändern sich, weil auch Gesellschaften in einem ständigen Fluss der Veränderung begriffen sind. Wir können die dauerhafte Daseinsberechtigung nicht allein aus der Gegenwart oder der näheren, planbaren Zukunft beziehen. Wir müssen weiter blicken, Veränderungen antizipieren, vielleicht sogar aktiv mit herbeiführen. Wir müssen programmatisch und systemisch denken. Wir müssen neu über Ziele nachdenken. Und neue Ziele erfordern möglicherweise auch neue Wege, neue Instrumente.

Ganz praktisch nochmals erinnert: Purpose kennzeichnet unser Geschäftsmodell. Wenn wir diese Feststellung zur Grundlage machen, stellen sich aus meiner Sicht vier grundsätzliche Fragen:

1. Für welchen Beitrag meinerseits innerhalb des Gesamtsystems möchte ich von wem für die Erfüllung eines welchen Bedürfnisses Geld bezahlt bekommen?
2. Wie wird sich innerhalb der Gesellschaft und unter Berücksichtigung aller Umweltveränderungen die Nachfrage nach unserem Produkt oder unserer Leistung verändern?
3. Wo stoßen wir mit unserem Geschäftsmodell an Grenzen, die die Gesellschaft selbst zieht oder aber gar nicht selbst verrücken kann?
4. Welche eigenen Entwicklungspotenziale können wir aufaddieren, um der Gesellschaft weiteren Mehrwert zu liefern?

Mit einer solchen strategischen Herangehensweise lösen wir uns auch aus wohlig-nichtssagenden Befindlichkeitsdiskussionen und thematisieren echte Wirkungen und Ergebnisse. Wir schaffen die Grundlage für nötigenfalls auch harte und anstrengende Diskussionen. Aber genau diese Aufgabe muss strategisches Führungspersonal übernehmen. Die Diskussion muss organisiert, angeleitet und in praktikable Handlungsansätze heruntergebrochen werden. Und zwar im ganzen Unternehmen, denn Purpose geht alle an.

Aus meiner Sicht liegt also auch Theodore Levitt mit seinen drei Aussagen – zusammengenommen – richtig. Ein Unternehmen muss Profit machen, Kunden gewinnen und behalten und in irgendeiner Form der Allgemeinheit dienen. Jede Trennung dieser drei Aspekte ist eine Verkürzung, die sich ökonomisch nachteilig auswirkt.

Warum und wie?

Schon vor Simon Sinek hatte der US-amerikanische Managementautor Peter Block 2003 in einem Buch die Frage aufgeworfen, ob wir die richtigen Dinge tun. Er stellt diese Frage auf drei Ebenen: Gesellschaft, Organisation und Individuum.[19] Er trifft damit den Nerv vieler Menschen, die sich trotz ihres beruflichen Erfolgs irgendwann die Frage stellen: »Was mache ich hier eigentlich?« Die sich fragen, ob es auf sie und ihre Tätigkeit wirklich ankommt. Ob es einen Unterschied macht, ob sie oder jemand anders die jeweilige Aufgabe ausführen. Und auch die Frage, ob etwas bleibt von dem, was sie den ganzen Tag tun. Diese Menschen würden vielleicht gerne etwas anderes machen. Aber sie schrecken zugleich auch davor zurück, diesen Gedanken zu viel Raum zu geben. Denn noch immer ist Arbeit hauptsächlich Existenzsicherung. Eigentlich läuft ja alles irgendwie. Und was will man als einzelner Mensch schon ausrichten? Ist das nicht ein Drama? Sehen Sie nicht auch ein verborgenes Kapital, das Menschen in sich tragen, eine Motivation, etwas neu oder anders zu machen?

Peter Block hat seinen Gedanken rund um die zweifelnde Frage »Wie soll es gehen?« aufgebaut. Immer, wenn wir uns etwas nicht zutrauen, was wir gerne tun würden, fragen wir so. Ich würde gerne, aber wie? Sein ermutigendes Buch trägt den Titel *The answer to how is yes*. Aus ihm stammt auch das schöne Fragespiel eines Managers, was man tun sollte, wenn man sich selbst in einem großen Loch befände. Die Antwort lautet: Aufhören zu graben! Hören wir auf, uns einzugraben, indem wir einfach immer weitermachen, weil wir keine Vorstellung davon haben, was wir sonst tun sollten. Hören wir auf, uns auch in Schützengräben zu verschanzen und alle um uns herum als Bedrohung aufzufassen. Es führt zu nichts. Menschlich nicht, in der Organisation nicht und in der Gesellschaft auch nicht. Die Fähigkeit, sich einzugraben, begründet keine Daseinsberechtigung, sie stiftet keinen Sinn, sie erfüllt keinen Zweck, der uns handlungsfähig macht. Fangen wir stattdessen doch lieber an, darüber nachzudenken, wie wir etwas erreichen können. Lassen wir die Frage »Wie soll es gehen?« für uns arbeiten. Machen wir uns auf den Weg, die Antwort zu finden.

Was wäre, wenn?

Wenn Sie bis jetzt durchgehalten haben, dann werden Sie wahrscheinlich gemischte Gefühle haben. Ein paar unschöne Umstände, die ich beschrieben habe, kannten Sie vermutlich schon. Vielleicht aus dem eigenen Unternehmen oder aus eigener Erfahrung. Und auch ein paar der Lösungsansätze. Manche Ideen waren neu und interessant für Sie, manches mag Ihnen unrealistisch oder nicht praktikabel vorkommen.

Was, wenn wir jetzt einmal alles zusammendenken?

Was, wenn wir beschließen, mit den ganzen unsinnigen Dingen aufzuhören, die wir tun, und stattdessen nur noch die positiven Ansätze verfolgen?

Was wäre, wenn wir die ganzen kleinen Hindernisse, die wir uns selbst in den Weg stellen, einfach ausräumen?

Wenn wir den Menschen, das Individuum in den Mittelpunkt stellen? Wenn wir eine wertschätzende Vertrauenskultur schaffen, die offen für alle ist und die Andersartigkeit als Bereicherung empfindet?

Wenn wir uns dann gemeinsam mit Lust auf die Komplexität stürzen, weil wir wissen, dass wir mit der Vielfalt in unseren Reihen jedes Problem irgendwann gelöst bekommen?

Wenn wir auf dem Weg alle voneinander und miteinander lernen, besser werden, uns persönlich entwickeln? Wenn wir unser Engagement und unsere Motivation darauf ausrichten, Ziele zu erreichen, die unternehmerische Wertschöpfung und gesellschaftliche Verantwortung miteinander verbinden?

Das ist zu viel verlangt, sagen Sie? Ich weiß selbst, es ist zu viel auf einmal verlangt. Veränderungen kommen in kleinen Schritten. Man muss sie einerseits bewältigen können, man darf sich nicht überfordern und übernehmen. Andererseits muss man irgendwo anfangen. Das Schöne ist, dass man sich den Anfang meist aussuchen kann. Ich will Ihnen jetzt Beispiele und Ideen vorstellen, wie und wo man anfangen kann, und von Leuten berichten, die an irgendeiner Stelle angefangen haben.

Kapitel 5

So könnte es gehen

Europas Chance – der Green New Deal

Fangen wir dort an, wo es am einfachsten ist. Nicht unbedingt von der Umsetzung her, wohl aber hinsichtlich der Zielsetzung: Klimaschutz. Hier müssen wir handeln, und alle wissen es. Das Thema verfolgt Politik und Wirtschaft schon sehr lange. Ein erster kleiner Durchbruch war das Kyoto-Protokoll von 1997. Meine Kinder sind alle jünger. Sie sind, wie viele andere, mit dem Thema förmlich geboren und aufgewachsen. Dementsprechend verwundert es nicht, dass das Thema und die Bewegung Fridays for Future viele junge Menschen erreicht, sensibilisiert und mobilisiert, wie auch die aktuelle Sinus-Jugendstudie eindrucksvoll belegt.[1] Die Ungeduld junger Menschen ist dabei schwer in Einklang zu bringen mit dem zähen Räderwerk von internationaler Politik und Wirtschaftsregulatorik. Bemerkenswert ist allerdings, dass sich ein wachsender Teil der Wissenschaft auf die ungeduldige Seite der Jugend schlägt. Die Initiative Scientists for Future hat in Deutschland mittlerweile über 60 Regionalgruppen und allein im Beirat schon 130 Wissenschaftlerinnen und Wissenschaftler.[2] Umso bemerkenswerter ist es, dass sie sich dem Vorwurf des »Alarmismus« von Leuten ausgesetzt sieht, deren eigener Kenntnisstand im Thema überschaubar sein dürfte.

Sie haben mich im Laufe dieses Buches ein wenig kennengelernt, ich bin immer erst einmal um Einbeziehung und einvernehmliche Lösungen bemüht. Aber bei jedem Thema kommt auch einmal der Moment der Wahrheit, an dem alle plausiblen Fragen ausgeschöpft sind. Wer dann sachlich (hier: wissenschaftlich) nichts Sinnvolles mehr vorbringen kann, der muss akzeptieren, dass es vom Reden ins Handeln geht.

Mit dem Klimaschutzabkommen von Paris 2015 wurde für die Erderwärmung eine 2-Grad-Begrenzung als Ziel formuliert. Ein Sonderbericht des Weltklimarates von 2018 forderte bereits eine Grenze von 1,5 Grad. Wir sehen, wo die Reise hingeht. Wir brauchen die Dekarbonisierung unserer Wirtschaft. Wir sollten nicht nach Schlupflöchern suchen, sondern das Thema einfach anpacken. Kurz bevor Ursula von der Leyen 2019 das Amt der EU-Kommissionspräsidentin übernahm, sprach sie sich in einer bemerkenswerten Rede für das Ziel aus, den Kohlendioxidausstoß bis zum Jahr 2030 um 50 Prozent zu senken. Die Bewältigung des Klimawandels wird das Schlüsselprojekt ihrer Amtszeit werden. Bereits im September 2019 stellte sie das Konzept der EU-Kommission für einen »Europäischen Grünen Deal« mitsamt einem ambitionierten Aktionsplan vor.[3] Bis 2050 soll die EU-Wirtschaft keine Netto-Treibhausgasemissionen mehr freisetzen. Dazu kommt der Gedanke einer grundsätzlichen Systemumstellung: Das wirtschaftliche Wachstum soll vom Ressourcenverbrauch entkoppelt werden.[4] Das EU-Parlament erhöhte im Oktober 2020 den Zielwert für die CO2-Reduktion sogar noch auf 60 Prozent. Die logische Konsequenz lautet, dass wir nicht nur energieeffizientere und nachhaltigere Produkte brauchen, sondern dass wir auch einen großen Teil des künftigen Wachstums über Wissen um die Steigerung von Lebensqualität generieren werden.

Die Wirtschaft bewegt sich

Mit diesen Vorgaben können und sollten Unternehmen künftig rechnen. Und viele haben sich schon auf den Weg gemacht. Ich erinnere mich an gute Gespräche mit Wolfgang Langhoff von BP, der auch Vorstandsvorsitzender des Mineralölwirtschaftsverbandes ist. Nicht in allen Fragen sind wir immer einer Meinung, aber ich schätze ihn sehr und habe größten Respekt vor seiner Aufgabe. Er muss – verzeihen Sie das Wortspiel – einen Tanker umsteuern. Er muss ein Unternehmen, das in der Vergangenheit davon gelebt hat, möglichst viel Heizöl und Treibstoff zu verkaufen, komplett neu erfinden. Das geht weder von heute auf morgen noch ohne schmerzhafte Veränderungen. Ob man die Zeichen der Zeit zu spät erkannt hat?

Wolfgang Langhoff selbst beschrieb mir die Situation so: »Wenn große, multinationale Unternehmen wie das unsrige eine disruptive

Neuausrichtung vornehmen, so geschieht das nicht über Nacht. Das Bewusstsein, dass die Welt sich auf keinem nachhaltigen Pfad mehr bewegt, ist überwiegend als Fakt anerkannt. Somit ist die Zeit reif. Um den Mega-Herausforderungen einer nachhaltigen globalen Energieversorgung zu begegnen, ist es nicht genug, von einer Energiequelle auf eine andere umzusteigen. Vielmehr wollen wir Energie völlig neu denken. Dafür muss BP vielschichtiger, wendiger, diversifizierter, digitaler werden – und vor allem auch gesellschaftlich allgemein gesprochen ›akzeptabler‹. Unsere Transformation umfasst deshalb alle Geschäftsfelder, vom Verlassen der klassischen Unterteilung der Ölindustrie in Up- und Downstream über eine Neuordnung der Organisations- und Personalstruktur bis hin zu neuen Angeboten bei Energie- und Mobilitätslösungen. Damit ist auch eine noch stärkere inklusive Unternehmenskultur verbunden.«

Und so kann man heute offiziell auf der Homepage von BP lesen: »Wir möchten bis 2030 ein Energieunternehmen ganz anderer Art sein, indem wir Investitionen in CO_2-arme Geschäftsbereiche erhöhen, uns auf eine hochwertige Öl- und Gasförderung fokussieren und Emissionen reduzieren.« Hätten wir uns das vor zehn Jahren so vorstellen können?

Mobilisieren wir überhaupt genug Vorstellungskraft, um uns auf die Veränderungen einzulassen? Noch 2018 ging es vielen zu weit, als Allianz-Chef Oliver Bäte verkündete, dass sich das Unternehmen komplett aus der Versicherung von Kohleminen und Kohlekraftwerken zurückziehe und langfristig an der Gestaltung einer treibhausgasfreien Wirtschaft mitarbeiten wolle. Am Rande des Weltwirtschaftsforums in Davos 2020 konnte man dann eine komplett verkehrte Welt erleben. Oliver Bäte kritisierte die Politik dafür, dass diese den Klimaschutz zu langsam vorantreibe: »Es ist das erste Mal, dass die Wirtschaft den Ton angibt und die Regierungen hinterherhinken.«[5] Man muss dabei im Hinterkopf haben, dass die Allianz ihrerseits ja selbst ein großer – wenn nicht der größte – Investor in Europa ist, der die Beiträge der Versicherten möglichst sicher anlegen muss und selbst auch eine nachhaltige Rendite erwirtschaften will. Auch in diesem Bereich will die Allianz das Risiko minimieren, spätestens bis zum Jahr 2040 sollen alle kohlebasierten Investments und Produkte des Unternehmens komplett auslaufen. Parallel hat sich das Unternehmen der weltweiten Initiative »Asset Owner Alliance« angeschlossen.

Das sind gute Beispiele, und ich hätte gar nichts dagegen, wenn ein kleiner Wettbewerb zwischen Politik und Wirtschaft entstünde. Die

Politik sollte sich ruhig angespornt fühlen, im Dialog mit der Wirtschaft die nächsten Schritte im Klima- und Umweltschutz zügiger zu gehen. Die Wirtschaft sollte weiter versuchen, der Politik zuvorzukommen.

Am besten aber agiert man gemeinsam. Frankreich und die Niederlande haben dies übrigens im vergangenen Jahr vorgemacht. Gemeinsam haben beide Länder beschlossen, nationale Aktionspläne zur Vermeidung von Plastikmüll umzusetzen, die über die Regeln der EU hinausgehen. Große Industrieunternehmen wie Campina, Carrefour, Coca-Cola und Danone beteiligen sich freiwillig daran. Bis 2025 wollen sie ihren Plastikverbrauch um 20 Prozent reduzieren und eine Recyclingquote von 70 Prozent bei Einwegartikeln erreichen.[6]

Möglicherweise gibt es in beiden Ländern, die historisch große Seefahrtnationen sind, ein gesteigertes Bewusstsein für die Verschmutzung der Meere. Holland hat 451 Kilometer Küstenline, das ist ein knappes Drittel der Außengrenze. Frankreich hat sogar rund 3 400 Kilometer Küstenlinie, mehr als alle Binnengrenzen zu den Nachbarn zusammen.

Freiwillig mehr, das kann ein Weg für viele Unternehmen sein.

Mit dankenswerter Klarheit untermauert auch Clemens Fuest, Präsident des ifo-Instituts, den Kurs von EU-Politik und Industrie: »Aus ökonomischer Sicht spricht wenig dafür, bei den Anstrengungen zur Eindämmung des Klimawandels nachzulassen.«

Was glauben wir den Unternehmen?

Das neue Denken in Unternehmen stößt häufiger noch auf Skepsis, Vorbehalte und Misstrauen in der Öffentlichkeit, aber teilweise auch in den Belegschaften. Man unterstellt den Unternehmen, dass sie Greenwashing betreiben. Dass sie sich einen grünen Anstrich verleihen, ein umweltfreundliches Image zulegen wollen, obwohl sie es gar nicht sind. In der Tat sind manche Unternehmen in der Vergangenheit sowohl beim Umweltschutz als auch beim Thema gesellschaftlicher Verantwortung den eigenen Ankündigungen nicht gerecht geworden. Und es gibt auch die Fälle, in denen das Umwelt- und Klimaengagement nicht wirklich ernst gemeint war. Wo es keine Einsicht und keinen Lerneffekt gab, sondern lediglich Augenwischerei stattfand. Oder wo man eine neuzeitliche Form des Ablasshandels betrieben hat, indem man als ertappter Umweltsünder eine möglichst symbolträchtige und öffentlichkeitswirksame »Wiedergutmachung« inszeniert hat.

Aber schon allein die Tatsache, dass wir darüber reden, zeigt, dass es mit dem Greenwashing auch nicht mehr so einfach ist. Denn eine wesentliche Voraussetzung für Glaubwürdigkeit ist Transparenz. Man muss Einblicke geben, Zahlen veröffentlichen, sich überprüfbar machen. Wer bluffen will, geht mittlerweile ein hohes Risiko ein. Wer falsche Ankündigungen macht, sich indifferent verhält, in Widersprüche verwickelt, Nachfragen nicht gut beantworten kann, der verliert Vertrauen bei allen Stakeholdern. Die Öffentlichkeit ist aufmerksamer und urteilsfähiger geworden. Das Wissen zu Umwelt- und Klimaschutz ist weit verbreitet, Nichtregierungsorganisationen wie Greenpeace oder der NABU haben langjährig gewachsene Strukturen, wissenschaftliche Vernetzung und Expertise.

Und die kann durchaus kritisch ausfallen. Gerd Leipold, Geschäftsführer von Greenpeace International von 2001 bis 2009, sagte mir: »Immer noch sieht der Nachhaltigkeitsbericht von Unternehmen wie eine Erzählung aus dem Garten Eden aus, der Geschäftsbericht spricht eine andere Sprache. Glaubwürdig kann man nur sein, wenn sich das Umweltengagement auch glaubwürdig und messbar im Geschäftsbericht widerspiegelt. Auch den eigenen Mitarbeitern gegenüber ist Transparenz wichtig, denn die wissen sehr gut den Unterschied zwischen Realität und schönen Worten zu erkennen. Und sie erwarten heute, dass sie mit gutem Gewissen für ihr Unternehmen arbeiten können.« Ich sehe es genauso.

Dazu kommt: Wer heute in Sachen Umweltschutz Potemkinsche Dörfer bauen will, der muss einen enormen Aufwand betreiben. Anders formuliert: Tricksen ist aufwendig und teuer, also unwirtschaftlich. Die eine kleine Unwahrheit zieht die nächste nach sich, und irgendwann investiert man seine Zeit und Energie nur noch in feinsinnige juristische Manöver. Man kann es auch lassen.

Es gibt aber noch einen weiteren Faktor, der wesentlicher Antrieb für die Veränderungen in den Unternehmen ist, und das ist das Selbstbild von Managern. Wer ins Management geht, will etwas verändern und erfolgreich sein. Es geht hier um die Gestaltungsmacht, die man hat. Wer aber nicht verstanden hat, in welche Richtung sich die Zukunft grundsätzlich entwickeln wird, dem wird genau diese Gestaltungsmacht entgleiten. Der wird gar nicht erfolgreich sein können, weil er neu hinzukommende Maßstäbe, Kennzahlen und Erwartungen nicht kompetent bedienen kann. Den Ehrgeiz von Managern, erfolgreich zu sein, sollten wir ernst nehmen.

Und in vielen Fällen auch die Persönlichkeit. Manager leben nicht im luftleeren Raum. Auch sie haben Biografien, die mit dem gesellschaftlichen Wandel gewachsen sind. Auch sie haben Kinder und Familien, Freunde und ein Bezugssystem. Auch sie werden privat gefragt: »Was macht ihr da eigentlich?« »Ist das genug?« »Meint ihr das ernst?« Es ist auch kein Fehler, wenn Manager und Managerinnen persönlich mit gutem Beispiel vorangehen. Das hilft beim »Umparken im Kopf« oder sogar beim »Umsteigen im Kopf«.

Umgekehrt benötigt auch das Bild der Wirtschaft in der Gesellschaft ein Update, denn es hat sich viel getan. Ende 2019 wurde Kerstin Andreae, die viele Jahre für die Grünen im Bundestag saß, Hauptgeschäftsführerin beim Bundesverband der Energie- und Wasserwirtschaft (BDEW), der mehr als 1 900 Unternehmen vertritt. Sie sagt mir: »Ich bin überzeugt, dass die Mehrheit der Unternehmen, die Mehrheit der Managerinnen und Manager verstanden hat, worum es in Zukunft geht. Es gibt mittlerweile schon die Gewissheit, dass Zukunftsfähigkeit und Nachhaltigkeit zusammengehören.«

Was sind Zukunftsbranchen?

Wenn wir über den ökologischen Umbau der Wirtschaft reden, haben wir oft ganz bestimmte Beispiele und Bilder vor Augen. Windkraft ist so eines. Wind ist etwas, das uns die Natur jeden Tag kostenlos in rauen Mengen zur Verfügung stellt. Viel zu lange haben wir darauf verzichtet, dieses Geschenk zu nutzen. Dänemark kann bereits heute mehr als 40 Prozent seines Energiebedarfs über Windkraft decken.[7]

Windenergie ist also eine Zukunftsbranche, genauso wie die Chemie. Moment! Chemie? Ja, Chemie, denn die steckt auch in der Windkraftanlage. Lacke und Korrosionsschutz gegen Witterungseinflüsse, Schmieröle und Reinigungsmittel für den Betrieb – kein Windrad dreht sich ohne sie besonders lange. Die chemische Industrie sagt von sich selbst: »Chemie ist überall drin.« Gerade die Chemieindustrie ist ein Musterbeispiel für die strukturelle Bandbreite einer Branche, aber auch für den Vernetzungsgrad und die Wechselwirkungen.

Die Chemische Industrie in Deutschland, zu der auch die Pharmazeutische Industrie gehört, beschäftigt rund 460 000 Menschen in rund 2 200 Unternehmen.[8] Nur ein Viertel der Produkte werden für Endverbraucher hergestellt, das ist unser Haarwaschmittel oder die Schmerztablette. Drei Viertel der Produkte gehen in die industrielle Weiterverarbeitung.[9] Von den 200 Milliarden Euro Jahresumsatz werden mehr als 60 Prozent im Ausland erwirtschaftet.[10] Man denkt dabei oft an große und bekannte Firmen, die Weltkonzerne. Aber 60 Prozent der Arbeitsplätze und des Umsatzes finden sich in Unternehmen mit weniger als 1 000 Beschäftigten wieder.[11] Bei den Unternehmen, die Arzneimittel herstellen, ist es noch familiärer. Hier sind sogar 90 Prozent in der Größenordnung unter 500 Beschäftigten.[12]

Man darf die Wirtschaft nicht statisch und als monolithischen Block verstehen. Wir dürfen also nicht den Fehler machen, »Zukunftsbranchen« entlang oberflächlicher Betrachtungen oder ideologischer Wunschvorstellungen zu definieren. Wenn wir wollen, dass sich unsere Wirtschaft stärker an den ökologischen Notwendigkeiten ausrichtet, dann ist es einfach, neue Technologien und Geschäftsmodelle zu fordern und zu feiern. Doch die eigentliche Herausforderung liegt darin, bestehende Unternehmen und ganze Branchen in eine solche Transformation zu bringen. Und zwar so, dass sie wettbewerbsfähig und beschäftigungsfähig zugleich bleiben. Es geht nicht darum, alte Branchen durch neue zu ersetzen, sondern aus jeder Branche eine zukunftsfähige Branche zu machen. Ich bin überzeugt, dass es keine überflüssigen Branchen gibt. Man kann alles weniger gut, besser oder richtig gut machen. Wir haben es in der Hand.

Innovation, Forschung und Bildung

Der Schlüsselbegriff ist die Innovation – etwas, das wir in Deutschland seit 200 Jahren sehr gut beherrschen. Innovationen reflektieren immer auch ein zeitgenössisches Denken. Neue wissenschaftliche Erkenntnisse lösen eine Faszination für Themen aus und inspirieren auch Praktiker, nach Umsetzungsmöglichkeiten zu suchen. Im 19. Jahrhundert erlebten die Menschen einen umfangreichen Schub in den Naturwissenschaften, von der Biologie über die Chemie bis in die Physik und die Mechanik. Der Gründer in der Garage ist keine Silicon-Valley-Story. In San Francisco erlebte man gerade noch den »Goldrausch«, als Carl Zeiss in Jena eine feinmechanische Werkstatt eröffnete, um Mikroskope für die Forschung herzustellen. Viele der großen Unternehmen in Deutschland können solche Gründergeschichten erzählen, die mit Entdeckungen und Erfindungen verbunden sind.

In der ersten Hälfte des vorigen Jahrhunderts haben wir gedanklich, in der zweiten Hälfte dann auch faktisch die Grenzen unseres Planeten gesprengt. Wir haben Raketen ins All geschossen, sind auf dem Mond gelandet, haben eine dauerhafte Weltraumstation für Forschung eingerichtet und sind in der Lage, in einer Reisezeit von zehn Jahren über eine Strecke von 500 Millionen Kilometern mithilfe einer Raumsonde ein kleines Fahrzeug auf einem Gesteinsbrocken zu landen, der weniger als 10 Kilometer breit ist und mit einem Tempo von 33,5 Kilometern pro Sekunde seine Bahnen dreht. Hätten Sie mich 2004 beim Start der ESA-Rosetta-Mission gefragt, ob so etwas möglich ist, dann hätte ich skeptisch abgewogen und die Frage an Experten weitergegeben. Innovation ist getrieben durch die Vorstellungskraft derjenigen, die tief in einer Materie stecken. Und die funktionierenden Experimente und Projekte sind der Auslöser, ihre Vorstellungskraft auch einem breiteren Publikum zu erschließen.

Was gerade stattfindet, ist eine Neuausrichtung des Denkhorizonts für Innovation in unserer Zeit. Während wir die äußeren Grenzen des Planeten bezwingen konnten, haben wir festgestellt, dass der Planet auch innere Grenzen und Gesetzmäßigkeiten hat, die wir zu lange nicht gesehen oder ignoriert haben. Und die sogar unsere Existenz bedrohen, wenn wir unsere Art des Wirtschaftens nicht an diesen Naturgesetzen ausrichten. Wenn ich es aus der Perspektive idealistischer junger Leute formuliere: Man kann die Menschheit retten, indem man Umwelt und Nachhaltigkeit erforscht. Ich erlebe diese Perspektive auch bei meinen Kindern. Einer meiner Söhne will Umweltingenieur werden, meine Tochter macht ein integriertes Managementstudium, das ganzheitliche Ansätze vermittelt.

Für Menschen forschen

Aber nicht nur die Umwelt, auch die Biologie des Menschen selbst ist in den zurückliegenden Jahren wieder in den Fokus gerückt. Wir wissen, dass das Leben kurz ist und wie wertvoll entsprechend unser Wohlbefinden ist. Als junger Mensch lächelt man noch, wenn man den Satz hört, aber ab der Mitte des Lebens sagt man ihn selbst immer häufiger: »Gesundheit ist das Wichtigste.«

Ich hatte die Pharmazeutische Industrie gerade noch der Chemie zugeordnet, jetzt will ich ihr einen eigenen Raum geben und die Medizintechnik mit einbeziehen. Trotz konjunktureller Schwankungen erleben wir in beiden Bereichen seit einigen Jahren einen stetigen Beschäftigungsaufbau. In der Medizintechnik arbeiten mehr als 210000 Menschen, 93 Prozent der Unternehmen haben weniger als 250 Beschäftigte.[13] Wie innovativ die Branche ist, aber auch sein muss, zeigt eine weitere Zahl. Mit Produkten, die nicht älter sind als drei Jahre, erzielen die Medizintechnikunternehmen rund ein Drittel ihres Umsatzes. Der Forschungsanteil liegt mit 9 Prozent sogar höher als bei Technologieunternehmen und in der IT-Industrie.[14] Die Pharmabranche kommt auf 13,2 Prozent, und etliche Unternehmen erreichen sogar Werte um die 30 Prozent.[15]

Mittlerweile gibt es über 30 Unternehmen aus dem Bereich Pharma und Gesundheit, die in den unterschiedlichen Segmenten des DAX börsennotiert sind. Der europäische Marktführer der Medizintechnik kommt aus Deutschland. Es ist die Drägerwerk AKI aus Lübeck, die Aktien ausgibt und dennoch als Familienunternehmen geführt wird. Stefan Dräger, der Vorstandsvorsitzende und selbst Ingenieur, formuliert: »Dräger macht Technik für das Leben.«[16] Wie wichtig diese Technik ist, hat uns die COVID-19-Krise gezeigt. Denn Dräger ist auch der größte Hersteller von Beatmungsgeräten in Deutschland. Nachdem die Bundesregierung sehr früh zu Beginn der Krise 10000 neue Geräte bei Dräger bestellt hat, musste die Produktion fast vervierfacht werden. Dazu wurden nicht nur 400 neue Mitarbeiterinnen und Mitarbeiter eingestellt, sondern auch ein flexibles Arbeitszeitmodell und ein erweiterter Schichtbetrieb mit dem Betriebsrat und den Gewerkschaften vereinbart. Parallel baute Dräger innerhalb von drei Monaten eine Fabrik für Atemschutzmasken.[17]

Ein anderes Familienunternehmen ist komplett neu in die Produktion von Beatmungsgeräten eingestiegen, die nicht das technische Niveau von Dräger benötigen, aber in einer Mangelsituation helfen können. Der Heizungsbauer Viessmann aus dem hessischen Allendorf hat innerhalb weniger Tage einen Teil seiner Produktionsanlagen umgebaut und in Zusammenarbeit mit Medizinern und Krankenhäusern sehr einfache und mobile Geräte entwickelt; dazu stellt das Unternehmen auch Gesichtsmasken und Desinfektionsmittel her.

Auch Corona trägt also zur Erweiterung unserer Vorstellungskraft bei: Wir sehen plötzlich, was geht, wenn wir uns dahinterklemmen. Und wir tun das besonders energisch, wenn es um Menschen geht.

Den Durchbruch in Sachen Corona konnte aber nur die medizinisch-biologische Forschung selbst bringen. Mit Curevac und Biontech haben sich zwei relativ junge private Unternehmen auf dieses Thema gestürzt, dazu aber auch das Deutsche Zentrum für Infektionsforschung. Hier haben sich 35 Forschungsreinrichtungen und darin Hunderte von Medizinern und Naturwissenschaftlern zu einem der größten, auch international vernetzten Forschungsverbünde zusammengeschlossen. Mit der Verfügbarkeit eines Impfstoffes ist auch das Ende der Pandemie besiegelt.

Dass wir auf eine vielleicht wieder auftretende Pandemie künftig besser vorbereitet sind, darf man hoffen. Aber auch jenseits dieses Ereignisses, das für viele Menschen in den westlichen Industrieländern die größte jemals erlebte allgemeine Katastrophe bleiben dürfte, gibt es die Vielzahl der individuellen und nicht minder dramatischen Katastrophen: von seltenen über chronische Erkrankungen bis hin zu den vielfältigen Formen von Krebserkrankungen oder im Alter auftretenden Beeinträchtigungen wie Demenz, Alzheimer oder Parkinson. Jeder kennt Menschen, die betroffen sind, und jeder weiß, wie sehr Erkrankte und Angehörige leiden und kämpfen.

Den Durchbruch bei vielen dieser Erkrankungen wird vermutlich erst eine völlig andere Art von Medizin bringen, die individualisierte Medizin. Sabine Nikolaus ist die Deutschland-Chefin bei Boehringer Ingelheim. Das größte forschende Pharmaunternehmen in Deutschland ist auch nach mehr als 130 Jahren noch ein Familienunternehmen. Und hier forscht man nicht mehr an der einen Wunderpille, die für alle gleich ist, sondern an Therapieansätzen, die eine möglichst exakte Behandlung eines Krankheitsbildes beim Individuum ermöglichen. Ein Gedanke, den wir uns eigentlich alle wünschen, den wir aber auch erst sehr spät angefangen haben zu denken. Aber ich will Sabine Nikolaus selbst zu Wort kommen lassen, weil es spannend ist, in welchem Rahmen gedacht wird: »Die Diversität einer globalen Gemeinschaft spielt in der täglichen Arbeit bei Boehringer Ingelheim eine große Rolle. Einerseits spiegelt sie sich in der Vielfalt unserer Mitarbeitenden, andererseits in der Vielfalt unserer Patientinnen und Patienten. Schon heute werden Medikamente auf der Grundlage von Studiendaten aus unterschiedlichen Ethnien zugelassen. Darüber hinaus wissen wir, dass jeder Mensch, jeder Organismus unterschiedlich auf denselben Wirkstoff reagiert. Mit wissenschaftlichen Methoden lässt sich diese Einzigartigkeit immer besser erfassen – und im Sinne der Gesundheit nutzen. Langfristig bedeutet das, dass wir eine Entwicklung weg von den standardisierten hin zu individualisierten Therapien und Medikamenten anstreben, um damit auf Patienten zugeschnittene persönliche Therapieoptionen und eine individualisierte Medizin zu ermöglichen.«

Meiner Meinung nach eine Aussicht, die der ganzen Menschheit Mut machen darf! Wenn wir nun einen noch größeren Zusammenhang herstellen wollen, dann können wir einen Blick auf das Gesundheitswesen insgesamt werfen. Denn auch hier erleben wir ein Wachstum, sowohl was Umsatz als auch Beschäftigung angeht. Insgesamt arbeiten in der Gesundheitswirtschaft mehr als 7,6 Millionen Menschen, 12 Prozent des Bruttoinlandsprodukts werden hier erwirtschaftet, rund 370 Milliarden Euro. Mehr als die Hälfte davon sind Dienstleistungen, also beispielsweise Ihre Hausärztin oder der Pfleger im Krankenhaus. Zur Notwendigkeit, die Gesundheitsversorgung aller zu verbessern, kommen also nicht nur eine wirtschaftliche Wachstumsperspektive und ein gesellschaftspolitisches Mandat. Jeder Fortschritt, den uns die Forschung bringt, wird wirtschaftliche Effekte in der Breite auslösen.

Geld für Forschung

Wenn wir also unsere Gesellschaft nachhaltiger machen wollen, dann kann das nur über wirtschaftliche Innovation gelingen. Es lohnt sich daher, einmal nachzufragen: Wie viel gibt unsere Volkswirtschaft eigentlich für Forschung und Entwicklung aus? Was schätzen Sie?

Ich sollte vielleicht dazusagen, dass es einmal ein Programm der EU aus dem Jahr 2000 gab, das sich die Lissabon-Strategie nannte. Dort wollte man die EU bis 2010 zum »dynamischsten wissensgestützten Wirtschaftsraum« machen. Eines der Kriterien war, dass sich die Länder ein Ziel vornehmen: 3 Prozent des Bruttoinlandsproduktes sollten die Ausgaben für Forschung und Entwicklung sein.[18] Der Ergebnisbericht im Jahr 2010 fiel ernüchternd aus. Natürlich fielen in diesen Zeitraum die Osterweiterung der EU mit fast einer Verdoppelung der Mitgliedsländer sowie die Finanzkrise. Dennoch konnte auch Deutschland das Ziel nicht erreichen. Für das Nachfolgeprogramm »Europa 2020« war man weniger ehrgeizig und setzte sich nicht etwa ein 5-Prozent-Ziel, sondern behielt die 3 Prozent bei.[19] Immerhin, Deutschland hat es geschafft, wir liegen derzeit bei 3,13 Prozent, in absoluten Zahlen sind das 105 Milliarden Euro.[20] Der Beitrag, der nicht von Unternehmen kommt, teilt sich übrigens nochmals auf unter staatlichen Institutionen und solchen ohne Erwerbszweck (zum Beispiel Stiftungen), die 0,42 Prozent ausmachen, sowie den Hochschulen, die 0,55 Prozent des BIP-Anteils an Forschung und Entwicklung ausgeben. Für die Wirtschaft bleiben also ganze 2,16 Prozent, umgerechnet jährlich gut 70 Milliarden. Auf Ihrem oder meinem Konto wäre das viel, für eine Volkswirtschaft, die sich zur Wissensgesellschaft transformieren sollte, finde ich das zu wenig. Natürlich, nicht jede wirtschaftliche Tätigkeit erfordert unbedingt immer Forschung. Aber nehmen wir die Chemische Industrie, der ich so viel Entwicklungspotenzial zugestehe, und rechnen die Pharmaunternehmen heraus, dann bleiben auch dort gerade einmal 2,3 Prozent Forschungsanteil. Das ist zu wenig für eine Branche, die eine Transformation vor sich hat.

Es gibt übrigens auch starke regionale Unterschiede. Baden-Württemberg liegt mit weitem Abstand vorn, dort investiert allein die Wirtschaft 4,76 Prozent des BIP in Forschung und Entwicklung, mit Staat, Institutionen und Hochschulen zusammen kommt ein Spitzenwert von 5,68 Prozent heraus. Das ist auch international ein Spitzenwert. Denn das Länder-Ranking der OECD führt Israel mit 4,94 Prozent des BIP an, gefolgt von Südkorea mit 4,52 Prozent.[21]

Auf öffentlicher Seite stehen in Deutschland übrigens die Stadtstaaten Berlin und Bremen ganz vorn. Und auch bei den Hochschulen führt Berlin, knapp vor Sachsen. Beide geben fast doppelt so viel für Forschung und Entwicklung aus wie Bayern.

Gegenüber den Unternehmen hat der Staat übrigens unter einem Gesichtspunkt deutlich die Nase vorn. Im Staatssektor und in den Hochschulen sind 33 beziehungsweise 35 Prozent des forschenden Personals weiblich, in der Wirtschaft gerade einmal 14 Prozent.[22] Sofern Sie im Unternehmen Personalverantwortung tragen: Verstehen Sie es bitte als Hinweis meinerseits auf Potenzial, das Sie noch erreichen können.

Das Potenzial grüner Technologie

In den vergangenen zehn Jahren haben Unternehmen in drei Sektoren massiv in Forschung und Entwicklung investiert: Gesundheit, Automobilwirtschaft und Transportwesen sowie Informationstechnologie. Die Trends dabei lauten künstliche Intelligenz und Quantencomputer, Biotechnologie und Medizin sowie – oft übersehen – Materialwirtschaft und Werkstoffe. Als erstes europäisches Unternehmen belegt Volkswagen im internationalen »Scoreboard der EU-Statistiker für Forschung- und Entwicklungsausgaben« Platz vier nach dem Google-Konzern Alphabet, Samsung und Microsoft.[23] Als nächste deutsche Unternehmen folgen Daimler auf Rang 10 und Bosch auf Rang 20. Die Rangliste sagt etwas über das historische Profil und die Prioritäten von Volkswirtschaften aus.

Aber es gibt auch ein Detail, das den zweiten Blick lohnt: die sogenannten grünen Patente[24] – eine Kennzahl, wenn Sie so wollen. Dabei geht es um alle Technologien, die geeignet sind, den »menschlichen Fußabdruck«, den wir mit unserem Wirtschaften hinterlassen, zu reduzieren. Das können erneuerbare Energien sein, aber auch neuartige Antriebstechniken, umweltfreundliche Baumaterialien oder IT-Lösungen, um den Ressourcenverbrauch zu reduzieren. Grüne Patente machen derzeit erst rund 9 Prozent aller Patente aus, knüpfen aber unmittelbar an den zuvor beschriebenen Umwelt- und Klimafragen an, die für unsere Wirtschaft in Zukunft eine Leitplankenfunktion haben werden. Dabei zeigt sich, dass der Anteil »grüner Patente« insbesondere in den Transportindustrien Luftfahrt und Automobil besonders hoch ist. Aber auch produzierende Industrie und Chemie liegen hier über dem Durchschnitt. Wir erleben also gerade, wie sich vermeintlich »alte« Industrien ganz langsam aus ihrer Haut schälen und erneuern. Wir nehmen das allgemein vielleicht noch nicht in dem Maße wahr, weil viele Produkte keine sind, die wir als Endverbraucher kaufen könnten. Es ist eher unwahrscheinlich, dass Sie sich beispielsweise eine Anlage zur Abscheidung und Speicherung von CO_2 in den Keller stellen.

Bei vielen dieser grünen Technologien haben europäische Unternehmen die Nase vorn, allerdings muss ich Sie jetzt nochmals mit Komplexität belästigen. Bei einer näheren Betrachtung der grünen Patente fällt Expertinnen und Experten auf: Sie sind selbst wesentlich komplexer als herkömmliche Patente. Sie bauen also auf bestimmten Anforderungen an (diverses) Wissen, Erfahrung und Ausbildung auf. Das ist erst mal gut, möchte man meinen, weil sie dann schwieriger kopiert und nachgemacht werden können. Hinzu kommt, dass grüne Technologien durchaus eine globale Skalierbarkeit haben, also nicht auf eine Volkswirtschaft beschränkt sind. Hier liegen die Chancen.

Zu jeder Chance gibt es allerdings die Hürden, die erst genommen werden müssen. Die Ökonomen François Perruchas, Davide Consoli und Nicolò Barbieri weisen darauf hin, dass grüne Technologien in vielen Ländern benötigt werden, die selbst nicht über das nötige Know-how verfügen. Sie sehen dabei nicht einmal die Finanzierbarkeit in erster Linie als begrenzenden Faktor, sondern sprechen von »human capital and institutional flexibility«[25]. Daraus kann man schließen, dass die Einführung von grünen Technologien selbst auch einen komplexeren Prozess und partnerschaftliche Strukturen mit den jeweiligen Ländern benötigt. Umso wichtiger ist es deshalb wieder, wenn Wirtschaft und Politik das Thema gemeinsam weiterentwickeln. Sowohl am Anfang, bei der Forschungsförderung, als auch am Ende, bei der Anbahnung von Partnerschaften und der Implementierung, geht es gar nicht ohne das Knowhow der Politik und der Administration.

Etwas Neu(es) machen

Was es schließlich auch noch braucht, ist Vorstellungskraft und den Wunsch, etwas Neues ausprobieren zu wollen. Auch dafür haben wir eine lange Tradition und Kultur und viele Beispiele. Eines davon ist der Uhrenhersteller Nomos Glashütte. Die Tradition des Unternehmens reicht erst bis 1990, als Roland Schwertner es gründete. Wie man Uhren baut, wusste der IT-Experte bis dahin nicht. Aber er hatte eine ganz bestimmte Vorstellung davon, was und woraus eine Uhr sein sollte. Er ging mit seiner Vorstellung dorthin, wo man eine lange Tradition mit der Feinmechanik von Uhren hat und weiß, wie man Uhren baut – ins Erzgebirge. Zwei Jahre dauerte es, bis die ersten Exemplare am Markt waren. Heute, rund 30 Jahre später, hat sich die neu gegründete Firma Nomos Glashütte längst am Markt etabliert, beschäftigt rund 300 Mitarbeiter und Mitarbeiterinnen und ist durch eigene Forschung sogar technologisch unabhängig geworden.[26]

Es ist die Verbindung von Erfinderkultur und Gründergeist, die zu etwas Neuem führt. Einen ungeheuren Schub an Neuentdeckungen haben wir der Digitalisierung zu verdanken. Dabei muss es gar nicht immer unbedingt darum gehen, die Welt in Gänze neu zu erfinden. Der Begriff der digitalen Transformation besagt ja gerade, dass wir etwas Bestehendes nicht auflösen, sondern die Prozesse digital umgestalten. Marco Gebhart, Entrepreneur des Jahres 2018, hat das mit seinem Unternehmen gemacht, das Fördertechnik herstellt.[27] Während zur Gründerzeit des Unternehmens noch eine Maschine zum Absacken von Kohle das gefragte Top-Produkt war, bietet Gebhardt heutzutage nicht nur die Maschinen, sondern auch die Integration in die Gesamtlogistik des Unternehmens sowie die Softwaresteuerung an.[28] Hier zeigt sich, wie aufbauend auf vorhandener Kompetenz neue Geschäftsfelder entstehen und wachsen können.

In der digitalen Transformation kann Deutschland die Ingenieurstradition mit der digitalen Kompetenz verbinden. Beim Konzept der Industrie 4.0, wie man es beispielsweise in der Smartfactory in Kaiserslautern sehen und erleben kann, verbindet sich die reale Welt der Produktion mit den Themen Big Data, künstliche Intelligenz und Augmented Reality. Mittlerweile haben sich in dieser Initiative unter Federführung des Deutschen Forschungszentrums für Künstliche Intelligenz (DFKI) mehr als 50 Partner aus Industrie und Forschung versammelt. Sie erforschen dabei nicht nur die flexiblen Produktionssystem der Zukunft, sondern sie praktizieren zugleich »Connectivity«, die Vernetzungsfähigkeit zum Wissensaustausch, die wir in vielen Zukunftsprojekten benötigen werden.

Jenseits der harten Technologie, in der wir gut sind, profilieren sich insbesondere US-amerikanische Start-ups im Bereich digitaler Services. Aber auch wir können das. Dienstleistungen machen fast 70 Prozent unserer Wirtschaft aus, und entsprechend vielfältig sind die Möglichkeiten. Denken Sie beispielsweise an eines der erfolgreichsten deutschen Start-ups, HelloFresh. Die Idee ist einfach. Leute, die wenig Zeit oder Lust zum Einkaufen haben, bekommen ein Paket geschickt, in dem ein frisches Essen nach dem Ikea-Prinzip steckt: Alle Zutaten und die Bauanleitung – man kann sofort loslegen.

Ich selbst engagiere mich ebenfalls in zwei Start-ups, die sich mit Themen beschäftigen, in denen ich zusätzlich Erfahrung einbringen kann. Einmal geht es um eine Plattform für spezialisierte Jobvermittlung, bei der anderen Plattform geht es um Online-Finanzgeschäfte.

Ich bin mir sicher: Es gibt kaum eine Branche und kaum ein Thema, wo nicht Leute an Verbesserungen tüfteln und feilen. Die Digitalisierung bietet viele neue technische Möglichkeiten dafür. Wenn wir nun noch die guten Ideen mit dem Geld nachhaltiger Investoren zusammenbringen, sind wir einen großen Schritt weiter.

Wer aus meiner Sicht beispielhaft neu und alt zusammengebracht hat, ist die Otto Group. Das Unternehmen hatte die gleiche Ausgangslage wie alle anderen Versandhandelsunternehmen auch. Es hat allerdings sehr früh die fundamentalen Veränderungen erkannt, die das Internet für den Handel mit sich brachte. Im Jahr des Börsengangs der Deutschen Telekom, 1995, stieg Otto in den Internethandel ein, zeitgleich mit eBay. Amazon war da gerade ein Jahr alt. Otto hat es geschafft, was vielen anderen nicht gelang: Das Unternehmen steht im Online-Handel in Deutschland auf Platz zwei und gehört auch weltweit zu den Top 10. Falls jemand also ein »deutsches Amazon« haben will – da haben wir es, In vieler Hinsicht ist es sogar besser.

Aber nicht nur in der Digitalisierung ist Otto Pionier. Bereits 1993 hatte Michael Otto der Natur einen gebührenden Stellenwert eingeräumt und seine Stiftung für Umweltschutz ins Leben gerufen. In der nächsten Generation tritt Sohn Benjamin auch in dieser Hinsicht in die Fußstapfen und hat mit seiner Frau Janina Lin die Holistic Foundation gegründet.[29] Diese unterstützt derzeit fünf Projekte, bei denen es immer um Lernen, Kooperation und Wohlbefinden in einem globalen Ökosystem geht. Hier treffen sich in bester Form das Familienunternehmertum und die gesellschaftliche Verantwortung. Benjamin Otto selbst formuliert es im Austausch so: »Ich glaube, dass sich gesellschaftliche Verantwortung und operative Exzellenz nicht widersprechen – im Gegenteil. Wenn gesellschaftlich verantwortlich gehandelt wird, ergeben sich ungeahnte Möglichkeiten für die Kundinnen und Kunden sowie unseren Planeten. Mit unserer Stiftung ›Holistic Foundation‹ möchten meine Frau Janina Lin und ich die Menschen ermutigen, sich für die Gestaltung einer besseren Zukunft zusammenzuschließen. Und mit der Vision ›Responsible Commerce that inspires‹ wollen wir mit der Otto Group im Bereich der sozialen Verantwortung Maßstäbe setzen.«

Soziale Verantwortung

Nicht nur in Sachen Klima- und Umweltschutz gibt es Unternehmen, die freiwillig mehr machen, als sie müssten. Es gibt da auch einige im Hinblick auf die soziale Verantwortung. Hier haben wir in Deutschland ebenfalls eine lange Tradition. Im Jahr 1861 baute Krupp in Essen seine ersten Werkswohnungen für Beschäftigte. Eine Maßnahme, die Mitte des 19. Jahrhunderts im Bergbau und in der Schwerindustrie weit verbreitet war und bis weit ins 20. Jahrhundert andauerte. Noch 1953 baute Henkel in Düsseldorf Werkswohnungen neu, und in den 1970er-Jahren gab es immer noch rund 450 000 Werkswohnungen in Deutschland. Im Laufe der Zeit erschien diese Art der Fürsorge wohl unmodern und wurde nicht mehr zum »Kerngeschäft« gezählt. Erst seit einigen Jahren besinnen sich Unternehmen angesichts der akuten Wohnungsnot und steigender Mietpreise wieder auf diese Tradition und versuchen, für ihre Beschäftigten nicht nur Wohnungen zu vermitteln, sondern auch selbst wieder welche zu bauen oder in Partnerschaft mit anderen Unternehmen Anteile zu sichern.[30]

Alfred Krupp war es auch, der schon 1836 in seinem Unternehmen eine freiwillige Krankenkasse einrichtete. So wie auch das Berliner Unternehmen Borsig, das zudem eine Sparkasse einführte.[31] Und auch Werner Siemens schuf diese Form der sozialen Absicherung und führte zudem 1873 einen Neun-Stunden-Tag ein. Robert Bosch begrenzte bereits 1911, gerade einmal fünf Jahre nach Eröffnung seiner ersten Fabrik, den Arbeitstag auf acht Stunden. Von ihm ist auch der Ausspruch überliefert: »Ich zahle nicht gute Löhne, weil ich viel Geld habe, sondern ich habe viel Geld, weil ich gute Löhne bezahle.« Eine Win-win-Situation und eine Kultur, die sich in einigen Unternehmen in den Grundzügen gehalten hat – oder sogar gepflegt und weiterentwickelt wird.

Der ganze Mensch

Heute haben wir ein weit entwickeltes soziales Sicherungssystem mit staatlichen Grundleistungen und einem paritätisch von Arbeitgebern und Arbeitnehmern selbst verwaltetes Sozialversicherungssystem. Doch nicht alle Problemlagen lassen sich in diesem System perfekt abbilden, und jede Zeit bringt ihre eigenen Herausforderungen mit sich. Jeder Mensch hat ein Leben außerhalb der Arbeitsstelle. Unternehmen sind gut beraten, sich klarzumachen, dass sie den ganzen Menschen bekommen, wenn sie jemanden einstellen, und sich nicht nur einen Zeitanteil pro Tag »herausschneiden« und ansonsten den Blick abwenden können. Ich weiß, dass dies nicht immer einfach ist.

In den vergangenen Jahren hat eine neue rechtliche Vorgabe bei vielen Führungskräften Unmut verursacht, die »Gefährdungsbeurteilung psychischer Belastung«. Manche waren der Auffassung, ein psychisches Problem könne nicht von der Arbeit ausgelöst sein oder mit der Arbeit zu tun haben. Andere waren sich dieses Umstandes zwar bewusst, erwarteten aber von den Beschäftigten eine »gewisse Härte« im Umgang mit sich selbst. Doch wer als Angehörige oder Angehöriger der sogenannten Sandwich-Generation die Kinder noch nicht ganz aus dem Haus hat, zugleich aber auch schon einen pflegebedürftigen Menschen zu versorgen hat, dem ist mit solcher Ignoranz nicht geholfen. Aus der Arbeits- und Gesundheitswissenschaft wissen wir mittlerweile, dass wir als Unternehmen die vielfältigen persönlichen Lebenssituationen, auch die kleinen und größeren Krisen, nicht ausblenden dürfen. Wir müssen vielmehr Angebote für Beschäftigte haben, die ein mögliches Problem im Frühstadium erkennen und helfen, es einer Lösung zuzuführen.

Hinzu kommt, dass der demografische Wandel dafür sorgen wird, dass Unternehmen in bestimmten Branchen gar nicht umhinkommen werden, ihre Fachkräfte so lange wie möglich beschäftigungsfähig zu halten. Das Softwareunternehmen SAP aus Walldorf wurde im vergangenen Jahr beim Deutschen Demografiepreis für sein hervorragendes Programm »SAP for you« ausgezeichnet. Die verantwortliche Projektleiterin Karola Schmitt nennt es »Deutschlands größtes Achtsamkeits- und Wohlbefindens-Programm«.[32] Über 10 000 Beschäftigte haben im Laufe des Jahres die Angebote in Anspruch genommen und sich an Live- und Online-Kursen beteiligt. Dadurch sollen die Veränderungen der Arbeitswelt allgemein, aber auch am eigenen Arbeitsplatz und in einer flexibler werdenden Arbeitsumgebung begleitet werden. Karola Schmitt nennt die psychische und die physische Gesundheit ausdrücklich in einem Atemzug und erklärt, dass SAP den Bedürfnissen der Beschäftigten entgegenkommen und ganz bewusst mentale Stärke und Achtsamkeit vermitteln will. Ich will es in meinen Worten sagen, was dahintersteckt und warum ich das großartig finde.»Es ist uns nicht egal, wie es dir geht« – sagt das Unternehmen.

Familie und Kultur

Auch wenn sie in meiner beruflichen Biografie nicht als Arbeitgeber, sondern eher auf Kundenseite auftauchen – ich mag eine ganz bestimmte Art von Familienunternehmen. Nicht nur, weil ich ein Familienmensch bin, sondern weil ich das langfristige Denken und das Verantwortungsgefühl in diesen Unternehmen schätze. Man fühlt sich denjenigen in der Vorgängergeneration verpflichtet, die etwas aufgebaut und übergeben haben. Und man fühlt sich genauso denjenigen gegenüber verpflichtet und verantwortlich, die man beschäftigt.

Besonders hat mir in der Finanzkrise 2008 Nicola Leibinger-Kammüller imponiert, die als CEO in die Fußstapfen ihres Vaters beim Anlagenbauer Trumpf in Ditzingen gestiegen ist. Obwohl sich die Aufträge des Unternehmens damals mehr als halbierten, stand das Familienunternehmen zu seiner Belegschaft. Selbst die *New York Times* schaut damals ganz verblüfft ins Schwäbische und staunt über die Worte der Firmenchefin: »Was mich Tag und Nacht quält, ist der Gedanke, Leute entlassen zu müssen.« Und der Betriebsratsvorsitzende Gerd Duffkle bestätigt der ganzen Inhaberfamilie ihre Aufrichtigkeit. Trumpf hat damals zwar Kurzarbeit angemeldet, aber eben keine Leute entlassen. Stattdessen nutzte das Unternehmen die Flaute zur Weiterbildung und entwickelte in der Folge ein höchst flexibles Arbeitszeitmodell, zusammen mit der IG Metall.[33] Das Unternehmen ist am Ende gestärkt aus der Krise hervorgegangen und hat seine Beschäftigtenzahl von rund 8 000 auf heute über 13 000 erhöht.[34]

In großen Konzernen veranstalten wir oft Programme, mit denen wir eine »neue Kultur« für irgendetwas »einführen« wollen. Wir übersehen dabei manchmal, wie sehr Kultur etwas ist, was jeden Tag in den kleinen Dingen entsteht und sich verändert, aber meist erst in Krisen sichtbar beweist, wie tragfähig sie ist.

Wie sehr eine Führungspersönlichkeit als Vorbild und mit klaren Vorstellungen einer positiven Unternehmenskultur das Wachstum eines Unternehmens bestimmen kann, hat Götz Werner bewiesen. Er war gerade 29 Jahre alt, als er seinen ersten Drogeriemarkt in Karlsruhe gründete. Heute ist dm die größte Drogeriemarktkette Europas mit mehr als 3 600 Filialen und 62 000 Beschäftigten.[35] Dabei setzt Werner auf sein Prinzip der »dialogischen Führung« und wechselseitigen Respekt. Individuelle Bonuszahlungen und Prämien lehnt er ausdrücklich ab. »Wer Prämien zahlt, misstraut doch seinen Mitarbeitern. Der muss doch glauben, dass seine Mitarbeiter eigentlich mehr leisten könnten, es aber ohne zusätzlichen Anreiz nicht tun. Erfolgsprämien sind nichts anderes als eine ständige Unterstellung«[36], sagte er bereits vor fast 20 Jahren in einem Interview mit der *Stuttgarter Zeitung*. Stattdessen lässt er seinen Beschäftigten in den Filialen große Spielräume in der Selbstorganisation und beteiligt sie gemeinschaftlich am Erfolg der jeweiligen Filiale. Kritik äußert Werner hingegen an denjenigen, die das Kostenmanagement in den Vordergrund stellen. »Nur durch Innovationen und Investitionen bekommt man auf Dauer zufriedene und begeisterte Kunden.«[37] Deren Wünschen folgt das Unternehmen übrigens auch in einem anderen Punkt. Neben den etablierten Bio-Produkten und hochwertigen Eigenmarken will die Drogeriemarktkette, die mittlerweile von Sohn Christoph Werner geführt wird, künftig auch auf Klimaneutralität seiner Produkte achten.

Sie erkennen natürlich meinen Hintergedanken: Ich habe dieses Beispiel gewählt, weil es besonders gut zeigt, dass Nachhaltigkeit die unterschiedlichen Stakeholder in ihren Bedürfnissen wahrnimmt, ernst nimmt und sich entsprechend organisiert, um diese auch erfüllen zu können. Und wenn Medien die Unternehmensphilosophie von Götz Werner gelegentlich spöttisch abtun oder das Unternehmen als »Kuschelkonzern«[38] bezeichnen, scheint mir dahinter doch eine zähneknirschende Anerkennung dessen zu stehen, dass man gerade mit Wertschätzung und Respekt erfolgreich sein kann. Oder, um es mit Nicola Leibinger-Kammüller zu sagen: »Moralisches Verhalten kann allenfalls kurzfristig Nachteile mit sich bringen – langfristig aber nie.«

Das Erbe des großen Namens

Nicht immer und überall wirken gute Beispiele. Ich habe schon Leute im Management getroffen, die ihre historischen Unternehmensgründer insgeheim für deren »übertriebene Wohltätigkeit« verflucht haben, weil sie meinen, sich selbst ständig gegenüber den großen Vorbildern recht-fertigen zu müssen. Aber davon darf man sich nicht beirren lassen. Ich denke zum Beispiel, der Unternehmensgründer Werner Siemens wäre stolz auf Janina Kugel und ihr Team gewesen. Als Personalvorständin musste sie bei Siemens der Gesamtstrategie folgend einen Strukturwan-del mit teilweisem Personalabbau umsetzen. Ich kenne diese Situation, und meine Meinung zu solchen Pauschalprogrammen kennen Sie. Aber Janina Kugel hat trotz des schwierigen Prozesses auch eine Tür in die Zukunft aufgestoßen. Gemeinsam mit dem Gesamtbetriebsrat hat sie den Siemens-Zukunftsfonds für Strukturwandel ins Leben gerufen. Das Unternehmen stellt bis Ende des Geschäftsjahres 2022 zusätzlich zum jährlichen Aus- und Weiterbildungsbudget einen Betrag von 100 Millio-nen Euro zur Verfügung.[39] Hier passiert etwas, das ich Aktivierung des unsichtbaren Bildungskapitals nennen würde. Die Beschäftigten selbst können konkrete Qualifizierungsprojekte vorschlagen, die nicht zu ir-gendeinem vorher ausgedachten Schema passen müssen. Die Menschen können – in gewissem, großzügigem Rahmen – lernen, was sie wollen. Ein Gedanke, der in der straffen Welt des Effizienzmanagements genauso wenig vorkommt wie in der Vorstellungskraft vieler Beschäftigter. Aber woher will ein Management eigentlich wissen, was die Beschäftigten ler-nen können? Warum öffnen wir die Systeme nicht weiter, ermöglichen Spielräume, bieten Perspektiven?

In der Coronakrise hat sich der im Abschied befindliche Siemens-Chef Joe Kaeser ebenfalls zur sozialen Verantwortung seines Unternehmens bekannt und einen Stellenabbau für Deutschland ausgeschlossen. Doch es gibt auch eine Zeit nach Corona, und Siemens hat seine Aufspaltung und die Abtrennung der Energiesparte beschlossen. Was danach kommt, kann man für manche Bereiche des Unternehmens noch nicht sagen. Der Zukunftsfonds ist also umso mehr eine Maßnahme, die den Menschen im Unternehmen eine eigene Handlungsoption anbietet und sie nicht zu schicksalhaft Betroffenen degradiert.

Gesellschaftliche Verantwortung

Die soziale Verantwortung von Unternehmen hat von Anfang an nicht am Werkstor haltgemacht. Erfolgreiche Unternehmerinnen und Unternehmer waren klug genug zu wissen, und meistens auch überzeugt davon, dass ein Unternehmen einen Beitrag zur Gesellschaft leisten muss. Kaum ein größerer Mittelständler auf dem Land kam früher darum herum, den örtlichen Fußballverein gelegentlich mit Zuwendungen zu fördern. Zumal die halbe Mannschaft aus den eigenen Beschäftigten bestand. Der Fußball hat es auch den Konzernen aufgrund seiner Breitenwirkung so sehr angetan, dass beispielsweise VW oder SAP-Gründer Dietmar Hopp versuchen, an diese Tradition anzuknüpfen. Und die Bundesligamannschaft von Bayer Leverkusen wird heute noch in Anlehnung an ihre historische Herkunft »Werkself« genannt.

Ob Sport, Kunst und Kultur oder karitative Maßnahmen und Einsätze, auch in einem wohlhabenden Land wie Deutschland gibt es Menschen, die durchs Raster fallen, und allgemeine Bedürfnisse, die sich nicht komplett vom Staat finanzieren lassen. Es wäre auch ein merkwürdiges Verständnis, den Staat für alles in die Pflicht nehmen zu wollen, was wünschenswert ist. Also ist Engagement gefragt.

In Deutschland gibt es fast 28 000 Stiftungen, davon sind fast 22 000 rechtsfähige Stiftungen des bürgerlichen Rechts.[40] Das ist eine Form, die Familienunternehmer gerne wählen, um einerseits den Fortbestand des Unternehmens und der Familie ein angemessenes Mitspracherecht zu sichern, andererseits aber auch große Teile der Erträge an die Gesellschaft zurückzugeben. 95 Prozent aller Stiftunten sind gemeinnützig und geben jedes Jahr mehr als 4 Milliarden Euro für die unterschiedlichsten Zwecke aus. Allein die Sparkassen-Finanzgruppe führt 748 gemeinnützige Stiftungen in ganz Deutschland und schüttet über 70 Millionen aus. Sie ist damit die aktivste Unternehmensgruppe im Stiftungswesen.

Stiftungsunternehmen schneiden sowohl wirtschaftlich als auch unter Nachhaltigkeitskriterien und Imagegesichtspunkten oft besser ab als viele andere in ihrer Branche.[41] Man denke an die Industrieunternehmen Bosch, Carl Zeiss oder ZF, die Verlagshäuser Bertelsmann und Springer, die Handelsunternehmen Lidl und Aldi, die Bausparkasse Wüstenrot oder das Medizinunternehmen Fresenius. Die vom Hamburger Unternehmer Kurt A. Körber gegründete Stiftung ist mittlerweile fast bekannter als das dazugehörige Unternehmen, obwohl es auch rund 10 000 Mitarbeiter hat.

Bemerkenswerterweise werden Volkswagen und Boehringer Ingelheim relativ häufig fälschlicherweise für Stiftungsunternehmen gehalten, wie eine Untersuchung des Instituts für Demoskopie Allensbach herausfand.

Ein großes Plus der Stiftungsunternehmen ist das Ansehen bei den Beschäftigten und das Arbeitgeberimage. Auch Götz Werner hat seine Drogeriemarktkette vor wenigen Jahren in die Hände einer eigens gegründeten Stiftung gegeben und bezieht sich dabei ausdrücklich auf eine Initiative, die Bill Gates und Warren Buffett vor einigen Jahren gestartet haben: The giving pledge. Darin verpflichten sie sich, einen großen Teil ihres Vermögens für wohltätige und gemeinnützige Zwecke zu spenden. Mittlerweile haben mehr als 200 Unternehmerinnen und Unternehmer aus 22 Ländern das Versprechen offiziell unterzeichnet, darunter auch SAP-Mitbegründer Hasso Plattner, Nicolas Berggruen oder der Schweizer Unternehmer Hansjörg Wyss. Die Initiatoren beziehen sich ihrerseits auf den Stahlbaron Andrew Carnegie. Aus wirtschaftlichen Gründen wanderten dessen Eltern im 19. Jahrhundert von Schottland in die USA aus, und Carnegie brachte es aufgrund des technologischen Booms der Eisenbahn aus ärmlichen Verhältnissen zum drittreichsten Mann der USA. Gleichwohl prägte er den Satz »Der Mann, der reich stirbt, stirbt in Schande.« Entsprechend gründete er zahlreiche Stiftungen, die sich von Kultur über Bildung bis hin zum Weltfrieden engagierten.

Natürlich dient gesellschaftliches Engagement von Unternehmen auch der Imagepflege. Und der Stiftersinn mag auch nicht ganz frei sein von persönlicher Eitelkeit. Aber an beidem finde ich nichts verwerflich. Der entscheidende Aspekt ist für mich, dass Menschen etwas tun, obwohl sie es nicht müssten. Und zwar für andere Menschen und für die Gesellschaft.

Engagement im Wandel

Welche Themen in der Gesellschaft Bedeutung haben, unterliegt ebenfalls einem Wandel. Die klassischen Aspekte der sozialen Absicherung oder der Arbeitsbedingungen erweitern sich dabei im Laufe der Zeit. Zum einen werden sie global. Wir überprüfen Lieferketten und Geschäftspartner auf die Einhaltung von Mindeststandards, von Arbeitsschutz über Kinderarbeit bis Tierschutz.

Zum anderen kommen neue Aspekte hinzu. Dabei geht es nicht nur um die Einhaltung von Menschenrechten in Ländern, die nicht unsere rechtsstaatlichen und demokratischen Standards haben. Es geht auch darum, was vor unserer Haustür oder in befreundeten Ländern passiert. Und von Unternehmen wird immer häufiger erwartet, dass sie auch dazu einen Standpunkt haben. Es geht um Fortschritt in Sachen Toleranz und – ja nennen wir es ruhig so – Zivilisiertheit.

Die AfD hat diesen Faktor in Deutschland auf eine harte Probe gestellt. Ausgehend von einer lautstarken kleinen Minderheit hat sie ihre strukturelle Menschenfeindlichkeit zum Programm gemacht und unzufriedene Menschen vor ihren Karren gespannt. Den alten Ausspruch »Leben und leben lassen« teilt sie nicht, sie lehnt die Vielfalt der Gesellschaft ab und sucht nach Möglichkeiten, Menschen auszugrenzen. Der schlichte Populismus, der immer wieder aufscheinende Rassismus und Antisemitismus, die Frauenfeindlichkeit und Homophobie, diese Einstellungen wollen die Gesellschaft spalten und Menschen gegen andere, oft Schwächere, aufhetzen. Ich finde es widerlich. Unser politisches System lässt zu, dass man es infrage stellt oder ablehnt. Aber weder die Verfassung noch die Gesellschaft wollen sich von solchen Menschen die Prinzipien des Zusammenlebens diktieren lassen. Bereits vor der Bundestagswahl 2017 hatten mehrere Stimmen aus der Wirtschaft vor der AfD gewarnt. Joe Kaeser war der erste CEO eines DAX-Konzerns, der nach dem Einzug der Partei in den Bundestag auf ihre zerstörerische Wirkung hinwies. Eine Studie der Charta der Vielfalt gibt ihm Rückendeckung: Mehr als 80 Prozent der Führungskräfte aus Unternehmen sagen, es kommt mehr denn je darauf an, dass auch Top-Managerinnen und Top-Manager für Diversity Stellung beziehen. Diversity, der Schutz und die Akzeptanz von Minderheiten und auch das Eintreten gegen Rassismus und Ungleichbehandlung sind mittlerweile Erwartungen der Gesellschaft an Unternehmen geworden.

In diesen Zahlen drückt sich auch ein Trend der vergangenen Jahre aus. Im Management erlebt man immer öfter Menschen, die ausgetretene Pfade verlassen und ein neues Denken hereinbringen. Sie füllen alte, vorhandene Werte mit neuem Leben. Sie setzen im Kleinen Maßstäbe als fürsorgliche und wertschätzende Vorgesetzte, und sie beginnen, als glaubwürdig handelnde Menschen eine neue Kultur zu prägen, bei der die »Gesellschaftstauglichkeit« des Unternehmens und aller seiner Aktivitäten immer mitgedacht wird. Sie verbinden soziale Verantwortung mit dem Sinn für die Organisation und diesen wiederum mit einem Sinn für die Zukunft.

Es gibt auch schon die ersten Strukturen, die dieses neue Denken auf globaler Ebene voranbringen wollen. Die Initiative Business for Social Responsibility (BSR) zum Beispiel haben sich bereits mehr als 250 Unternehmen angeschlossen, vom Pharmakonzern Abbvie über Coca-Cola und Pepsi oder Estee Lauder bis zum Transport-Riesen Maersk und der Zurich Insurance Group.[42] Aus Deutschland sind Bayer, Fresenius Medical Care und Puma bereits Mitglieder geworden. Der globale CEO der Initiative, Aron Cramer, ist überzeugt: »Die Wirtschaft muss sich mit dem tiefen Unbehagen beschäftigen, das viele Bürger mit der Art und Weise haben, wie die Marktwirtschaft funktioniert. Unternehmenslenker müssen zudem ihre Stimme erheben und sicherstellen, dass wir offene Gesellschaften und tiefen Respekt für Vielfalt haben und dass wir Fremdenfeindlichkeit verhindern.«[43]

Der Blick der Investoren

Der Vorwurf der Sozialromantik ist immer schnell bei der Hand, wenn es um die Verantwortung von Unternehmen geht. Berufsmäßigen Investoren unterstellt man üblicherweise nicht, sozialromantisch veranlagt zu sein. Denn hier steht außer Zweifel: Die Leute wollen und müssen Geld verdienen. Gerade deshalb ist die Entwicklung in dieser Szene so spannend. Denn hier zeigt sich ein neuer Trend zur Nachhaltigkeit. Nachhaltige Investoren gab es schon immer. Doch bei diesem Begriff dachte man in den 1970er- und 1980-Jahren noch nicht so sehr an Umwelt und Gesellschaft, sondern eher entlang der Entwicklung von Märkten. Die Wirtschaft war damals im Vergleich zu heute wesentlich ruhiger und auch ein ordentliches Maß bürokratischer. Man wollte Planungssicherheit und stellte sich die Frage, wie Märkte wohl in 20 Jahren aussehen würden. »Auf Vorhersagen basierende langfristige Planungen sind für ein Unternehmen unerlässlich«[44], schrieben der Marketingprofessor Robert E. Linnemann und der Planungsexperte John D. Kennel 1979 im *Harvard Business Review*. Man entdeckte damals die Szenariotechnik und fing an, in alternativen Entwicklungen und Plänen dafür zu denken. »Die beschriebenen Vorgehensweisen erfordern im Allgemeinen einen umfangreichen Planungsstab, einen tief strukturierten langfristigen Planungsprozess und in etlichen Fällen sogar computerassistierte Planungsprogramme«, stellten die Autoren fest.

Die Wirtschaftswelt des Jahres 1979 war eine andere. Gefühlt stand den Unternehmen in ihrem Bereich eine stetige Entwicklung offen, sie mussten sie eben nur planen. Der wesentliche Unterschied unserer heutigen Herangehensweise dürfte sein, dass wir lernen mussten, Risiken stärker einzukalkulieren und Limits zu akzeptieren. Das zieht auch eine andere gedankliche Wendung nach sich, die Google vor gut zwei Jahren ebenfalls vorgenommen hat. Bis dato lautete das Motto des Unternehmens, das im Verhaltenskodex niedergelegt war, »Don't be evil«[45] – sei nicht böse. Unabhängig davon, was böse ist und wo es anfängt, hatte die Sache einen Haken. Das Motto verkörperte ein gewisses Laissez-faire, wie es in Anfangsphase von Start-ups durchaus typisch ist. »Mach mal, wird schon was rauskommen«.

Mittlerweile gilt bei Google der Leitsatz »Do the right thing«. Man soll das Richtige machen. Hierin liegt, auch wenn es nicht so scheint, eine deutlich präzisere Zielorientierung. Man kann sicher sehr lange darüber diskutieren, was genau das exakt Richtige, das Hundertprozentige, das Perfekte ist. Aber darum geht es gar nicht. Stärker als das, was richtig ist, wiegt nämlich das, was falsch ist. Die Vorgabe »Don't be evil« ließ sich leichter beiseiteschieben, wenn man sich gerade mal in die Grauzone begeben wollte. Das Richtige zu tun bedeutet letzten Endes, die objektiv unrichtigen Dinge, aber auch die grenzwertigen zu unterlassen. Und plötzlich gewinnen Nachhaltigkeitsziele, wie sie auch die UN in ihrer Agenda 2030 formuliert, eine ganz neue Bedeutung.

Gut investieren (ESG)

In Deutschland spricht man gelegentlich von »Ethischen Investments«. Gemeint ist damit, dass die Investition ethisch vertretbar sein sollte. Wahlweise kursieren auch die Begriffe vom »Responsible Investment« oder vom »Sustainable Investment«. Im internationalen Sprachgebrauch hat sich die Abkürzung ESG durchgesetzt.[46] Das E steht dabei für »Environment« und verlangt nach Umweltschutz und Klimaverträglichkeit. Unter »Social (S)« sind die gesamten internen und externen Faktoren eines »gesellschaftstauglichen« Unternehmens zusammengefast. Und der Punkt »Governance (G)« verlangt nach Rechtmäßigkeit, geordneten Prozessen und dem Eingrenzen von »opportunistischem Verhalten«. Das ESG-Kürzel geht zurück auf eine Initiative des UN-Generalsekretärs Kofi Annan aus dem Jahr 2004 unter dem Titel »Who cares wins«.[47] Ein Wortspiel im Englischen, bei dem sich aus der Devise »Who dares wins« (Wer wagt, gewinnt) die neue Philosophie ableitet: Wer sich kümmert, gewinnt. Auf einer Konferenz in Zürich 2005 und in einen Begleitreport dazu werden die Grundzüge des ESG-Konzepts erläutert.[48]

Praktisch wirkt der ESG-Ansatz gleich in zwei Richtungen. Defensiv betrachtet bietet er eine Risikoabsicherung gegen kommende Effekte der Umweltzerstörung wie Regulatorik oder Rohstoffknappheit sowie Risiken, die sich aus einem nicht gesellschaftstauglichen Verhalten in jeder denkbaren Hinsicht ergeben, etwa Schadenersatzansprüche, Imageschäden oder der Ausschluss von öffentlichen Ausschreibungen. Und natürlich gegen Schwächen in der Organisation, die sich aus nicht sachgerechtem oder ethisch nicht vertretbarem Verhalten von Beschäftigten ergeben, wobei man sich unter den Beschäftigten hier an erster Stelle das Top-Management vorstellen muss. Und als ob es noch eines Beweises bedurft hätte, hat uns das vergangene Jahr mit dem Wirecard-Skandal das beste Beispiel geliefert. Eine betrügerische Clique um einen Vorstand hat mit im wahrsten Sinne des Wortes filmreifen Mitteln Milliarden verschoben, dadurch zahlreiche Anleger betrogen und sogar den kompletten DAX in Mitleidenschaft gezogen. Genau davor sollten Transparenzmechanismen und Nachhaltigkeitskriterien schützen.

Doch mit der Defensive allein ist noch nichts gewonnen. Insofern sind die positiven Entwicklungspfade, die sich aus ESG ergeben, die weitaus interessanteren. Wenn wir ohnehin wissen, wohin die Reise geht – warum wollen wir uns nicht gleich an die Spitze stellen? Wettbewerbsvorteile generieren? Zukunftsfähigkeit schaffen? Und das Ganze dann noch im Rahmen eines Planungshorizontes, der kein ständiges kleinteiliges Eingreifen erfordert, weil es ganz klare Ziele und Messgrößen gibt. Wenn ich ein wenig übertreiben darf: Die Ziele sind eigentlich für alle gleich, jetzt kommt es darauf an, wer die besten Wege findet.

Ausgehend von ESG entwickelten sich schnell ein paar erste Maßnahmen. Die New Yorker Börse führte 2006 Prinzipien für Verantwortliche Investments ein und startete in Zusammenarbeit mit dem UN-Global-Compact-Programm eine eigene Nachhaltigkeitsinitiative. Parallel begannen Großinvestoren, aber auch Beratungshäuser mit Studien, die der Frage nachgingen, ob ESG-Investments denn jenseits der lobenswerten Absicht tatsächlich auch erfolgreicher sind als andere. Eine Studie von Georg Serafeim und Kollegen der Harvard Business School unter 180 amerikanischen Unternehmen kam 2014 zu dem Ergebnis, dass die sogenannten »High Sustainability«-Unternehmen ihre Vergleichsgruppe sowohl hinsichtlich des wirtschaftlichen Erfolgs als auch im Hinblick auf eine ordnungsgemäße Bilanzierung deutlich übertreffen.[49]

Eine Metastudie aus dem Jahr 2015, bei der Ergebnisse aus mehr als 2000 anderen empirischen Studien eingeflossen waren, legt ein unumstößliches Fundament. Mehr als 90 Prozent aller untersuchten Studien stellten schon einmal klar, dass ESG-Investments keine wirtschaftlichen Nachteile brachten.[50] Man hätte ja auch das vermuten können. Aber die große Mehrheit der Studien fand darüber hinaus sogar eindeutig positive Ergebnisse für ESG, die auch keine Momentaufnahmen darstellten, sondern sich über längere Zeit bestätigten. Es gibt ihn also, den »Business Case«, den wirtschaftlichen Beweis zugunsten einer nachhaltigen, sozial verantwortlichen und umweltorientierten Transformation unserer Unternehmen.

Grün investieren

Mittlerweile ist das Thema längst nicht mehr nur Großanlegern und institutionellen Investoren vorbehalten. Mitten in der Coronakrise des Jahres 2020 empfiehlt das Magazin *Euro am Sonntag* seinen Leserinnen und Lesern auf der Titelseite: »Die Krise als Chance – jetzt grün anlegen«. Und das im selben Verlag erscheinende Anlegermagazin *Börse Online* formuliert den Dreiklang »Besser leben, klüger investieren, mehr verdienen«. In ihrem Bericht identifizieren die Redakteure Tobias Schorr und Jens Castner die drei Zukunftstrends grüne Mobilität, Digitalisierung und Gesundheit und liefern Beispiele von Unternehmen, in die man vor diesem Hintergrund investieren könnte. Denjenigen, die gegen ESG-Kriterien verstoßen, drohen wachsende Risiken. Als konkretes Beispiel aus der Coronakrise wird adidas angeführt. Das Unternehmen, das wie viele andere auch Kurzarbeit beantragt hatte, hatte parallel angekündigt, Mietzahlungen für geschlossene Filialen auszusetzen. In großen Zeitungsanzeigen bundesweit entschuldigte man sich wenige Tage später dafür.

ESG-Kriterien finden sich mittlerweile in den unterschiedlichsten Anlageformen wieder. Man könnte daraus eine wahre Abkürzungsschlacht generieren. Den aktuellen Trend der börsengehandelten Indexfonds, abgekürzt ETF, gibt es jetzt in ESG-Varianten. Aber auch klassische Fonds oder Einzelaktien werden nach den Nachhaltigkeitskriterien bewertet. Im MSCI World Sustainability Index findet man die 400 Unternehmen mit den besten ESG-Kennzahlen aus den westlichen Industrieländern. Der Konkurrent Dow Jones baut sich aus den obersten 20 Prozent von insgesamt 2 500 Unternehmen auf. Und Mitte 2020 hat schließlich auch die Deutsche Börse einen DAX 50 ESG aufgelegt. Der Start war von Kritik und Hoffnung gleichermaßen begleitet. Wer sich mit der Logik der ESG-Kriterien nicht befasst hatte, verstand möglicherweise nicht, warum die Lufthansa überhaupt in diesem Index vertreten war oder warum das Chemieunternehmen Bayer gleich zu Beginn den ersten Platz einnahm. Ich gebe zu: Ich habe den Monsanto-Deal auch nicht verstanden. Aber jenseits dessen ist Bayer in der Tat eines der Unternehmen mit den weitreichendsten und umfassendsten Vorstellungen von der eigenen Rolle in einer Welt, die Nachhaltigkeit anstreben muss. Das liegt vielleicht auch daran, dass man zum Beispiel in der Division Crop Science, der Saatgutforschung, auch mehr und andere Seiten der Welt sieht, als wenn man nur zwischen Paris, London und New York jettet. Bei Bayer denkt man darüber nach, wo und unter welchen Umständen die Lebensmittel für eine Welt mit 11 Milliarden Menschen eines Tages angebaut werden können. Ein Teil der Überlegungen: Bayer baut ein Unterstützungsprogramm für 100 Millionen Kleinbauern in Asien und der Subsahara-Region. Dabei geht es eben gerade nicht nur darum, mehr Saatgut zu verkaufen, sondern den Kleinbauern vielmehr eine dauerhafte wirtschaftliche Perspektive zu bieten, zum Beispiel auch über Know-how-Transfer und Unterstützung bei regionaler Vermarktung.

Im persönlichen Gespräch beeindruckt mich immer wieder Liam Condon, der bei Bayer im Vorstand die Division Crop Science leitet. Er hat einen ganzheitlichen Blick und beschreibt seinen Ansatz so: »Das Sustainability Commitment bei Bayer geht über Klimaneutralität hinaus und fokussiert auch darauf, wie die Lebensqualität von Menschen verbessert werden kann. Themen wie die Unterstützung kleiner Land-wirtschaftsbetriebe gehen in Entwicklungsländern Hand in Hand mit Projekten zur Unterstützung von Frauengesundheit und Selbstbestim-mung. Uns geht es darum, nicht nur im Wettbewerb, sondern auch in unserer gesellschaftlichen Verantwortung einen Unterschied zu ma-chen. Es gibt keine Nachhaltigkeit, die nur auf der Nordhalbkugel der Erde stattfindet.«

Ein weiterer Schritt bei Bayer: Die Nachhaltigkeitsziele werden auch zu Zielen für die Vergütung im Management. Für manche der stärkste Beleg dafür, dass man es ernst meint mit dem Wandel.

Die grünen Investments geraten naturgemäß von zwei Seiten in die Kritik. Die einen sehen immer noch keinen Sinn darin und vermuten überflüssige Regeln für Unternehmen. Den anderen geht es nicht weit ge-nug, sie zweifeln die Glaubwürdigkeit der Unternehmensangaben an und wittern Greenwashing. Es mag Sie überraschen: Ich finde diese Kritik äußerst nützlich und halte die Diskussion darüber für den entscheiden-den Mechanismus. Schließlich müssen wir beide Fragen gleichermaßen ernst nehmen: Verdienen wir tatsächlich Geld? Und machen wir genug im Sinne der Nachhaltigkeitsziele? Die guten Nachfragen, das akribische Bohren in den Details, die öffentliche Transparenz darüber – sie sind die Qualitätssicherung der ESG-Kriterien.

Aktuell können wir beobachten, wie sich das System weiterentwickelt und weiter verankert. Die vom Mutterkonzern abgespaltene Siemens Energy hat im Rahmen ihrer neu gefundenen Selbstständigkeit eine Kre-ditlinie von 3 Milliarden Euro bei insgesamt 28 Banken generiert. Das Besondere daran: Die Zinsen sind an die Erfüllung von ESG-Kriterien ge-knüpft. Siemens Energy bezahlt weniger, wenn nachhaltig gewirtschaftet wird. Vorteil der Investoren: Sicherheit und Zukunftsorientierung.[51]

Die Kennzahlen der Gesellschaft

Mit den ESG-Kriterien bekommt ein neues Set von Kennzahlen plötzlich Bedeutung. Ein Teil davon liegt außerhalb der Unternehmen, in der Ge-sellschaft, in der Natur. In ökologischen Fragen beginnen wir, die plane-taren Grenzen zu Fixpunkten unserer Kalkulation zu machen. Der Um-weltforscher Ernst Ulrich von Weizsäcker hatte schon 1990 gefordert:

»Preise müssen die ökologische Wahrheit sagen«.[52] Heute erweitern wir praktisch die Definition des marktwirtschaftlichen Preismechanismus, indem wir die »Nachfrage« nach Gemeingütern, die bislang kostenlos waren, nun mit realistischen Werten versehen. Der Ausstoß von CO_2 bekommt einen Preis. Andere Aspekte werden folgen.

Ich denke, wir werden in den kommenden Jahren noch intensive Forschung und heftige Diskussionen zu weiteren, nicht nur umweltpolitischen »Preisvorstellungen« bekommen. Nicht immer muss es darum gehen, alles auch in Rechnung zu stellen. Aber wissen wir als Unternehmen überhaupt um den tatsächlichen Wert von Kinderbetreuung und Schulbildung? Müssten wir nicht ein Interesse daran haben, dass beides nach den besten verfügbaren Methoden stattfindet? Ich ärgere mich immer, wenn Wirtschaftsvertreter selbst kurzfristige Forderungen stellen, etwa nach Verkürzung von Schulzeiten oder einem »Pflichtfach Wirtschaft«. Was bitte soll das genau sein? Müssen wir nicht vielmehr selbstständiges Denken lehren, müssen wir nicht mehr statt weniger in Bildung investieren?

Gestatten Sie mir hierzu eine kleine Stichelei: In vielen kleinen Firmen oder auch Abteilungen gibt es eine »Macho-Kasse«. Männer, die besonders aus der Zeit gefallene Sprüche machen, sind dann fällig und müssen einen Fünfer lockermachen. Ich könnte mir das auch für öffentliche Sprüche und Weisheiten zu »mehr Effizienz« in unserem Bildungssystem vorstellen. Die Digitalisierung der Schulen wäre vermutlich längst finanziert. Verzeihung.

Mir geht es darum, dass wir einen ganzheitlichen Blick einnehmen. Dazu gehört, dass die gesellschaftlichen Kennzahlen, die bislang der Politik vorbehalten waren, auch in die Köpfe des Managements kommen. Bei Arbeitslosigkeit und Krankheit haben wir das in den Köpfen, weil wir wissen, dass Unternehmen im paritätischen System mitbezahlen. Bei Unfällen und Berufskrankheiten denken wir schon weniger darüber nach, obwohl die Mechanik dort ähnlich ist. Bei vielen anderen Fragen, wo es keine direkte Finanzbeziehung gibt, fühlen wir uns nicht zuständig. Wir müssen lernen, dass wir als Unternehmen immer zu einem gewissen Teil für alles zuständig sind, was in der Gesellschaft geschieht. Die Kennzahlen dazu werden wir dann auch entdecken.

Verborgenes Kapital heben

Ich hatte anfangs schon einmal einen Aspekt angesprochen, der in den Unternehmen bislang zu kurz kommt: die Frage, was ein Unternehmen eigentlich wert ist. In den zurückliegenden Jahren ist immer deutlicher geworden, dass in den Büchern ursprünglich viel von dem steht, was man wiegen, zählen und messen kann – hingegen sehr wenig von dem, was man »Intangible Assets« nennt, die unsichtbaren Vermögenswerte. In einem Beitrag für den *Harvard Business Review* im Mai 2017 mit dem Titel »The power of intangibles« zeigen Gary Cokins und Nick Shepherd auf, wie sich das verändert hat. Bei den im S&P 500 gelisteten Unternehmen machten die »Intangible Assets« im Jahr 1975 weniger als 20 Prozent aus, heute sind es mehr als 80 Prozent. Dazu zählen beispielsweise Patente, aber auch ein berechneter Wert der Unternehmensmarke, der wiederum vom Image beeinflusst wird. Die Autoren identifizieren darüber hinaus eine Reihe von Vermögenswerten, die ein Unternehmen kennen, messen und abbilden sollte. Sie benennen ausdrücklich »intellektuelles Kapital«, »Soziales und Beziehungskapital« und »Humankapital«. Doch so unsichtbar sind diese Kapitalformen gar nicht, denn sie wohnen in denjenigen Menschen, die zu unserem Unternehmen gehören. Insbesondere aus Umwelt- und Klimagründen haben wir gelernt, externen Faktoren wie dem CO_2-Ausstoß einen Wert zuzuordnen. Es wird Zeit, dass wir das auch im Unternehmen tun.

Den Wert finden

»Kann eine veränderte Art und Weise, wie wir Werte messen, den Unternehmen helfen, sich auf das Langfristige zu konzentrieren?«, fragen Lady Lynn Forrester de Rothschild und Mark Weinberger im Vorwort zu einem bemerkenswerten Bericht des »Embarkment Project for Inclusive Capitalism«, das sich EPIC abkürzt. Sie haben dazu 30 Menschen aus der globalen Geschäftswelt zusammengebracht, sowohl Investoren als auch CEOs. Die Gruppe verantwortet rund 30 Billionen US-Dollar an Vermögenswerten, in den zugehörigen Unternehmen sind 2 Millionen Menschen beschäftigt. Das Ziel war es, sich gemeinsam auf ein Bündel an Kennzahlen zu verständigen, mit denen man nachhaltige Wertschöpfung generieren und zugleich eine breitestmögliche Palette an Stakeholdern einbinden kann, wo sich die Anteilseigner einreihen unter Kunden, Beschäftigten, Zulieferern und der Gemeinschaft. Aus Deutschland waren Oliver Bäte von der Allianz und Martin Brudermüller von der BASF dabei.

Um in die Tiefe zu diskutieren, wurden vier thematische Gruppen gebildet. Eine davon befasste sich mit Corporate Governance, dem G aus ESG, eine weitere mit dem E und dem S, also Umweltschutz und sozialen Aspekten. Eine dritte Gruppe konzentrierte sich auf die Marktdimension und ging der Frage nach, welche Innovation Kunden erwarten, wie sich Kundevertrauen erfassen lässt, aber auch, ob Produkte und Leistungen zur Gesundheit und zum Wohlbefinden der Kunden beitragen. Die vierte Gruppe ist für mich ganz persönlich die spannendste. Sie war mit »Talent« überschrieben, dem englischen Begriff, mit dem man ein anderes Verständnis von Beschäftigten deutlich machen will. In Deutschland sprechen wir sehr technisch und sagen einfach Personal. Ich selbst spreche hier auch laufend von Beschäftigten. *Talent* klingt besser. Die Themen der Gruppe haben es in sich, denn im Fokus standen der »Einsatz von Humankapital« (jetzt klingt das Englische technisch), die Organisationskultur und die Gesundheit der Beschäftigten.

Extra für das Projekt wurde in Großbritannien eine Studie durchgeführt, die sich mit einer scheinbar eher administrativen Frage beschäftigte. Kann man überhaupt Auswirkungen sehen, wenn Unternehmen ihr Humankapital messen und darüber öffentlich berichten? Man wählte dazu eine Kennzahl, die Investoren gefallen muss, den »Return on Invested Talent« (ROIT). Was bekomme ich zurück für jeden Dollar, Euro, jedes Pfund, das ich in einen Menschen investiere? Das erstaunliche Ergebnis: Diejenigen Unternehmen, die sich mit ihrem Humankapital beschäftigten, Kennzahlen hatten und diese veröffentlichten, hatten einen ROIT-Wert von 3,01 gegenüber einem Wert von 1,17 bei den anderen Unternehmen. Wir reden noch gar nicht von Maßnahmen, die sich daraus ableiten könnten. Die Studie lieferte nebenbei noch eine weitere Erkenntnis. Diejenigen Unternehmen, die keine Kennzahlen liefern konnten, wurden eher »geschwätzig«. In Ermangelung der Zahlen mussten sie in blumigen Worten darüber berichten, was sie alles mit den Beschäftigten anstellen. Die Erzählungen glitten dabei leicht in sehr operative Kleinigkeiten ab und lieferten keinen wirklichen Mehrwert für diejenigen, die wissen wollten, wie es um die Firma steht.

Das EPIC-Projekt hat die Tür aufgestoßen in eine Welt, in der es möglich ist, den wahren Wert eines Unternehmens zu erkennen, indem wir das verborgene Kapital offenlegen, das in den Beschäftigten wohnt. Es gibt auch Leute, die sich davor fürchten. Der Grund hierfür ist leicht erklärbar: Wenn es erst einmal Zahlen zum Wert von Beschäftigten gibt, fällt es ziemlich schwer, ein groß angelegtes Stellenabbauprogramm gut zu begründen. Es dürfte meist auf kurzfristige Notwendigkeiten hinauslaufen, die jedoch der nachhaltigen und langfristigen Wertschöpfung den Boden entziehen.

Ich selbst habe so ein paar Zahlen, die ich immer als Erstes ins Auge fasse, wenn ich mir ein Unternehmen anschaue. Grundsätzlich interessiert mich die Gesamtentwicklung. Baut ein Unternehmen auf oder ab? Wie viele Mitarbeiter verliert es? Wie ist die Alterszusammensetzung? Ich prüfe auch, wie hoch die Restrukturierungsaufwendungen sind und inwieweit mit diesen Ausgaben tatsächlich ein nachhaltiges Workforce-Design entstanden ist. Ich schaue mir dann an, wie die Mitarbeiterzufriedenheit ist und welchen Bildungsaufwand pro Mitarbeiter oder welche sonstigen Investitionen in Beschäftigte ein Unternehmen tätigt. Auf Basis meiner Erfahrungen liefern mir diese wenigen Zahlen meist schon einen guten ersten Eindruck – manchmal auch Ernüchterung.

Mit dem EPIC-Modell kann ein Investor noch tiefer einsteigen. Wenn man beispielsweise die Kosten für Personalrekrutierung ins Verhältnis zum Umsatz setzt, kann man einen Hinweis darauf bekommen, ob ein Unternehmen überdurchschnittlich viel Personal verliert. Das wirft Fragen auf, und genau dazu dienen diese Zahlen. Wenn wir sie lesen können, können wir besser verstehen, ob ein Unternehmen wirklich auf langfristige Wertschöpfung angelegt ist.

Ein anderes Beispiel: Sie bereiten sich als Unternehmen auf die digitale Transformation vor, sagen Sie mir als Investorin. Habe ich die Chance, anhand von Personalkennzahlen herauszufinden, ob Sie auf dem richtigen Weg sind? Ich würde mir die Investitionen in Weiterbildung und Training anschauen. Aber nicht nur das. Gibt es Kosten für eine »externe Workforce«? Haben Sie sich vielleicht für die Transformation ein spezialisiertes Beratungsunternehmen ins Haus geholt? Was nun, wenn der Prozess abgeschlossen ist? Welches Wissen bleibt Ihnen, und welches Wissen geht wieder?

Und natürlich Diversity: Nehmen wir an, es gibt keine Frau im Vorstand. Welche Ansage liegt darin für junge, qualifizierte Frauen, um die Sie am Arbeitsmarkt als Unternehmen konkurrieren? Kann ich als junge Frau wirklich glauben, in diesem Unternehmen gefördert und gefordert zu werden? Werde ich mich entwickeln und Karriere machen können? Wird meine Leistung anerkannt? Ich wechsle die Brille aus der Bewerberinnenperspektive in die Investorenperspektive. Wird dieses Unternehmen die nötigen Fachkräfte, die »Talente« bekommen, die es benötigt? Oder werden andere Arbeitgeber unter Diversity-Kriterien besser dastehen und daraus einen Wettbewerbsvorteil schöpfen?

Um es abzuschließen: Wie ist der Krankenstand im Unternehmen? Für diese Zahl haben wir hervorragende Vergleichsmöglichkeiten, da es amtliche statistische Zahlen gibt. Was sagt es über ein Unternehmen aus, wenn diese Zahlen durch die Decke gehen? Und wenn das niemanden kümmert? Handfeste Zahlen können unglaublich schonungslos sein. Ich darf nochmals erinnern: Mir geht es nicht in erster Linie um moralische Erwägungen. Da kommt man schnell ins Diskutieren oder sogar Philosophieren. Das brauchen wir an dieser Stelle gar nicht. Die Zahlen haben eine wirtschaftliche Aussagekraft, und zwar zum aktuellen Zustand und zur Zukunftserwartung. Ein börsennotiertes Unternehmen, das keine guten Personalkennzahlen herausgibt, macht mich als Investorin misstrauisch.

Das hat mittlerweile auch die US-Börsenaufsicht SEC erkannt. Sie hat im August 2020 erstmals breiter angelegte Regeln erlassen, die die Bekanntgabe einer Reihe von Personalkennzahlen einfordern.[53] Dabei geht es beispielsweise um Kennzahlen zur Personalgewinnung, Personalentwicklung und Mitarbeiterbindung. Zwar lässt die Behörde den Unternehmen vorläufig noch die Freiheit, selbst zu entscheiden, welche Zahlen sie für relevant und berichtenswert halten. Doch das Grundprinzip lautet: Wer als Unternehmen an der Börse Kapital erhalten will, muss zeigen, wie er den menschlichen Faktor bewertet.

Mittlerweile ist es kein Problem mehr, sich aussagekräftige Zahlen – im eigenen Interesse – zu beschaffen und aufzubereiten. Parallel zum EPIC-Projekt hat eine internationale Gruppe von Experten bei der ISO einen Standard zum Human Capital Reporting entwickelt. Es spricht für die Arbeit beider Gruppen, dass sie unabhängig voneinander in weiten Teilen gleiche oder ähnliche Kennzahlen und Berechnungsmethoden vorschlagen. Den ISO-Standard 30414 gibt es sogar in einer deutschen

Übersetzung. Ich habe mal nachgeschaut: Das Dokument kostet knapp über 100 Euro. Zu diesem Preis liefert es einen kompletten Bauplan, aus dem man sich als Unternehmen nach Herzenslust bedienen kann, um die für sich passenden Kennzahlen zusammenzustellen.

Zuletzt hat auch das World Economic Forum (WEF) im September 2020 ein eigenes White Paper mit dem Titel »Measuring Stakeholder Capitalism« vorgelegt.[54] Im Vorwort dazu schreiben WEF-Gründer Prof. Klaus Schwab und Brian Moynihan, der Vorsitzende des WEF-Wirtschaftsrates, noch unter dem Eindruck der Coronapandemie: »Wir müssen alle Kreise unserer globalen Gesellschaft zur Zusammenarbeit mobilisieren und die historische Gelegenheit ergreifen, unsere Welt zum Nutzen aller neu auszubalancieren.«

Alle drei Werke – EPIC, ISO-Standard und das White Paper des WEF – zeigen ein hohes Maß an Übereinstimmung unter den Experten und liefern zugleich eine praktische Anleitung. Niemand soll also jetzt mehr sagen: »Ich weiß aber nicht, wie das geht.«

Zur Not kann man sich auch einfach selbst mal ein paar Gedanken machen. Wir haben uns vor einigen Jahren bei EY ein sogenanntes »HR-Dashboard« mit einer Reihe von Personalkennzahlen und Bewegungsbilanzen gebaut. Angefangen haben wir mit dem Thema Krankenstand. In der Organisation war immer Hochdruck und in den Projekten oft Zeitdruck. Wie konnten wir verhindern, dass Leute plötzlich aus den Schuhen fallen, weil sie überlastet sind, es aber gar niemand merkt, weil gerade »Saison« ist und alle viel zu tun haben? Es ist uns gelungen, ein System zu entwickeln, mit dem wir solche Überlastungssituationen anhand eines »Ampelsystems« mit »Predictive Analytics« vorhersehen – und dadurch verhindern konnten.

Wenn wir besser lernen, mit den Zahlen umzugehen, und wenn wir die Möglichkeiten der Digitalisierung auch nutzen, um unsere Arbeitsweisen zu hinterfragen, dann werden wir Produktivität und Wohlbefinden gleichermaßen steigern. Und wenn wir dann noch unsere Personalkennzahlen öffentlich machen, können wir auf objektivierter Basis beweisen, dass unser Wettbewerbsvorteil ein tatsächlicher ist, weil wir es schaffen, das verborgene Kapital zu heben.

Kapitel 6

Die neue Welt

Die neuen Ziele

Mein Sohn Julius ist gerade in die Oberstufe gekommen und hat einen spannenden Schwerpunkt gewählt: Global Village. Wenn er beim gemeinsamen Essen Fragen stellt, wird es nicht gerade einfach, diese zu beantworten. Es sind gängige Fragen wie: »Übertreiben wir mit der Umbenennung der Zigeunersoße?« Wie antworte ich auf Argumente, die so eingängig erscheinen, aber den Sachverhalt dabei verkürzen? Angesichts der Proteste gegen den Rassismus in den USA wurde in seiner Klasse diskutiert, ob man wirklich sagen sollte: »Black lives matter«, oder nicht lieber »All lives matter«? Seine Antwort darauf ist: »Wenn ein Haus brennt, dann bekommen nicht alle Häuser in der Straße ein bisschen Wasser.«

Es geht auch um Wirtschaft, bei uns am Esstisch. Eine der Fragen lautet: »Gibt es wirklich den Homo oeconomicus, der alle Entscheidungen streng rational trifft?« Wir wissen, dass es das Modell des Homo oeconomicus so in der Realität nicht gibt. Reicht das Modell also weiter aus, oder müssen wir es um neue Faktoren ergänzen? Und wenn ja, welche? Und können wir dann mit diesem Modell noch umgehen, oder wird es seinerseits zu komplex?

Immer wieder denke ich: »Ja, das sind die wichtigen Fragen.« Aber liegt nicht genau dort eine Ursache, dass wir irgendwann aufhören, diese Fragen, die richtigen und wesentlichen Fragen zu stellen? Ergeben wir uns vielleicht zu oft den vermeintlichen Sachzwängen, den Strukturen und Prozessen, die uns dahin gebracht haben?

Viele meiner Antworten reichen meinem Sohn nicht aus. Und man bekommt schnell ein Glaubwürdigkeitsproblem, wenn man mit Sachzwängen argumentiert. Oder damit, dass alles so ineinander verwoben sei. Wer eine verbesserungsbedürftige Situation erkannt hat, der will die Verbesserung auch sehen. Doch der Weg zur Lösung ist eben auch komplex. Mit der Optimierung von Einzelzielen ist uns dabei genauso wenig geholfen wie mit dem Hin- und Herschieben der Verantwortung zwischen den Generationen, Ländern, Unternehmen und Branchen oder Parteien. Was wir brauchen, und was gerade erst begonnen hat, ist ein gesamtgesellschaftlicher Diskussionsprozess, in dem wir uns klar auf neue, gemeinschaftliche Ziele verständigen.

Eine neue Art des Wirtschaftens

Mir gefällt die Formel des »Inclusive Capitalism«. Lynn Forrester de Rothschild, die der »Coalition for Inclusive Capitalism« vorsteht, kritisiert das System mit überdeutlichen Worten:

»Either we have to decide to give up on capitalism, or we have to make real reforms.«[1]

Dem Finanzmarkt schreibt sie eine Reihe von Regeln ins Stammbuch, wovon die erste lautet: »Die Aktiengesellschaft wurde nicht von Gott erschaffen, sondern ist ein Konzept der Gesellschaft. Und wenn der soziale Vertrag bricht, den die Aktiengesellschaft mit der Gesellschaft hat, dann macht niemand mehr gute Geschäfte.« Für manche ist das schwer zu verstehen: Eine Kapitalistin möchte den Kapitalismus retten, indem sie ihn nachhaltiger macht.

Für uns in Deutschland ist es nicht ganz so schwer zu verstehen, bei uns heißt der Kapitalismus soziale Marktwirtschaft und hat sich bislang als sehr tragfähiges Modell für die Gesellschaft erwiesen. Aber im Lichte der angestauten Probleme und neuer Herausforderungen müssen wir auch unsere soziale Marktwirtschaft neu denken.

Das allgemeine Grundversprechen der Marktwirtschaft lautet: Wer Leistung erbringt, wird erfolgreich sein. In der amerikanischen Fassung: »Work hard and play by the rules« – arbeite hart und halte dich an die Regeln. Ich würde es abändern wollen in »Work smart and play by the rules« – arbeite intelligent und halte dich an die Regeln.

Mir gefällt der Begriff der »Schwarmintelligenz«. Wir sind alle zusammen schlauer, wenn wir unsere Intelligenz, unsere Erfahrung und unsere Fähigkeiten zusammenwerfen. So gesehen ist die Antwort auf die

Frage, wie wir Komplexität meistern und beherrschen, doch recht einfach. Das Schwierige, Anstrengende, manchmal auch Lästige, das wir aushalten müssen, sind der Prozess der Verständigung sowie die Selbstüberwindung, sich tatsächlich an die Regeln zu halten. Auch an die, die niemand aufgeschrieben hat und kontrolliert.

Ausbalancierte Gesellschaft

Wie gut es einer Gesellschaft geht, messen Ökonomen üblicherweise mit dem Bruttoinlandsprodukt. Grob vereinfacht gesagt, sehen wir da das Jahreseinkommen der ganzen Nation. Wenn das mehr ist als bei anderen, dann scheint es uns gut zu gehen. Deutschland liegt seit Jahren unter den Top-20-Ländern beim Bruttoinlandsprodukt pro Kopf. Zur Spitzengruppe gehören üblicherweise auch eine ganze Reihe kleinerer Länder wie zum Beispiel die Öl-Emirate, deren immenser Reichtum sich natürlich auf sehr wenige Einheimische verteilt und an dem Fremdarbeiter aus Asien oder Afrika eher weniger partizipieren. Aber auch die USA gehören zu den Ländern mit dem höchsten Pro-Kopf-BIP.

Geht man allerdings in die Details, entdeckt man erhebliche Verzerrungen. Das oberste 1 Prozent der Gesellschaft in den USA verfügt über 40 Prozent des Wohlstandes, betrachtet man nur die obersten 0,1 Prozent, sind es 22 Prozent. Demgegenüber hätten 40 Prozent der Bevölkerung Schwierigkeiten, im Notfall 500 US-Dollar zusammenzukratzen. Aber auch in Deutschland erleben wir Ungleichheit, und je nach Bundesland schwankt die Armutsgefährdung bei uns zwischen 10 und 25 Prozent. Wie kann das sein? Machen wir uns die Lebensumstände dazu klar. Menschen haben Existenzangst, können nicht am gesellschaftlichen Leben teilnehmen, erleben Spannungen und Stress, sind häufiger krank. Indem wir solche Zustände zulassen, haben wir auch eine Entscheidung getroffen. Wir haben entschieden, vorhandenes Kapital, vorhandenes menschliches Potenzial, vorhandene Produktivität nicht zu nutzen und stattdessen menschliche Schwierigkeiten als Kostenblock »einzupreisen« und ansonsten einfach zu ignorieren.

Auch Ökonomen wissen um die Grenzen des BIP und seiner Aussagekraft als gesellschaftliche Kennzahl. Das BIP sagt eben nicht, ob es uns allen gut geht, sondern nur, wie gut es uns im Durchschnitt geht. Ich habe zehn Äpfel, Sie haben keinen. Zusammen haben wir jeder fünf. Aber die Frage, was wir messen, entscheidet über die Frage, woran wir uns orientieren und auf welche Ziele wir hinarbeiten. Solange wir nur das BIP als Kennzahl beachten, werden wir nicht weiterkommen. Wir müssen neue Modelle finden oder zumindest das BIP um damit unabdingbar zu verbindende Kennzahlen ergänzen. Diese müssen weiterführende Zielsetzungen der Gesellschaft mit abbilden. In den Unternehmen, aber auch innerhalb der Volkswirtschaft sind wir es durchaus gewohnt, weitere Faktoren mit einzubeziehen. Wir messen die Zufriedenheit unserer Kunden und Beschäftigten, für Branchen und die Volkswirtschaft insgesamt messen wir solche Dinge wie die »Kauflaune« und die »Investitionsfreude«. Warum orientieren wir uns nicht stärker am gesamtgesellschaftlichen Wohlbefinden? Warum messen wir nicht gesellschaftliche Lebensfreude?

Der pakistanische Ökonom Mahbub ul Haq hat in Zusammenarbeit mit seinem indischen Kollegen Amartya Sen und dem Briten Maghnad Desai für die Vereinten Nationen den »Index der menschlichen Entwicklung«, abgekürzt HDI, entwickelt, bei dem über das Bruttoinlandsprodukt hinaus auch die Lebenserwartung sowie die Bildungssituation einberechnet werden.[2] Die Zahlen werden bereits seit 1990 erhoben und jedes Jahr vom Entwicklungsprogramm der Vereinten Nationen veröffentlicht. Deutschland steht hier an vierter Stelle. Aber die Platzierung ist für mich weniger entscheidend als die Entwicklung. Wie können wir dazu beitragen, diese Kennzahl noch zu verbessern? Einerseits unser Ergebnis, andererseits auch die Kennzahl selbst? Es gibt verschiedene Ansätze. Die Vereinten Nationen haben 2015 insgesamt 17 Nachhaltigkeitsziele beschlossen. Vieles von dem, woran wir künftig arbeiten müssen, ist dort bereits beschrieben.

Im Management höre ich oft: »Das ist alles Aufgabe der Politik, darum müssen die sich kümmern.« Ich hoffe, Sie folgen mir in der Einschätzung, dass dies weder möglich noch sinnvoll ist. Wir sollten das nicht allein an die Politik delegieren, sie wird das nicht für die Wirtschaft lösen können. Ich drehe den Spieß sogar um und behaupte: Die Wirtschaft muss einen wichtigen Beitrag leisten und mit einem eigenen, nachhaltigen Zielsystem vorangehen. Eine ernst gemeinte und umgesetzte Selbstverpflichtung als Grundlage für die Regulatorik, die es sicherlich für diejenigen benötigt, die es bisher noch nicht verstanden haben.

Erfolgreich werden diejenigen Unternehmen sein, die sich mit der Gesellschaft am besten synchronisieren können. Die aus der intensiven Vernetzung in alle Lebensbereiche Trends und Stimmungen erspüren und die eigene Zukunftsorientierung daraus gewinnen. Die mit ihrem aus der Vernetzung resultierenden Informationsreichtum vielleicht sogar Vordenker, Impulsgeber und Schrittmacher für den Wandel sind. Die Wertschöpfung ist dort am besten, wo die Konkurrenz noch nicht so weit ist. Als Unternehmerin, als Managerin bin ich gerne vorn.

Neue Managementsysteme

Ein System, mit dem Unternehmen mittlerweile versuchen, ihre interne Zielsteuerung gesellschaftskompatibel zu machen, nennt sich »Objectives and Key Results«, kurz OKR. Dabei werden erst einmal die klassischen Strukturen und Prozesse ausgeblendet. Man fragt sich stattdessen, ausgehend von gesellschaftlichen Rahmenbedingungen, wo man sich selbst als Unternehmen hinbewegen will. Die Ziele, die »Objectives«, werden dabei qualitativ definiert. Danach werden Wege gesucht, diese Ziele zu erreichen und die Zielerreichung dabei auch in Zahlen messbar zu machen.

Als Erfinder der Methode wird Andrew Grove angesehen. Der Mitbegründer des Chip-Herstellers Intel experimentierte schon seit den 1970er-Jahren mit entsprechenden Ideen. Die Besonderheit liegt darin, dass die Methode versucht, jeden einzelnen Mitarbeiter und jede einzelne Mitarbeiterin in die Strategie oder »Mission« einzubeziehen und die Ziele der Beschäftigten mit den Zielen des Unternehmens in Einklang zu bringen. Dieser Prozess wird in dreimonatigen Zyklen auf seine Wirksamkeit überprüft. Aber nicht, indem man einfach nur die Zielerreichung optimiert. Nein, man stellt stattdessen die Frage, ob die Mission insgesamt noch stimmt. Es ist eine systematische Selbst-Disruption, könnte man sagen.

Unternehmen haben in den vergangenen Jahren insgesamt viel experimentiert. Sie haben nach neuen Formen gesucht, ihre Organisation leistungsfähiger und zugleich menschlicher zu machen. Die Schlagworte Agilität und New Work bestimmten viele Diskussionen. Nicht alles, was dabei ausprobiert wurde, war auch erfolgreich. Aber aus Fehlern kann man lernen. Und insgesamt erleben wir über die Unternehmenslandschaft hinweg betrachtet eine Dynamik und Aufbruchstimmung, die es Jahrzehnte nicht mehr gab.

Leistung und Erfolg

Leistung statt Konkurrenz

Leistung ist ein Schlüsselbegriff, ja ein Wert an sich für Managerinnen und Manager. Sie haben ein ausgeprägtes Wettbewerbsdenken. Wer es auf die Top-Ebene geschafft hat, schreibt dies natürlich erst einmal seiner persönlichen Leistung zu. Der US-amerikanische Ökonom Robert H. Frank hat ein Buch über Erfolg und Glück geschrieben, in dem er aufzeigt, wie Faktoren, die wir gar nicht beeinflussen können, schon vor unserer Geburt darüber entscheiden, wie wahrscheinlich unser persönliches Fortkommen ist. Sie ahnen es: Es fängt schon damit an, in welchem Land man geboren wird. Robert Frank zeigt eine Reihe von Beispielen für Fehlschlüsse von Menschen, die ihren Erfolg allein sich selbst zuschreiben. Und er stellt auch einen Zusammenhang her zwischen dieser Selbsteinschätzung und der Bereitschaft, etwas für andere oder die Gemeinschaft zu tun – oder schlicht, Steuern zu bezahlen.[3] Auch das spricht dafür, Menschen mit unterschiedlichem Hintergrund an der Seite zu haben, um erfolgreich zu sein.

Aber ohne Gemeinsinn geht es nicht. So nützlich Konkurrenz am Markt ist, so schädlich ist sie im Unternehmen. Das Verständnis des Unternehmens als individuelles Wettbewerbsumfeld ist kein gutes Organisationsprinzip im Inneren. Denn ein Unternehmen ist ein Leistungskollektiv. Die Annahme, dass Wettbewerb unter Beschäftigten die Motivation fördert, ist genauso falsch wie die Hoffnung, Menschen durch Konkurrenzdruck an ihre Leistungsgrenze zu führen. Man verführt die Menschen allerdings zu Opportunismus und Egoismus. Wenn wir Menschen in die Lage bringen, zwischen ihrem eigenen Vorteil und dem der Firma als Kollektiv zu wählen, werden sie sich für ihren eigenen Vorteil entscheiden. Man löst das Kollektiv von innen heraus auf, anstatt es zu bilden. Die individuellen Bonuszahlungen sind das markanteste Beispiel für ein schädliches Instrument, das man dringend abschaffen muss. Wenn man honorieren kann – und man sollte das durchaus –, dann mindestens auf der Ebene eines Teams, besser vielleicht sogar auf der Ebene des ganzen Unternehmens. Denn auch einen Gruppenegoismus aus Abteilungen und Bereichen kennen wir durchaus. Also: weg mit den Boni.

Insbesondere deshalb, weil wir heutzutage fast gar nicht mehr genau sagen können, welchen Teil einer Wertschöpfung eine einzelne Person erbracht hat. Das mag noch gehen in Bereichen, in denen Akkord gearbeitet wird. Aber selbst dort steht der High Performer dumm da, wenn jemand im Einkauf geschlafen hat, kein Rohmaterial da ist und er seine Arbeitsgänge nicht ausführen kann. 250 PS, aber keinen Tropfen Benzin im Tank. Das Leistungsvermögen ist da, aber es kann nicht umgesetzt werden. Die Schuld des Einzelnen? Natürlich nicht.

Leistung ermöglichen

Bessere Leistung ist möglich. Dazu müssen wir aber anfangen, den Leistungsbegriff weniger eindimensional zu definieren. Meist messen wir ihn beziehungsweise verwechseln ihn mit Arbeitszeit. Leistung ist es dann, wenn es lange dauert, irgendwann schmerzhaft wird, wir dann kämpfen müssen und uns irgendwann schweißgebadet über eine Ziellinie retten können. Leistung in der Arbeitswelt wird sehr gerne mit Leistungssport verglichen. Das ist es aber nicht. Wir nehmen Sonderereignisse des Leistungssports wahr, aber der Alltag dort ist ebenfalls routinierter. Man kann sich nicht jeden Tag an die Leistungsgrenze bringen.

Aber man kann jeden Tag motiviert sein, etwa einzubringen. Warum versuchen wir nicht, mehr echte Leistungsfreude zu erschaffen? Nicht mit bunten Plakaten, auf denen dann wieder Leistungssportler zu sehen sind, sondern mit einer Kultur, die Leistung zum selbstverständlichen und automatischen Ergebnis eines produktiven Arbeitsumfeldes macht? Das bedeutet: Weg mit Kontrolle, stattdessen mehr Vertrauen und mehr Selbstverantwortung. Weg mit bürokratischen Prozessen, die Menschen an Produktivität hindern. Weg mit dem Denken, für das Prozesse und Regeln wichtiger sind als Ergebnisse. Weg mit individuellen Zielen, an denen man alle akribisch messen und bewerten – oder schlicht benoten – will. Weg mit den oberlehrerhaften Jahresgesprächen. Wir sind erwachsene Menschen. Wir müssen nicht nach einem festen Plan reden, auch wenn es nichts zu besprechen gibt, sondern nach Bedarf. Wir müssen in der Lage sein, zu einer Zeit und in einer Form Feedback zu geben, wie es nötig ist. Und Hilfe einzufordern, wenn wir sie brauchen. Wir müssen hinkommen zum gemeinsamen Unternehmensziel und zum Feiern der jeweiligen Beiträge dazu – im Team, als Individuum und als Unternehmen.

Ich bin überzeugt: Wenn wir die ganzen künstlichen Aktivitäten der »Leistungsbeurteilung« einfach mal zum 31. Dezember eines Jahres beenden und schauen, was dann passiert, werden wir keine Verschlechterung feststellen. Im Gegenteil: Wir werden mehr Wertschöpfung haben, weil wir uns von bürokratischem Ballast befreien.

Weitere Potenziale werden wir freisetzen, wenn wir die Arbeitsorganisation dezentraler anlegen. Es müssen nicht alle nach einer Pfeife tanzen. Wenige Grundprinzipien anstatt vieler detaillierter Prozessabläufe schaffen Bewegungsfreiheit und Reaktionsfähigkeit. Es reicht, sich gemeinsam auf Sachziele anhand nachhaltiger KPIs zu verständigen. Die Umsetzung kann man nicht vorschreiben. Ich habe schon Situationen erlebt, wo mich langgediente Mitarbeiter in einer vertraulichen Minute gefragt haben: »Warum lässt uns die Firma nicht einfach unsere Arbeit machen?« Warum eigentlich nicht? Lassen wir diejenigen entscheiden, wie Kunden glücklich gemacht werden, die am nächsten dran sind! Lassen wir diejenigen Produktionsabläufe entwickeln, die sie nachher auch umsetzen müssen! Führen wir denen die beste wissenschaftliche Expertise zu, die am meisten Praxis haben! Lassen wir jeden Einzelnen und jede Einzelne die Leistung so erbringen, wie es zum besten Ergebnis führt. Denn Leistung ist kein Prozesswert wie Geschwindigkeit, sondern ein Ergebniswert.

Individuellen Erfolg ermöglichen

So wie wir über Erfolg auf der gesellschaftlichen Ebene (Bruttoinlandsprodukt?) und auf der Unternehmensebene (Quartalsergebnisse?) neu nachdenken müssen, gilt das auch für die Einordnung von Menschen im Arbeitsprozess. Die allerwenigsten Menschen haben eine persönliche Erfolgsdefinition für sich. Und Erfolg ist auch immer etwas Relatives. Er hängt ab von gesetzten Zielen und der Frage, wie man dorthin kommt. Selbst derjenige, der allein für sich ein Ziel setzt und es realisiert, will davon erzählen, sucht die Anerkennung. Erfolg ist nichts wert, wenn er nicht mitgeteilt werden kann. Der bessere Erfolg ist derjenige, der geteilt werden kann, weil er in Gemeinschaft entsteht. Es gibt doch nichts Motivierenderes als ein Team von Menschen, das seine Kräfte und Ideen zusammenwirft, um etwas zu erreichen, was der oder die Einzelne nie schaffen könnte. Und dass man dann gemeinsam einen Erfolg feiern kann.

Ich bin davon überzeugt, dass so gut wie jeder Mensch leistungswillig und leistungsfähig ist, wenn die Rahmendaten stimmen. Jeder und jede kann einen Wertschöpfungsbeitrag leisten. Individuell mag dieser Beitrag unterschiedlich sein. Es gibt sehr wenige, die gar nichts können oder wollen. Das sind natürlich schwierige Einzelfälle. Menschen, die sich auf Kosten anderer irgendwie durchmogeln. Aber das kann nur die Führungskraft oder das Team lösen. Diese Menschen zum gedanklichen Maßstab eines Systems zu machen ist der falsche Ansatz.

Wir dürfen auch nicht übersehen, dass Kennzahlen zu erreichen oder zu übertreffen für sich auch noch kein Erfolg ist. Ein Erfolg ist die damit verbundene, erbrachte Leistung, die wiederum am Sinn des Ganzen anknüpft. Wir alle wollen Teil von etwas sein, das größer ist als wir selbst. Ich empfinde das nicht als Defizit, sondern als gesundes Verständnis der Welt. Das Gegenteil ist ein Problem: Menschen, die nicht Teil von etwas Größerem, sondern selbst die Größten sein wollen.

In einem funktionierenden, diversen Team mit einer sinnvollen Aufgabe werden die Mitglieder automatisch motiviert sein. Sie werden einen Arbeitsprozess schätzen, bei dem die Zusammenarbeit mit anderen sie weiterbringt und bereichert. Sie werden genauso die Sicherheit schätzen, dass die Mitglieder des Teams einander unterstützen, sich helfen. Entsprechend wird das Team von sich aus auch Leistungsunterschiede tolerieren, sofern sie in den persönlichen Voraussetzungen liegen. Hinterfragen wird das Team allerdings, wenn Einzelne ihr Potenzial nicht abrufen und dadurch den gemeinsamen Erfolg gefährden. Wer etwas gut kann, ist deshalb nicht wichtiger. Er oder sie muss es als persönlichen Beitrag einbringen. Ist das eine sozialistische Utopie? Nein, denn das Leistungsziel ist ja gerade der Antrieb für das Team. Ist es eine raffinierte Methode der Sozialkontrolle, die auf Gruppendruck und Homogenität setzt? Nein, denn die Homogenität ist unproduktiv, unkreativ und träge. Die Vielfalt des Teams macht es aus, und die gelingt nur durch Wertschätzung und Offenheit. In einem funktionierenden Team muss man niemanden drangsalieren oder mobben, man kann einfach vernünftig miteinander reden. Und wer aus welchen Gründen auch immer nichts beizutragen hat, für den gibt es im Unternehmen oder im Netzwerk immer eine besser geeignete Stelle mit einer anderen Konstellation und anderen Aufgaben. Das ist das Ziel des neuen Stellenumbaus statt -abbaus.

Humanisierung

Der Mensch im Mittelpunkt

Ausgehend von den neuen gesellschaftlichen Zielsetzungen und einer Neudefinition von Leistung und Erfolg müssen wir auch in den Unternehmen unsere Geschäftsmodelle überdenken und unser Verständnis von Restrukturierung anpassen. Der Strukturwandel der Vergangenheit war immer technologisch bedingt. Revolutionäre Erfindungen und Entwicklungen warfen gelebte Arbeitsweisen über den Haufen. Wir fingen dann an, zu »restrukturieren«. Wir wollten Personalkosten reduzieren und suchen im besten Fall nach denen, die freiwillig zu attraktiven Angeboten Ja sagen. Wenn wir genügend Freiwillige finden, sollten wir uns wundern, wenn nicht, wird Druck auf die Führungskräfte gemacht, und Widerstände sind programmiert. Dabei ist die Disruption immer die Realität, die wir nicht kommen sehen oder die wir nicht zur Kenntnis nehmen wollen. Wir waren gedanklich nicht vorbereitet oder hatten zu wenig Vorstellungskraft für das Neue. Die Disruption wird uns immer wieder auf dem falschen Fuß erwischen, wenn wir an unserem Denken nichts ändern. Wir müssen die Disruption künftig konstant mitdenken, sie in Form des anderen Denkens integrieren, das in der gelebten Vielfalt liegt. Es ist ein kultureller Strukturwandel, den wir durchlaufen müssen. Wir müssen uns davon verabschieden, von Strukturen, Prozessen oder Technologien ausgehend zu denken. Bei manchen Unternehmen kann das so weit gehen, dass sie alles infrage stellen müssen und sich wirklich komplett neu erfinden müssen.

Wenn wir das Unternehmen neu denken, dann dürfen wir das nicht in der klassischen Logik tun, dass wir uns in einem kleinen Spitzenteam eine Strategie und dazu auch gleich eine Struktur ausdenken, in die wir dann die Menschen überreden einzutreten. Wir müssen vom Menschen selbst ausgehen. Wir müssen eine gedankliche Linie ziehen von den kollektiven menschlichen Bedürfnissen auf der gesellschaftlichen Ebene hin zu jedem Individuum im Unternehmen. Und von dort aus das neue Unternehmen aufbauen. Die Strategie mit entwickeln lassen, die Ziele mit definieren lassen und den Weg zur Zielerreichung im Rahmen weniger grundsätzlicher Prinzipien selbst entstehen lassen. Wir müssen die Möglichkeit eröffnen, dass jeder Mensch sein Potenzial bestmöglich einbringen kann. Wo passt ein Mensch hin, wo kann er sich einbringen, wo wird sein Beitrag geschätzt werden, weil das Wissen und die Erfahrung dort noch nicht vorhanden sind? Wir sprechen also über eine Transformation zum menschenzentrierten Unternehmen, die stattfinden muss.

Ein Unternehmen wird so zum dynamischen Gebilde, das sich flexibel auch an kurzfristige Schwankungen anpassen und neu sortieren kann. Es wird zur Plattform für wiederkehrende Wertschöpfungsprojekte, die in immer neuen Personenkonstellationen eröffnet, auf den Weg gebracht und profitabel gemacht werden. In welchen Zeitläufen, Strukturen, mit welchen Methoden – dafür gibt es unzählige Ideen und Modelle. Jedes Unternehmen muss für sich und seinen Daseinszweck die passenden Instrumente finden. So funktioniert die echte, zukunftsgerechte Restrukturierung. Sie ist eine Humanisierung. Sie hebt das verborgene Kapital. Im Kern steht immer das Individuum im Einklang mit den Werten und Zielen des Unternehmens.

Transformation gestalten

Grundsätzlich gilt im Transformationsprozess immer, dass man vom neuen Zielbild her denken muss. Die allermeisten Unternehmen können sich natürlich nicht komplett neu erfinden. Für bestehende Strukturen bedeutet das oft: loslassen. Es ist eine viel zitierte Managementweisheit, die am Ende doch wenig beherzigt wird: Die Praktiken, die einen in den Schlamassel gebracht haben, werden nicht die sein, die einem wieder heraushelfen. Es bringt nichts, alte Instrumente neu aufzuarbeiten und wiederzuverwenden oder mit Flickschusterei Prozesse und Strukturen retten zu wollen. Es bringt auch nichts, auf alte Prozesse aufzusetzen und den Interessenkompromiss vor die Sachlösung zu stellen. Ein Interessenausgleich muss an anderer Stelle organisiert werden, aber die neuen Prozesse darf ein Interessenausgleich nicht belasten.

Ich erlebe hin und wieder, dass man in Transformationsprozessen beispielsweise innovative Einheiten oder Musterprojekte auslagert. Das Neue soll sich ungehindert entfalten können. Man sagt dann, man möchte die Kreativität und Innovation nicht durch Strukturen und Prozesse behindern. Aber den Rest des Unternehmens schon? Dort gibt es dann keine Kreativität und keine Innovation? Wie soll das gehen – ein Unternehmen mit einem privilegierten und einem benachteiligten Bereich? Wie sollen die Ergebnisse der Entwicklung dann reintegriert werden? Gelten am Ende doch wieder die alten Regeln für alle? Ähnlich ist es bei der Übernahme von Start-ups. Wenn erst einmal die »Integration« beginnt und der Gründergeist durch die Betriebsrente ersetzt wird, ist der Charme schnell verflogen.

Ja, es kann durchaus die Situation geben, dass wir Kosten senken müssen. Aber auch hier können wir mutig sein. Warum machen wir nicht einen Vertrag mit den betroffenen Unternehmenseinheiten: Vom Einsparziel erhaltet ihr 50 Prozent für Innovationsprojekte zurück. In welcher Form ihr die Ziele erreicht, dazu gibt es keine Vorschriften. Das würde eine echte, positive Kostenkultur fördern und nicht die klassische Effizienzschraube immer härter andrehen, die aus bestehenden Strukturen mehr herauspressen will und dafür irgendwann alle Puffer und Sicherheitsreserven aufgelöst hat. Mit der letzten Drehung kracht dann das Gewinde, und dann geht gar nichts mehr.

Ja, es kann auch sein, dass wir Personal abbauen müssen. Aber auch das kann man sehr unterschiedlich denken und organisieren. Man darf die Leute nicht einfach aus der Tür schieben. Können und wollen wir wirklich auf das Wissen und die Erfahrung meist älterer Kolleginnen und Kollegen verzichten? Wollen wir Leute mit 60 aus dem Beruf drängen, obwohl sie noch arbeiten können und wollen? Wir bezahlen Leute dafür, dass sie nichts tun und auch nicht mehr zu uns ins Unternehmen kommen. Hauptsache, wir können sie aus der Bilanz nehmen. Wir machen solche Dinge nur, weil wir uns nichts anderes vorstellen können und in der Regulatorik gefangen sind, alle Parteien am Tisch. Insbesondere keine neue Struktur. Schon gar nicht, etwas Neues mit den Leuten anzufangen. Aber das geht, wenn wir wollen. Wir müssen uns den Kontext ausdenken und anbieten, in dem die Leute weiterhin Sinn finden und etwas beitragen können. Wenn wir uns noch einmal vor Augen führen, aus welchen gesellschaftspolitischen Themen heraus uns als Unternehmen mehr Verantwortung zuwächst, dann können wir gar nicht genug mitdenkende Hirne und zupackende Hände gebrauchen. Diese Möglichkeiten können wir schaffen. Und wir können sie so schaffen, dass ein tatsächlicher Wertschöpfungsbeitrag entsteht. Vorausgesetzt, wir lernen, den Wert zu erkennen und zu messen, der in anderen als den rein marktseitigen Aktivitäten steckt. Das Feld dafür ist weit. Es reicht von interner

Weiterbildung und Wissensmanagement über institutionelle Vernetzung oder Verbandsarbeit bis zum karitativen Engagement im Auftrag des Unternehmens. Warum sollte man nicht sogar die Menschen ein persönliches, sinnstiftendes Lieblingsprojekt in das Unternehmen hineintragen lassen? Wir werden das volle Potenzial der Menschen nie erkennen, wenn wir ihnen nicht selbst die Möglichkeiten des Austestens geben. Alles, was Sinn ergibt, sollte uns willkommen sein!

Die Zukunft der Arbeit

Manche Branchen haben zwar nicht ihre Daseinsberechtigung verloren, aber ganz klar den Zenit ihrer einseitigen Produktwelt beziehungsweise einer weitergewanderten Nachfrage überschritten. Große Strukturen sind gewachsen, manchmal über das steuerbare Maß hinaus. Für viele Unternehmen wird ein Wandel nicht ohne die Politik gehen. Sie ist das Drehkreuz für Veränderungen von übergeordneter Dimension. Hier treffen sich die unterschiedlichsten Stakeholder, mit denen man zusammen eine Transformation planen und gestalten muss. Das dauert zwar länger, als das Management von klassischen Maßnahmen gewohnt ist. Dafür gelingt es besser. Gerade die Gewerkschaften haben im Strukturwandel höchste Kompetenz. Und die alten Muster des Streites kann man getrost beiseiteschieben, denn im Kern wollen alle das Gleiche: die Zukunftsfähigkeit des Unternehmens sichern und langfristige Perspektiven entwickeln. Wir haben dafür gute und schlechte Beispiele in unserer Wirtschaftshistorie. Wir können neu auflegen, wir können lernen, wir können es noch besser machen.

Im Gegenzug entsteht immer Neues, es entstehen Technologien und Bedürfnisse, es tun sich Märkte auf. Die Digitalisierung ist ein großer Treiber der Rationalisierung. Aber nicht nur. Es ist eine Technologie, die uns in ihrer Fortführung mit künstlicher Intelligenz und vernetzten Systemen unglaublich viele neue Möglichkeiten eröffnet. Bundesarbeitsminister Hubertus Heil hat mit seinem Zukunftsdialog zur neuen Arbeit die Diskussion zu den relevanten Fragen eröffnet: Sozialstaat und soziale Sicherheit, Digitalisierung und Qualifizierung. Und die Denkfabrik Digitale Arbeitsgesellschaft des Ministeriums liefert kontinuierlich Impulse, die Unternehmen und Beschäftigung den Pfad in die Zukunft ein

Stück weit ausleuchten. Vielleicht haben wir in diesem Rahmen auch die Chance, der Politik aufzuzeigen, wo Regulatorik sinnvoll und wo sie der falsche Weg ist. Beim »Recht auf Homeoffice« beispielsweise denke ich: Das muss anders gehen. Das muss ein Attraktivitätsfaktor für Arbeitgeber sein.

Natürlich stehen auch auf der tarifpolitischen Ebene Grundsatzfragen im Raum. Zum Beispiel: Brauchen wir die Fünf-Tage-Woche wirklich noch? In der alten Welt leben die Arbeitgeber im Gedanken der Nutzenmaximierung pro Beschäftigten, ihren Fixkosten. Gewerkschaften denken in der alten Welt in minimalem Zeitaufwand für ansprechendes Entgelt. Es ist auf der tarifpolitischen Ebene die gleiche falsche Logik wie im Unternehmen selbst: quantitative Nutzenmaximierung. Dieser diametrale Gegensatz ist gar nicht auflösbar, deshalb ist er so schädlich. Finden wir endlich den gemeinsamen Weg der Qualität, der sich an besseren Kennzahlen orientiert? Ich glaube, wenn wir ernsthaft über Produktivität diskutieren und wie sie zustande kommt, haben wir den wichtigsten Ansatz gewählt. Ein Anfang ist auch hier schon gemacht mit der Initiative Neue Qualität der Arbeit, die viele Modellprojekte jenseits der bestehenden gesetzlichen Regelungen ermöglicht, sogenannte Experimentierräume schafft.

Gerade der Umgang mit der Coronakrise hat übrigens gezeigt, dass unsere politischen und paritätischen Strukturen auch fähig sind, besondere Herausforderungen zu meistern. Warum müssen wir uns erst von einer Pandemie überraschen lassen? Warum legen wir nicht einfach los und machen weiter mit der Modernisierung der Wirtschaft?

Inclusive Leadership

Neue Aufgaben

Führungskräfte werden von Führungskräften ausgewählt. Damit ist auch klar, wie die Kriterien sind: Er oder sie muss »so gut« sein wie ich. Meist fällt die Wahl auf jemanden, der ähnlich ist und ähnlich denkt. Wie kommen wir aus dieser Denkfalle heraus? Indem wir uns klarmachen, was Anforderungen an Führungskräfte in einer neuen Wirtschaftswelt sind. Es gibt eine ganze Reihe von Modellen, die für einen veränderten Führungsstil werben. Der ehemalige Bundesinnenminister Thomas de Maizière hat ein Buch übers Regieren[4] geschrieben, in dem er die »dienende Führung« aufgreift, die schon Friedrich der Große beschrieb: Er wollte »erster Diener des Staates« sein. Wie wäre es, im Unternehmen als Top-Manager »erster Diener aller Stakeholder« zu sein?

Eine Schlüsselfunktion von Führungskräften nennt man »Enabling«. Das deutsche Wort Befähigung trifft es nicht ganz, und die »Möglichmachung« gibt es im Duden nicht. Aber der Gedanke ist klar. Es ist ein fundamentaler Bruch mit der Vorstellung von Kommandos und Kontrollen, mit strikten Arbeitsanweisungen und disziplinarischen Strafen.

Es geht vielmehr darum, andere positiv in die Lage zu versetzen, etwas zu tun. Dabei geht es zumeist nicht um fachliche Anleitung. Wir wären sonst wieder in der Rolle desjenigen Menschen, der alles besser kann als andere. Aber wenn dem wirklich so wäre, dann müssten wir konsequenterweise gleich alles selbst machen. Ich erinnere mich in diesem Zusammenhang auch wieder an einen Satz von Gabriele Burkhardt-Berg: »Führungskräfte müssen lernen, dass sie die Coaches der Mitarbeiterinnen und Mitarbeiter sind und nicht deren Kontrolleure.«

Führungsfähigkeit bedeutet, den besten Überblick zu haben und die Komplexität am besten überschauen und managen zu können. Das gilt für das Team oder das Projekt genauso wie für die Unternehmensspitze. Die Führungspersönlichkeit bietet die Orientierung im Hinblick auf die gesamtgesellschaftlichen Herausforderungen und vermittelt das Zielsystem, den Daseinszweck, den »Purpose« des Unternehmens. Führung ist somit eine (Dienst-)Leistung, die sich aus Konnektivität, Inklusivität und Moderation zusammensetzt. Sie ist eine Kulturleistung.

Führungspersönlichkeiten warten nicht darauf, dass jemand zu ihnen kommt. Sie suchen ein diverses Portfolio an Menschen mit unterschiedlichsten Kompetenzen, binden Menschen aktiv ein. Sie schaffen die Möglichkeit, dass Menschen entsprechend ihrem Potenzial bestmöglich beitragen können, und schaffen Partizipation an Entscheidungsprozessen. Ich will nicht unterschlagen: Das ist anstrengend. Man muss diskutieren, sich aufeinander einlassen, auch mal streiten – und die Führungskraft muss diese Dynamik organisieren. Eine gute Führungspersönlichkeit erkennt man daran, dass sie mehr zuhört als selbst spricht.

Ich will ganz offen sein: Auch ich habe in dieser Hinsicht viel lernen dürfen. Ich war manchmal nicht offen genug, um zu verstehen, warum Menschen nicht einsehen wollten, was für mich so klar war. Ich habe nicht gut genug zugehört, nicht konsequent genug nachgedacht und zu wenig Verständnis aufgebracht. Ich habe möglicherweise auch Vorbehalte übersehen und meinerseits Vorbehalte entwickelt. Ich hatte auch die Situationen, wo sich alle ineinander verkeilt haben und nichts mehr vorwärtsging. Wir alle sind Menschen. Ich war froh, wenn mich jemand auf meine Denkblockaden hingewiesen hat. Beim nächsten Mal ist man besser.

Sinn und Werte

Ich versuche jetzt, das nächste Wortspiel rund um den vielseitigen Begriff des Wertes zu vermeiden. Werte sind für mich ein zentraler Aspekt. Eine Führungspersönlichkeit kann keinen nachhaltigen Erfolg organisieren, wenn sie nicht über ein stabiles Wertegerüst verfügt. Dazu zählen für mich neben den klassischen Kaufmannstugenden auch die zukunftsgerichteten gesellschaftlichen Werte einer ökologisch und sozial ausbalancierten Welt. Wer diese nicht teilt, wird den eigenen Leuten nicht ausreichend Sinn und Daseinsberechtigung für das Unternehmen vermitteln können. Es geht dabei um Glaubwürdigkeit, Ernsthaftigkeit und Konsequenz.

Über die Sinnvermittlung und die Einbindung schafft die Führungspersönlichkeit einen »Sense of Belonging«, ein Gefühl der Zugehörigkeit. Jeder und jede von uns möchte irgendwo dazugehören, sich mit anderen gemeinsam an etwas versuchen und nachher stolz auf das Erreichte sein. Die Führungspersönlichkeit ist dabei diejenige Instanz, deren Wertschätzung die größte Bedeutung hat, weil sie den Sinn des Ganzen bündelt.

Einem Trugschluss sollten wir nicht aufsitzen, nämlich dass Führungspersönlichkeiten so ungeheuer schlau oder charismatisch sind, dass sie alle automatisch in ihren Bann ziehen und eine Organisation nach Belieben steuern können. Menschen haben ihren eigenen Kopf. Sie machen sich Gedanken, sie hinterfragen und prüfen. Sie sind relativ schnell in der Lage, zu erkennen, ob etwas tatsächlich auch in ihrem

Interesse ist, ob sie Teil von etwas sind, ob sie ernst genommen werden. Die meisten Menschen wollen eine sichere Arbeit und einen guten Arbeitgeber haben. Sie schließen sich einer Organisation an, von der sie glauben, dass man dort gemeinsam erfolgreich sein kann, auch langfristig. Niemand steigt auf den leckgeschlagenen Tanker, der im Kreis strudelt.

Wenn wir Werte bemühen, geht es uns eigentlich um Berechenbarkeit und Vertrauen. Ausgehend von den kommunizierten und auch praktizierten Werten baut sich unser Vertrauen auf. Dieses Vertrauen wiederum ist die Basis dafür, dass Menschen zu Veränderungen bereit sind. Dass sie etwas Altes aufgeben, um etwas Neues zu bekommen.

Veränderungen fallen uns leicht, solange sie keine anhaltenden Veränderungen sind, sondern die einmalige und kurzfristige Ausnahme von unseren Gewohnheiten. Schwieriger wird es, wenn wir nachhaltig etwas ändern sollen. Könnten Sie auf Fleisch verzichten? Eines unserer Kinder ist bereits Vegetarier und hat guten Einfluss auf uns alle. Wir kaufen regional und kaum mehr Verpacktes, aber sind wir immer konsequent und haben das schon komplett verinnerlicht? Ich muss gestehen: Mir fehlt noch die letzte Vorstellungskraft an dieser Stelle. Aber eigentlich müsste ich es können. Es ist eine leistbare Kleinigkeit. Aber ich finde immer wieder neue Gründe, warum ich mich nicht ändern muss. Allerdings ist der Gedanke mittlerweile in mein Hirn eingepflanzt.

Veränderung beginnt mit der Vorstellung davon, dass etwas möglich ist. Wir brauchen ein Bild in unseren Köpfen. Es darf gerne noch etwas vage und verschwommen sein, aber es muss in seiner Definition so klar sein, dass wir es als Zukunftsbild erkennen können. Führungspersönlichkeiten agieren wie eine Art Improvisationsmaler, die auf Zuruf aus ihrem Team das ganze Bild in einer Mosaiktechnik zusammensetzen. Da sie auch Teil ihres Teams sind, dürfen sie natürlich auch ihren eigenen Farbton einbringen. Aber eben nicht alles überstreichen. Viel wichtiger ist die Rolle als Impulsgeber, um immer neue Ideen und Gedanken im Team auszulösen.

DIE ANLEITUNG ZUR VERÄNDERUNG

In diesem Zusammenhang möchte ich einen kleinen Service-Block für diejenigen einfügen, die als Führungskräfte einen Transformationsprozess anstoßen oder begleiten wollen. Aus meiner Erfahrung haben sich fünf Schritte bewährt, die sich einfach anhören, es aber in sich haben, wenn man sie ernst nimmt.

Erstens: Zielsetzung

Hier lohnt es sich wirklich, persönliche Nachdenkzeit zu investieren. Wenn Sie als Führungskraft inspirieren und sachkundig moderieren wollen, müssen Sie tief eintauchen. Und zwar nicht in die operativen Details des Jetzt-Zustandes, sondern in die Entwicklungstrends und Szenarien der Zukunft. Wenn Sie Sinn und Daseinsberechtigung vermitteln wollen, dann müssen Sie den Sinn zuvor entdeckt haben.

Zweitens: Menschen einladen

Verstehen Sie das wie die Einladung zu einer Party, bei der es eine berauschende Substanz kostenlos gibt: Fantasie. Werfen Sie die Zielsetzung in den Raum und bitten Sie Ihre Leute, sich mit ihren Ideen einzubringen. Machen Sie eine »Open House Party« daraus: Jeder, der etwas mitbringt, ist willkommen.

Drittens: Individueller Beitrag

Diskutieren Sie offen mit allen, was der individuelle Beitrag jeder und jedes Einzelnen ist. Finden Sie gemeinsam heraus, wer wo helfen und unterstützen kann, welche Fähigkeiten wie zum Einsatz gebracht werden, was leistbar und erreichbar ist. Und spiegeln Sie das auch allen zurück, damit sie merken, dass man auf sie zählt.

Viertens: Messbarkeit

Sorgen Sie gemeinsam dafür, dass allen klar ist, wann ein Ziel erreicht ist und woran alle das erkennen. Sorgen Sie auch dafür, dass diese Ziele messbar sind. Wenn Ihnen klassische Kennzahlen nicht weiterhelfen, schaffen Sie sich Ihre eigenen. Das Ergebnis zählt. Die Transparenz über die Zielerreichung ist für alle die Voraussetzung dafür, dass das Team funktioniert.

Fünftens: Das Gesamtwerk feiern

Das Ergebnis ist das Werk aller, die beigetragen haben. Machen Sie das klar. Teilen Sie Freude über und Stolz auf das Erreichte im Team. Machen Sie deutlich, wie jeder und jede beigetragen hat. Keiner der Beiträge war verzichtbar. Keiner war »wichtiger« als andere. Vor allem die High-Performer müssen das lernen – sie sind es nie allein.

Wir wachsen über uns hinaus

Wachstum für Unternehmen

Wir leben in einer verrückten Zeit. Spätestens seit der Finanzkrise 2008 kennen wir Unternehmen, die »too big to fail« sind. Die so groß sind, dass sie nicht »sterben« dürfen und deshalb vom Staat gerettet werden müssen, weil so viele Arbeitsplätze daran hängen. Wie kann es sein, dass vermeintlich so große und leistungsfähige Unternehmen in eine solche Risikosituation geraten? Sind sie am Ende zu groß, um noch produktiv und profitabel gesteuert werden zu können? Haben diese Systeme eine Wachstumsgrenze erreicht? Ich kenne keine abschließende Antwort auf diese Frage.

Aber ich weiß, wo das Problem beginnt – bei der Selbstdefinition über Kosten im Management. Wer über Kosten redet, hat keine Vorstellung von künftigem Wachstum, der verwaltet nur den Status quo und will damit durchkommen. Aber im Wachstum sind Kosten relativ, denn die absehbaren Erträge wiegen sie mehr als auf. Wachstum wiederum generieren wir auch nicht nach den Regeln der großen Systeme, sondern nach Prinzipien, die wesentlich mehr Dynamik entfalten, kleinteiliger, dezentraler und selbstbestimmter funktionieren. Große Systeme können überleben, wenn sie sich diese Prinzipien zu eigen machen. Wenn sie ihre Komplexität nicht in komplizierte Bürokratie, sondern in kooperative Strukturen überführen.

Ich mag die Metaphern aus der Biologie in diesem Zusammenhang. In ihnen steckt alles, was wir brauchen: Wachstum, Leben, Vielfalt. Lange vor Harvard hat die Natur das Win-win-Prinzip erfunden. Dort nennt es sich Symbiose. Systeme gehen zum beiderseitigen Nutzen eine Beziehung ein, ergänzen sich, wachsen gemeinsam. Wer behauptet, dies sei ein Nullsummenspiel, der hat den Zugewinn an Qualität nicht einberechnet. Der hat das verborgene Kapital nicht erkannt und nicht gehoben. Wenn wir lernen, uns als Teil eines Ökosystem zu begreifen, dann werden wir auch lernen, uns systemfördernd zu verhalten. Wir werden unsere Fähigkeit zur Vernetzung und zur Co-Kreation verbessern. Es ist dann beispielsweise auch Teil einer systemischen Kostenkultur, auf Privilegien zu verzichten. Wir werden einen Wachstumsbeitrag leisten und vom Ökosystem dafür honoriert werden. Wir werden am Wachstum des Gesamtsystems Anteil haben. Das macht uns Individuen resilient. Wir werden dann in einer Krise auch keinen Rechtfertigungsdruck und kein schlechtes Gewissen haben müssen, wenn das Gesamtsystem uns unter seine Obhut und gegen die übergeordneten Risiken in Schutz nimmt. Und wir werden zurückzahlen können, was wir bekommen.

Wachstum für die Gesellschaft

Vergeben wir uns als Unternehmen Vorteile, wenn wir uns auf Ökosysteme einlassen? Stimmt unsere Systembilanz: Was geben wir hinein, was bekommen wir heraus? Oder legen wir drauf? Das träfe nur zu, wenn wir glaubten, dem System überlegen zu sein. Damit kommen wir aber in einen logischen Widerspruch. Denn wir ziehen uns heraus, stellen uns außerhalb und bilden uns ein, es ginge ohne das System. Geht es nicht. Als Unternehmen sind wir immer ein System im System. Es kann uns nicht gut gehen, wenn es unserem »Mutterschiff« nicht gut geht. Und man lässt uns auch nicht davonkommen, wenn wir uns durch systemwidriges Verhalten Vorteile erschleichen wollen.

Worin liegt das Wachstum unserer Gesellschaft? Abstrakt formuliert liegt es in der Verbesserung der Lebensbedingungen aller Menschen. Die Neudefinition gesellschaftlicher Ziele geht einher mit einem neuen Tarieren von Interessen und Bedürfnissen. Wir müssen für unsere Art des Wirtschaftens, für Produktion, Verteilung und Konsum eine neue Balance finden. Das gute Leben der einen darf nicht zulasten der Chancen von anderen gehen. Das ist nicht nachhaltig.

In seinem Buch *Rebalancing Society* lenkt der kanadische Managementvordenker Henry Mintzberg unseren Blick auf den »Pluralen Sektor«, wie er das weite Feld der gesellschaftlichen Aktivität nennt – was weder staatliches noch unternehmerisches Handeln ist. Er verweist auf die Bedeutung von Sozialunternehmen und die Dimension von genossenschaftlichen Systemen, die im Eigentum ihrer Mitglieder stehen. Er erweitert damit die Formel von der Public Private Partnership (PPP) um das vierte P des »Pluralen Sektors«.

Viel verborgenes Humankapital liegt in unseren Gesellschaften brach, weil es seinen Weg zu Produktivität und Wertschöpfung noch nicht findet. Indem wir neue, offene Plattformen und Kooperationen schaffen und anregen, können wir diese Ressourcen aktivieren. Das zivilgesellschaftliche Engagement jenseits der beruflichen Verpflichtung und der politischen Steuerung ist vermutlich die wertschöpfendste und erfüllendste Variante zugleich. Es trägt zur Gesellschaft bei, ja es trägt unsere Gesellschaft. Wir haben es erlebt, von den Helfern in der Flüchtlingskrise bis zum Homeschooling zu Coronazeiten durch – hauptsächlich – Mütter, die dann eben zu Hause bleiben und den Job sein lassen oder doppelt arbeiten. Ohne diese Beiträge, denen wir kein Gehalt zumessen, könnten wir als Gesellschaft nicht erfolgreich sein.

Wachstum für das Individuum

Können Sie sich vorstellen, welche Welt möglich wäre? Ganz konkret für Sie selbst? Viele Menschen haben dieses immerwährende Gefühl, doch nicht der eigenen Berufung nachgegangen zu sein. Und irgendwann kommt der Punkt, wo mehr Zufriedenheit und Erfüllung als Ziele in den Blick rücken. Wo aus dem einfachen »Weiter so!« ein ambitioniertes »Was geht denn noch?« wird. Haben wir tatsächlich eine Vorstellung davon, welches verborgene Kapital in uns selbst schlummert? Wie schaffen wir es, die Träume in Vorstellungskraft und die Vorstellungskraft in den Handlungsimpuls zu übersetzen? Wie können wir uns gegenseitig inspirieren, ermutigen, unterstützen, unsere Träume zu leben?

Ich habe noch keinen Menschen erlebt, der sich nicht insgeheim Gedanken darüber gemacht hat, was der Sinn des Lebens ist. Umgekehrt wird ein Schuh draus: Wenn ich den Sinn in etwas entdecke, dann wird meine Arbeit daran zur Freude und zur Erfüllung. Und ich werde Menschen finden, die meine Leidenschaft und Begeisterung teilen. Wir werden uns wechselseitig inspirieren und zu Dingen befähigen, von denen wir allein gar nicht zu träumen gewagt hätten. Wir werden über uns hinauswachsen!

Jede Veränderung beginnt mit der Kraft der Vorstellung. Ich bin in meinen bald 30 Jahren Berufsleben wie auch im privaten Umfeld einer ungeheuren Menge an inspirierenden und motivierenden Menschen begegnet. Ich habe so viele interessante Ansätze, Ideen und Konzepte kennengelernt, die weiterzuverfolgen sich lohnt.

Ich will Sie animieren: Machen Sie sich auf die Suche nach Menschen, die Vorstellungskraft und Tatendrang haben – und heben Sie mit ihnen das verborgene Kapital!

Im Nachgang: Wie weiter?

In den wenigen Wochen seit Fertigstellung meines Manuskriptes ist mehr passiert als in manchem Jahr zuvor. Trump ist abgewählt – ein Segen für die Menschheit. Ein unsägliches Rollenmodell für autoritäres und antidemokratisches Spaltertum wurde schließlich von einer demokratischen Mehrheit zurückgewiesen. Es ist den USA gelungen, den Ungeist zurück in die Flasche zu verbannen, Pandoras Büchse wieder zu verschließen. Dieses Signal ist in seiner Wirkung kaum zu unterschätzen.

Noch immer macht uns Corona zu schaffen, aber es ist absehbar, dass eine leistungsstarke Wissenschaft und eine engagierte Medizin uns im Laufe des Jahres 2021 von dieser Plage erlösen werden. Wir schulden sehr vielen Menschen Dank, die in dieser Krise nicht zuerst den eigenen Vorteil oder die eigene Sicherheit gesucht haben, sondern sich in den Dienst der Allgemeinheit gestellt haben.

Die Wirtschaft hat in vielen Bereichen gelitten, zahlreiche Menschen haben Einkommen und Arbeit verloren, manche Branchen durchlaufen noch immer eine Existenzkrise. Die Bundesregierung hat in nie dagewesener Dimension Hilfen bewilligt. Erneut haben mich die Bundeskanzlerin, aber auch der Finanzminister und viele andere in verantwortlichen Positionen mit ihrer klaren Orientierung und rationalen Herangehensweise tief beeindruckt. Aber wir können die Verantwortlichkeit nicht dauerhaft auf die Regierenden abladen. Wir alle werden in den nächsten Jahren an einer Neujustierung unseres Systems mitwirken müssen.

Bei vielen Menschen in meinem Umfeld spüre ich eine neue Nachdenklichkeit. Keine pessimistische, besorgte Nachdenklichkeit, sondern eine optimistische, überzeugte und zielstrebige, die an Antworten für die Zukunft arbeitet. Die Gewissheit dahinter lautet: Die Muster der Vergangenheit, die uns viele Probleme beschert haben, können nicht die

Basis für die Zukunft sein. Es kann nicht einfach weitergehen wie bisher! Jetzt kommt es darauf an, dass wir die in vielen Bereichen nötige Transformation von Wirtschaft und Gesellschaft konsequent an einem neuen, nachhaltigen Zukunftsbild ausrichten.

Manchen mag es schwerfallen, sich nach einem anstrengenden Jahr der Pandemie mit dem Gedanken anzufreunden, jetzt erneut eine Energieleistung aufbringen zu müssen, um grundsätzliche Dinge zu verändern. Sicher müssen wir uns den anstehenden Aufgaben mit Augenmaß und Feingefühl nähern, um uns nicht zu überfordern. Aber wir sollten uns auch nicht unterschätzen oder klein machen. Wir sollten gar nicht erst auf den Gedanken kommen, dass wir nicht zukunftsfähig wären, denn wir haben so viel bislang verborgenes Kapital, das wir einsetzen können!

Ich will es am liebsten jedem einzelnen Menschen zurufen: Auch in dir, auch in Ihnen steckt verborgenes Kapital! Ich will Managerinnen und Managern sagen: In Ihren Organisationen steckt so eine ungeheure Menge mehr, als der jährliche Geschäftsbericht gerade aufzählt. Ich möchte uns allen als Gemeinschaft ins Stammbuch schreiben: Wir können etwas ganz Fantastisches aus unserer Zukunft machen, wenn wir unserer kollektiven Kraft und Kreativität die Entfaltung ermöglichen!

Wir alle wollen, dass das Individuum, die Wirtschaft und die Gesellschaft im Einklang stehen. Also sollten wir diese Aufgabe auch gemeinsam anpacken. Instrumente mit Wirkung auf die Zukunft entwickeln und uns an unseren Fortschritten messen. Ich habe in diesem Buch sicher nur einen Bruchteil derjenigen Ideen aufgeführt, die dabei helfen können. Die Stimmen, die ich zu Wort kommen lassen konnte, sind für mich Teil eines vielfältigen Orchesters, das Zukunftsmusik spielt. Diesem Orchester will ich auch weiterhin eine Bühne geben, ich will dazu beitragen, dass es weiterwächst und neue Stücke hinzukommen.

Ich lade Sie ein, Ihre Ideen, Ihre Kritik, Ihre Fragen mit mir zu diskutieren und das Thema gemeinsam weiter zu verfolgen.

Ich will *Das verborgene Kapital* heben, mit Ihnen zusammen. Also besuchen Sie mich gerne auf http://dasverborgenekapital.de/

Anmerkungen

Kapitel 1
Die globalen Herausforderungen

1 http://www.iw.ovgu.de/iw_media/Dokumente/
   Globalization_+Past_+Present+and+Future/
   Die+Kehrseite+der+Globalisierung+PWP_2017_3_Paqu%C3%A9-p-302.pdf

2 https://www.bmwi.de/Redaktion/DE/Publikationen/Aussenwirtschaft/
   fakten-zum-deuschen-aussenhandel.pdf?__
   blob=publicationFile&v=34#:~:text=Der%20Anteil%20Deutschlands%20
   am%20Welthandel,2017%3A%207%2C3%20%25).

3 https://www.zdf.de/nachrichten/heute-sendungen/videos/enderlein-eu-
   wiedeaufbaufonds-100.html

4 https://www.bundeskanzlerin.de/bkin-de/pressekonferenz-von-
   bundeskanzlerin-merkel-und-us-praesident-obama-844776

5 https://www.wired.com/2004/10/tail/

6 https://www.youtube.com/watch?v=czu0BWnATcM

7 https://www.oxfordmartin.ox.ac.uk/downloads/academic/The_Future_of_
   Employment.pdf

8 https://www.bmas.de/DE/Service/Medien/Publikationen/
   Forschungsberichte/Forschungsberichte-Arbeitsmarkt/
   forschungsbericht-fb-455.html

9 http://www.iw.ovgu.de/iw_media/Dokumente/
   Globalization_+Past_+Present+and+Future/
   Die+Kehrseite+der+Globalisierung+PWP_2017_3_Paqu%C3%A9-p-302.pdf
   sowie https://www.rieti.go.jp/en/events/17080101/pdf/k-2_baldwin.pdf

10 https://www.bbc.com/news/technology-53214783

11 https://www.bitkom.org/Presse/Presseinformation/Bitkom-zum-nationalen-
    Bildungsbericht-Bildung-in-Deutschland-2020

12 https://www.bmbf.de/files/Nationale_KI-Strategie.pdf

13 https://www.dfki.de/fileadmin/user_upload/import/9744_171012-KI-Gipfelpapier-online.pdf, S. 31.

14 https://www.bundesregierung.de/breg-de/themen/digitalisierung/fuer-eine-vertrauenswuerdige-ki-1599148

15 https://www.kit.edu/kit/pi_2019_135_diskriminierungsrisiko-vom-algorithmus-benachteiligt.php sowie https://www.antidiskriminierungsstelle.de/SharedDocs/Downloads/DE/publikationen/Expertisen/Studie_Diskriminierungsrisiken_durch_Verwendung_von_Algorithmen.html

16 https://www.un.org/development/desa/publications/world-population-prospects-2019-highlights.html#:~:text=World%20Population%20Prospects%202019%3A%20Highlights,-17%20June%202019&text=The%20world's%20population%20is%20expected,United%20Nations%20report%20launched%20today.

17 http://www.sozialpolitik-aktuell.de/tl_files/sozialpolitik-aktuell/_Politikfelder/Bevoelkerung/Datensammlung/PDF-Dateien/abbVII1b.pdf

18 http://www.sozialpolitik-aktuell.de/tl_files/sozialpolitik-aktuell/_Politikfelder/Alter-Rente/Datensammlung/PDF-Dateien/abbVIII42.pdf

19 https://www.destatis.de/DE/Themen/Gesellschaft-Umwelt/Bevoelkerung/Bevoelkerungsvorausberechnung/_inhalt.html

20 Alexander Hagelüken: Lasst uns länger arbeiten! Arbeitswelt umgestalten, Rente retten – im Alter aktiv und zufrieden sein, Droemer 2019, S. 48 und 44

21 https://www.bmfsfj.de/bmfsfj/themen/engagement-und-gesellschaft/demografischer-wandel-und-nachhaltigkeit/gleichwertige-lebensverhaeltnisse

22 https://www.dw.com/de/f%C3%BCnf-jahre-wir-schaffen-das-in-zahlen/a-54726800

23 https://www.spiegel.de/spiegel/print/d-13527899.html

24 https://www.youtube.com/watch?v=M7dVF9xylaw

25 https://www.zukunftsheizen.de/heizoel/wie-lange-reicht-das-erdoel.html

26 https://www.quarks.de/umwelt/faq-so-viel-wasser-gibt-es-auf-der-erde/

27 https://unesdoc.unesco.org/ark:/48223/pf0000372985.locale=en

28 https://www.nabu.de/natur-und-landschaft/meere/muellkippe-meer/muellkippemeer.html

29 https://www.helmholtz.de/fileadmin/user_upload/IPBES-Factsheet.pdf

30 https://www.youtube.com/watch?v=fouG5r3Dn0E&t=788s (ab Minute 2:16).

31 https://ipbes.net/news/Media-Release-Global-Assessment

32 https://community-wealth.org/sites/clone.community-wealth.org/files/downloads/article-costanza-et-al.pdf

33 https://www.zeit.de/gesellschaft/zeitgeschehen/2016–09/club-of-rome-ein-kind-politik-industrielaender

34 https://www.vox.com/2015/5/27/8660249/bill-gates-spanish-flu-pandemic

35 https://www.nytimes.com/2020/02/27/opinion/coronavirus-pandemics.html

36 Jared Diamond: Krise – Wie Nationen sich erneuern können, Fischer 2019.

37 https://www.haufe.de/wir-nach-corona

38 https://www.handelsblatt.com/politik/deutschland/arbeitgeberpraesident-ingo-kramer-fluechtlinge-sind-eine-chance-fuer-unternehmen/12633064.html?ticket=ST-1613078-UsaJpLn6pGvmPEXOUqwI-ap3

39 https://www.spiegel.de/wissenschaft/medizin/rki-pressebriefing-wenn-wir-dem-virus-die-chance-geben-sich-auszubreiten-nimmt-es-sie-a-dc4ebc64–8b25–4642–8a18–879f8ce88801

40 https://www.tagesschau.de/inland/ghs-index-deutschland-corona-101.html

41 https://www.fr.de/kultur/universitaeten-china-ueberholt-deutschland-11625132.html

42 https://www.in.gr/wp-content/uploads/2020/01/Democracy-Index-2019.pdf

Kapitel 2
Unternehmen in Veränderung

1 https://www.destatis.de/DE/Presse/Pressemitteilungen/2020/03/PD20_N013_132.html

2 https://www.netzoekonom.de/plattform-oekonomie/

3 https://www.youtube.com/watch?v=yBE-aLEObOA

4 https://www.wiwo.de/unternehmen/dienstleister/92-prozent-mehr-umsatz-corona-treibt-umsatz-von-delivery-hero-in-ungeahnte-hoehen/25779614.html

5 https://www.pik-potsdam.de/services/infothek/kippelemente/kippelemente

6 https://www.destatis.de/DE/Themen/Branchen-Unternehmen/Transport-Verkehr/Publikationen/Downloads-Querschnitt/broschuere-verkehr-blick-0080006139004.pdf?__blob=publicationFile

7 https://www.wuv.de/marketing/das_abo_ist_die_zukunft_der_autobranche

8 https://www.volkswagen-newsroom.com/de/pressemitteilungen/kilian-elektromobilitaet-und-digitalisierung-bedeuten-tiefgreifenden-strukturwandel-4547

9 http://www1.unisg.ch/www/edis.nsf/wwwDisplayIdentifier/3342/$FILE/dis3342.pdf

10 https://www.blackrock.com/corporate/investor-relations/larry-fink-ceo-letter

11 https://www.cnbc.com/2020/01/14/larry-fink-risk-from-climate-change-bigger-than-2008-financial-crisis.html

12 Lisa Earle McLeod: Leading with Noble Purpose: How to Create a Tribe of True Believers, Wiley 2016, S. 35.
13 Elke Benning-Rohnke, Goetz Greve (Hrsg.): Kundenorientierte Unternehmensführung. Konzept und Anwendung des Net Promoter® Score in der Praxis, Springer Gabler 2010.

Kapitel 3
Die falschen Muster

1 https://www.iab.de/de/daten/iab-arbeitszeitrechnung.aspx
2 https://www.augsburger-allgemeine.de/politik/Belastung-steigt-Deutsche-Polizisten-sitzen-auf-20-Millionen-Ueberstunden-id57730821.html
3 https://fehradvice.com/pay-for-performance/
4 https://www.researchgate.net/publication/281218274_Pay_without_performance_Legitimationskrise_variabler_Vergutungssysteme_fur_das_Management
5 https://www.wirtschaftspsychologie-aktuell.de/lernen/lernen-20170726-lernen-von-niels-van-quaquebeke-leistungsbasierte-bonussysteme-sind-schlecht-fuer-das-betriebsklima.html
6 https://www.faz.net/aktuell/wirtschaft/unternehmen/hartmut-mehdorn-ich-habe-die-bahn-nicht-kaputtgespart-1582065.html
7 https://www.zeit.de/news/2019–09/21/mitarbeiter-haben-keine-lust-auf-arbeit-im-management
8 https://josephranseth.com/gandhi-didnt-say-be-the-change-you-want-to-see-in-the-world/
9 https://www.capital.de/wirtschaft-politik/wie-die-basf-stellenabbau-betreibt-oder-auch-nicht
10 https://docplayer.org/23178798-Mercuri-urval-insight-survey-2012.html
11 https://www.welt.de/wirtschaft/article207138185/Langfristig-weniger-Flugverkehr-Das-Ende-der-Superkonjunktur.html
12 https://www.welt.de/wirtschaft/article200543398/Airbus-Prognose-Trotz-Flugscham-kuenftig-doppelt-so-viele-Flugzeuge.html
13 https://www.finance-magazin.de/wirtschaft/deutschland/tui-kuendigt-wegen-corona-massiven-stellenabbau-an-2057441/
14 https://papers.ssrn.com/sol3/papers.cfm?abstract_id=3240148
15 https://link.springer.com/article/10.1007/s11846–016–0219–7
16 https://onlinelibrary.wiley.com/doi/abs/10.1111/peps.12293

17 https://www.haufe.de/finance/jahresabschluss-bilanzierung/jahresabschluss-restrukturierungsrueckstellungen_188_510306.html
18 https://en.wikipedia.org/wiki/Law_of_the_instrument
19 https://www.youtube.com/watch?v=fouG5r3Dn0E
20 https://www.youtube.com/watch?v=2GYOx1PF3Bc
21 https://www.charta-der-vielfalt.de/fileadmin/user_upload/Studien_Publikationen_Charta/STUDIE_DIVERSITY_IN_DEUTSCHLAND_2016–11.pdf
22 https://www.zeit.de/wirtschaft/2019–03/gehaltsunterschiede-gender-pay-gap-gleichberechtigung-diskriminierung-arbeitsplatz
23 https://www.spiegel.de/wirtschaft/unternehmen/vorstaende-frauen-gelangen-in-deutschland-schwer-in-fuehrung-a-1141473.html

Kapitel 4
Ein neues Denken

1 https://www.watson.ch/leben/native/676645494–13-interessante-auto-gadgets-die-sich-nie-richtig-durchsetzen-konnten
2 https://www.youtube.com/watch?v=UAotdW9W-vk oder https://www.youtube.com/watch?v=pQE-cnhfBx4
3 https://www.wiwo.de/unternehmen/energie/tankstellen-studie-wer-vom-benzinverkauf-am-meisten-profitiert/20960726.html
4 https://www.bft.de/application/files/4915/5015/2895/Scope_Ratings_Tankstellenstudie_2017_MIGUe-Versand.pdf
5 https://www.wenell.se/wp-content/uploads/2016/09/thinking_knowing.pdf
6 https://gvpt.umd.edu/sites/gvpt.umd.edu/files/pubs/uslanertrustalternativeriskpublicchoice.pdf
7 https://gvpt.umd.edu/sites/gvpt.umd.edu/files/pubs/uslanertrustalternativeriskpublicchoice.pdf
8 http://www.bildungsvertrauen.de/material/endress_nw1.pdf
9 https://www.youtube.com/watch?v=JmnJTTFdnQo
10 http://www.faa.unisg.ch/files/cto_layout/downloads/presse/pwc_ceo_02–19_d_Bericht%20Frau%20Prof.%20Dr.%20Weibel.pdf
11 https://download.e-bookshelf.de/download/0000/0194/43/L-G-0000019443–0002374148.pdf

12 https://www.nytimes.com/1970/09/13/
   archives/a-friedman-doctrine-the-social-responsibility-of-business-is-to.html

13 https://corpgov.law.harvard.edu/2017/06/23/what-is-the-business-of-
   business/

14 https://www.goodreads.com/author/quotes/371436.Theodore_Levitt

15 https://www.usi.edu/media/3654807/Purpose-of-Business.pdf

16 https://www.faz.net/aktuell/hanks-welt-schuster-bleib-bei-deinem-
   leisten-16866771.html?printPagedArticle=true#pageIndex_2

17 https://en.wikipedia.org/wiki/Marketing_myopia

18 https://www.youtube.com/watch?v=57hPu0foQ3Q

19 https://www.uua.org/sites/live-new.uua.org/files/the_answer_to_how_is_
   yes_excerpt.pdf

Kapitel 5
So könnte es gehen

1 https://www.bpb.de/shop/buecher/einzelpublikationen/311857/sinus-
   jugendstudie-2020-wie-ticken-jugendliche

2 https://www.scientists4future.org/about/team/

3 https://ec.europa.eu/info/strategy/priorities-2019–2024/european-green-
   deal_de

4 https://eur-lex.europa.eu/legal-content/DE/
   TXT/?qid=1596443911913&uri=CELEX:52019DC0640#document2

5 https://www.cash-online.de/versicherungen/2020/allianz-chef-baete-
   regierungen-haben-beim-klimaschutz-anschluss-verloren/494456

6 https://www.euractiv.com/section/energy-environment/news/franco-dutch-
   plastic-coalition-of-the-willing-takes-shape/

7 https://www.spiegel.de/wirtschaft/soziales/windkraft-warum-daenemark-
   schafft-woran-deutschland-scheitert-a-03ce4e31–4a50–48ba-890b-
   d0c75e4cee63

8 https://www.vci.de/services/publikationen/broschueren-faltblaetter/
   chemische-industrie-auf-einen-blick.jsp

9 https://www.bmwi.de/Redaktion/DE/Artikel/Branchenfokus/Industrie/
   branchenfokus-chemie-pharmazie.html

10 https://www.boeckler.de/pdf/p_study_hbs_395.pdf

11 https://www.vci.de/vci/downloads-vci/publikation/chemische-industrie-auf-einen-blick.pdf

12 https://www.pharma-fakten.de/die-branche/#:~:text=In%20 Deutschland%20sind%20laut%20des,f%C3%BCr%20das%20Jahr%20 2017%20gemeldet.&text=leicht%20anwachsen%20lassen.%E2%80%9C

13 https://www.bvmed.de/download/bvmed-branchenbericht-medtech.pdf

14 https://www.process.vogel.de/so-viel-geld-steckt-die-chemie-und-pharmaindustrie-weltweit-in-forschung-und-entwicklung-a-864667/

15 https://www.ey.com/Publication/vwLUAssets/ey-top-500-f-and-e-wer-investiert-am-meisten-in-innovationen-ch/%24FILE/ey-top-500-f-and-e-wer-investiert-am-meisten-in-innovationen-ch.pdf

16 https://www.karrierefuehrer.de/prominente/interview-stefan-draeger.html

17 https://www.ndr.de/nachrichten/schleswig-holstein/Corona-Pandemie-sorgt-bei-Draeger-fuer-grosse-Gewinne,draeger230.html

18 https://www.gwk-bonn.de/themen/weitere-arbeitsgebiete/das-3-ziel-fuer-forschung-und-entwicklung/

19 https://ec.europa.eu/eurostat/documents/2995521/10133672/1–07102019-BP-DE.pdf/dab87f7a-1225–4200–4df0-bc55e7973c47

20 https://www.destatis.de/DE/Themen/Gesellschaft-Umwelt/Bildung-Forschung-Kultur/Forschung-Entwicklung/Tabellen/bip-bundeslaender-sektoren.html

21 https://data.oecd.org/rd/gross-domestic-spending-on-r-d.htm

22 https://www.bmbf.de/upload_filestore/pub/Bufi_2018_Hauptband.pdf

23 https://op.europa.eu/en/publication-detail/-/publication/bcbeb233–216c-11ea-95ab-01aa75ed71a1/language-en

24 https://op.europa.eu/en/publication-detail/-/publication/bcbeb233–216c-11ea-95ab-01aa75ed71a1/language-en, S. 82.

25 https://ideas.repec.org/p/sru/ssewps/2019–07.html

26 https://www.manager-magazin.de/unternehmen/karriere/entrepreneure-des-jahres-2014-nomos-glashuette-a-1001987.html

27 https://www.ey.com/de_de/entrepreneur-of-the-year-deutschland/hall-of-fame/marco-gebhardt

28 https://www.gebhardt-foerdertechnik.de/de/produkte/favorit-absackblitz/

29 https://holistic.foundation/#projekte

30 https://www.deutschlandfunk.de/im-wettbewerb-um-fachkraefte-comeback-der-werkswohnung.766.de.html?dram:article_id=470094

31 https://www.grin.com/document/191934

32 https://deutscher-demografie-preis.de/virtuelle-preisverleihung/ (ab Min. 11)

33 https://www.manager-magazin.de/unternehmen/artikel/a-702446.html

34 https://www.nytimes.com/2009/07/12/business/global/12german.html

35 https://www.dm.de/unternehmen/unternehmenszahlen

36 https://web.archive.org/web/20030707105907/ http://www.stuttgarter-zeitung.de/stz/page/detail.php/428494

37 https://rp-online.de/wirtschaft/unternehmen/goetz-werner-wo-mitarbeiter-ihr-gehalt-selbst-festlegen_aid-20099683

38 https://www.welt.de/print-welt/article329405/Der-Kuschelkonzern.html

39 https://press.siemens.com/global/de/pressemitteilung/siemens-startet-zukunftsfonds-fuer-strukturwandel-deutschland

40 https://shop.stiftungen.org/media/mconnect_uploadfiles/z/a/zahlen-daten-fakten-2017.pdf

41 https://epub.sub.uni-hamburg.de//epub/volltexte/2015/37546/pdf/ Allensbach_Studie.pdf

42 https://www.bsr.org/en/membership/member-list

43 https://www.forbes.com/sites/susanmcpherson/2020/01/09/corporate-responsibility-what-to-expect-in-2020/#52f724cb1974

44 https://www.manager-magazin.de/harvard/print/hm/d-29861979.html

45 https://www.golem.de/news/verhaltenskodex-google-verabschiedet-sich-von-don-t-be-evil-1805–134479.html

46 https://wirtschaftslexikon.gabler.de/definition/esg-kriterien-120056

47 https://www.ifc.org/wps/wcm/connect/9eeb7982–3705–407a-a631–586b31dab000/IFC_Breif_whocares_online.pdf?MOD=AJPERES&CACH EID=ROOTWORKSPACE-9eeb7982–3705–407a-a631–586b31dab000-jkD12B5#:~:text=Who%20Cares%20Wins%20(WCW)%20 was,US%246%20trillion%20in%20assets.

48 https://www.forbes.com/sites/georgkell/2018/07/11/the-remarkable-rise-of-esg/#54d072c91695

49 https://www.hbs.edu/faculty/Publication%20Files/SSRN-id1964011_6791edac-7daa-4603-a220–4a0c6c7a3f7a.pdf

50 https://www.tandfonline.com/doi/full/10.1080/20430795.2015.1118917

51 https://www.faz.net/aktuell/finanzen/finanzmarkt/siemens-energy-finanziert-sich-nachhaltig-16909193.html

52 Herder-Korrespondenz, 1991, Bd. 45/12, S. 558.

53 https://www.sec.gov/rules/final/2020/33–10825.pdf, Absatz 7

54 https://www.weforum.org/reports/measuring-stakeholder-capitalism-towards-common-metrics-and-consistent-reporting-of-sustainable-value-creation

Kapitel 6
Die neue Welt

1 https://www.youtube.com/watch?v=FCtJwmaiV8c
2 http://hdr.undp.org/en/content/human-development-index-hdi
3 https://blogs.lse.ac.uk/lsereviewofbooks/2016/06/28/book-review-success-and-luck-good-fortune-and-the-myth-of-meritocracy-by-robert-h-frank/
4 Thomas de Maizière: Regieren: Innenansichten der Politik, Herder 2019.

Über die Autorin

Ana-Cristina Grohnert ist seit mehr als 25 Jahren in verantwortlichen Führungspositionen in der Wirtschaft tätig. Sie hat als Personalvorstand bei der Allianz Deutschland maßgeblich die digitale Transformation gestaltet. Als Mitglied der Geschäftsführung bei EY hat sie zuvor die Transformations- und Personalstrategie verantwortet und Kunden im Bereich Financial Services bei Restrukturierungen und Neuausrichtungen beraten.

Die studierte Betriebswirtin begleitete als Finanz- und Risikomanagerin internationale Großprojekte und Kapitalmarkttransaktionen. Auf Basis ihrer Industrieerfahrungen bei Preussag, ABB und im DZ Bank Konzern verbindet sie bei strategischen Entscheidungen immer die ganzheitliche Perspektive des kundenorientierten, operativen Geschäfts mit der des Personalmanagements. Als Investorin in Start-up-Unternehmen setzt sie ihre langjährigen Erfahrungen für ein nachhaltiges Wachstum gewinnbringend ein. Das *Manager Magazin* und die Boston Consulting Group zeichneten sie 2019 als eine der einflussreichsten Frauen der deutschen Wirtschaft aus.

Im Ehrenamt engagiert sie sich als Vorstandsvorsitzende der Arbeitgeberinitiative *Charta der Vielfalt e.V.* für eine Kultur der Wertschätzung und Potenzialorientierung in der Arbeitswelt.

Ana-Cristina Grohnert lebt mit ihrem Mann und ihren drei Kindern in Hamburg. Geboren wurde sie in Lissabon, weshalb Portugal bis heute für sie eine zweite Heimat ist.